计 算 机 科 学 丛 书

分布式实时系统
理论与实践

[土] K. 埃尔吉耶斯（**K. Erciyes**） 著

蔡国扬 译

Distributed Real-Time Systems
Theory and Practice

机械工业出版社
China Machine Press

图书在版编目（CIP）数据

分布式实时系统：理论与实践 /（土）K. 埃尔吉耶斯（K. Erciyes）著；蔡国扬译 . -- 北京：机械工业出版社，2022.1

（计算机科学丛书）

书名原文：Distributed Real-Time Systems: Theory and Practice

ISBN 978-7-111-69566-0

I. ①分… II. ① K… ②蔡… III. ①分布式计算机系统 IV. ①TP338.8

中国版本图书馆 CIP 数据核字（2021）第 231477 号

本书版权登记号：图字　01-2020-3417

First published in English under the title

Distributed Real-Time Systems: Theory and Practice

by K. Erciyes

Copyright © Springer Nature Switzerland AG, 2019.

This edition has been translated and published under licence from
Springer Nature Switzerland AG.

本书中文简体字版由 Springer 授权机械工业出版社独家出版。未经出版者书面许可，不得以任何方式复制或抄袭本书内容。

本书描述分布式实时系统软件的设计与实现，全书共分为四部分。第一部分介绍实时系统、硬件及分布式实时系统的基本概念。第二部分介绍实时操作系统、分布式实时系统内核的设计、分布式实时操作系统和中间件。第三部分介绍单处理器独立任务和非独立任务的调度以及多处理器和分布式实时调度。第四部分介绍实时系统的软件工程技术、实时编程语言及容错技术，回顾应用程序从高层概要设计到低层详细设计与实现的全过程，给出一个在真实应用中实现所述方法的案例研究。

本书可作为电子与计算机工程专业及计算机科学专业的高年级本科生和研究生的教材，也可作为对实时系统感兴趣的研究人员的参考资料。

出版发行：机械工业出版社（北京市西城区百万庄大街 22 号　邮政编码：100037）

责任编辑：王春华　　刘　锋　　　　　　　　责任校对：马荣敏

印　　刷：三河市宏达印刷有限公司　　　　　版　　次：2022 年 1 月第 1 版第 1 次印刷

开　　本：185mm×260mm　1/16　　　　　　印　　张：15.75

书　　号：ISBN 978-7-111-69566-0　　　　　定　　价：119.00 元

客服电话：（010）88361066　88379833　68326294　　投稿热线：（010）88379604

华章网站：www.hzbook.com　　　　　　　　　　读者信箱：hzjsj@hzbook.com

分布式系统可以追溯到 20 世纪 60 年代的 ARPANET，实时系统则是在嵌入式系统、工业自动化系统和多媒体系统高度发展的基础上形成的。实时系统的概念与物理时间的推进密切相关，实时计算机系统必须在确定的时间间隔内对来自环境的激励做出预期响应，还必须具备足够的容错能力。分布式实时计算机系统通过实时通信网络连接一组计算节点，需要解决其中的任务均衡和节点间通信等问题。随着物联网、边缘计算等领域的蓬勃发展，人们对高性能分布式实时系统的需求也在快速增长。

本书以分布式实时系统为背景，重点讨论设计和实现分布式实时系统软件的自底向上方法，并给出了一个实验性操作系统内核的详细设计过程，以及实现的 C 语言源代码。作者 K. Erciyes 教授在美国和土耳其的多所著名高校任教多年，讲授实时系统、嵌入式系统、高级操作系统等课程，并具备丰富的大型软件项目开发经验。

作者精心安排了本书的内容，首先概述实时系统的基本概念（包括实时体系结构和分布式实时系统），然后集中讨论分布式实时操作系统的任务、存储和输入 / 输出管理等问题，给出构建分布式实时操作系统内核的详细步骤及实现的 C 语言源代码。在这个过程中，作者对周期性和非周期性调度、资源管理以及分布式调度等问题进行了详细分析，并对实时编程语言和容错技术做了比较全面的综述。本书内容由浅入深，可以让读者感受到完整的分布式实时计算机系统的清晰脉络。

阅读本书只需要具备计算机体系结构和操作系统的基本知识。本书可以作为电子与计算机工程专业以及计算机科学专业的高年级本科生和研究生的教材，也可以作为对实时系统感兴趣的研究人员的参考资料。

我在高校任教 30 多年，主要讲授数据结构与算法分析、操作系统原理、操作系统分析与设计等课程，在实时通信系统软件、网络安全体系、可信网络操作系统的设计与实现等工程领域做了大量研究，对本书作者的观点和方法很认同。译文尽量体现作者的叙述风格，为了方便读者理解，我增加了一些注释。由于水平有限，对原著的理解和译文的语言组织可能存在不足，望学界同人以及广大读者赐正。

在本书的翻译过程中，我得到了同事乔海燕老师的无私帮助以及华章公司刘锋编辑的充分信任和支持，在此表示衷心的感谢！

　　从工厂、现代汽车到航空电子设备，分布式和嵌入式实时系统无处不在。分布式实时系统的特点是由许多通过实时网络连接起来的计算节点协同完成实时任务。实时任务有一个截止期限，很多应用要求实时任务必须在其截止期限之前完成。近年来的技术进步使这种分布式实时系统的节点数量大幅增加，从而使相应的系统软件设计面临巨大的挑战。分布式实时系统的节点具有一定的计算能力，它通常通过传感器和作动器与外部世界连接。并非所有的嵌入式系统都是实时的，我们将使用"分布式实时系统"这个术语描述那些具有实时特性的分布式嵌入式系统。

　　本书讨论设计和实现分布式实时系统软件的自底向上方法。我教授了几十年本科和研究生阶段的相关课程，并且参与了与实时系统相关的一些大型软件项目，因此了解人们在系统设计和实现过程中所遇到的主要瓶颈。首先，设计师或程序员经常面临将应用程序与一些商业化实时操作系统（或者中间件）进行结合的挑战，有时候甚至需要为这些系统编写补丁。这就要求我们深入了解与实时处理相关的硬件和操作系统概念。本书第一部分（第1～3章）介绍了一些入门知识。第二部分（第4～6章）的内容与系统软件相关，其中第4章回顾了实时操作系统的基本概念，第5章详细介绍了从头开始构建实验性的分布式实时操作系统内核的过程，第6章回顾了分布式实时操作系统和中间件的概念，描述了如何设计网络通信部分，以使实时内核能够相互协作，形成分布式实时系统的软件框架。本书的后续部分展示了把实验性内核逐渐转化为带有相应中间件的分布式实时操作系统内核的所有实现细节。

　　其次，设计师面临的挑战是任务调度，实时系统需要让所有任务都能够在截止期限前完成。实时系统中的任务可以大致分为硬实时任务、软实时任务和严格实时任务。它们可以是周期性的，也可以是非周期性的，分别需要不同的调度策略。不同任务之间既可能相互独立，也可能相互依赖，在相互依赖的情况下需要实现任务间同步。我们还需要提供端到端的任务调度，在满足任务截止期限要求的同时，将负载均匀地分布到分布式实时系统的节点上。另一个相关的问题是网络资源管理。所有这些都将在本书的第三部分（第7～9章）进行讨论并加以实现。

　　最后，设计师面临的任务是完成从需求说明开始到高层设计、详细设计和编码的所有软件工程步骤，在这个过程中会遇到很多困难。我们提供了一种执行所有步骤的简单而有效的方法。本书第四部分（第10～13章）对此进行了介绍。第10章介绍利用有限状态机进行高层设计和详细设计的方法，其中有限状态机通过操作系统线程实现。第11章介绍一些实时编程语言，包括C/POSIX、Ada和Java。为了预防灾难性事件，容错能力在实时系统中必不可少，第12章专门讨论了这个主题。第13章按照高层设计、详细设计和编码的顺序，结合我们已经开发的方法，实现了一个实时案例。

　　本书大致这样安排每一章的内容。首先，回顾相关概念，简要介绍一些商业软件，描述设计和实现我们需要的软件的方法。其次，给出应用，其可执行代码展示了如何在实验性示例内核中实现相关概念，该部分叫作"DRTK的实现"。如果课程仅涉及有限的实时系统知识，可以跳过这一部分以及描述DRTK的第5章。最后，会在章末提供一些复习题，总结本章重点，并给出近期参考文献。此外，每一章的"本章提要"部分还指出了一些可能的开放研究领域。

关于 DRTK

本书第 5 章详细介绍的分布式实时内核（Distributed Real-Time Kernel，DRTK）的主要模块在与实时处理相关的各门课程的教学过程中进行了测试。但是，此章之后的各章中，与分布式处理部分相关的程序没有经过充分测试，这意味着它们可能（甚至很可能）有一些语法或者其他实现错误。本书的网站为 http://akademik.ube.ege.edu.tr/~erciyes/DRTS，里面包含 DRTK 代码、教学幻灯片和勘误表。我希望 DRTK 成为一个实用的、实验性的分布式实时内核，能够用于相关课程的教学，因此欢迎对 DRTK 代码进行有益的修改。

本书的目标读者是电子与计算机工程、计算机科学和一般工程专业的高年级本科生、研究生和研究人员，以及任何有计算机体系结构和操作系统基础的人。书中包含了大量用于 DRTK 实现的样例和各种示例的 C 代码。感谢在各所大学选修我的实时系统、嵌入式系统、高级操作系统等课程的本科生和研究生，按照时间顺序排列，这些学校包括爱琴海大学、俄勒冈州立大学、加州大学戴维斯分校、加州州立大学圣马科斯分校、伊兹密尔理工学院、伊兹密尔大学和于斯屈达尔大学。针对我在课堂讲述的本书各个部分的内容以及在实验室测试的内核样例，这些学生提供了宝贵的反馈意见。感谢 Springer 资深编辑 Wayne Wheeler 和助理编辑 Simon Rees 在本书的撰写过程中提供的支持。

K. Erciyes

土耳其伊斯坦布尔

目　录

译者序

前言

第一部分　入门知识

第1章　实时系统入门 2

1.1　引言 2
1.2　什么是实时系统 2
1.3　基本体系结构 3
1.4　实时系统的特点 3
1.5　实时系统的分类 4
1.6　示例系统：牛奶灌装厂 5
1.7　本书大纲 6
1.8　复习题 6
1.9　本章提要 6
参考文献 7

第2章　硬件 8

2.1　引言 8
2.2　处理器体系结构 8
　2.2.1　单周期数据通路 9
　2.2.2　多周期数据通路 13
　2.2.3　流水线 13
　2.2.4　微控制器 18
2.3　存储器 19
　2.3.1　与处理器的接口 19
　2.3.2　缓存 19
2.4　输入/输出访问 21
　2.4.1　输入设备接口 22
　2.4.2　输出设备接口 22
　2.4.3　内存映射I/O和隔离I/O 23
　2.4.4　软件与I/O的接口 23
2.5　多核处理器 26
2.6　多处理器 27
2.7　复习题 27

2.8　本章提要 28
2.9　练习题 28
参考文献 29

第3章　分布式实时系统 30

3.1　引言 30
3.2　模型 30
　3.2.1　时间触发和事件触发分布式系统 30
　3.2.2　有限状态机 31
3.3　分布式实时操作系统和中间件 33
　3.3.1　中间件 33
　3.3.2　分布式调度 34
　3.3.3　动态负载均衡 35
3.4　实时通信 35
　3.4.1　实时流量 35
　3.4.2　开放系统互连模型 36
　3.4.3　拓扑结构 37
　3.4.4　实时数据链路层 38
　3.4.5　控制器局域网协议 38
　3.4.6　时间触发协议 39
　3.4.7　实时以太网 40
　3.4.8　实时IEEE 802.11 40
3.5　分布式实时嵌入式系统面临的挑战 41
3.6　分布式实时系统示例 41
　3.6.1　现代化轿车 41
　3.6.2　移动无线传感器网络 42
3.7　复习题 43
3.8　本章提要 43
3.9　练习题 43
参考文献 44

第二部分　系统软件

第4章　实时操作系统 46

4.1　引言 46

4.2 普通操作系统与实时操作系统………46
4.3 任务管理………47
  4.3.1 UNIX 中的任务管理………48
  4.3.2 任务间同步………49
  4.3.3 任务间通信………51
  4.3.4 UNIX 进程间通信………53
4.4 线程………53
  4.4.1 线程管理………53
  4.4.2 POSIX 线程………54
4.5 内存管理………57
  4.5.1 静态内存分配………57
  4.5.2 动态内存分配………57
  4.5.3 虚拟内存………57
  4.5.4 实时内存管理………58
4.6 输入 / 输出管理………59
  4.6.1 中断驱动 I/O………59
  4.6.2 设备驱动程序………59
4.7 实时操作系统综述………60
  4.7.1 FreeRTOS………60
  4.7.2 VxWorks………60
  4.7.3 实时 Linux………60
4.8 复习题………61
4.9 本章提要………61
4.10 编程练习题………61
参考文献………62

第 5 章 实验性的分布式实时系统
      内核的设计………63
5.1 引言………63
5.2 设计策略………63
5.3 低层内核功能………64
  5.3.1 数据结构和队列操作………64
  5.3.2 多队列调度程序………67
  5.3.3 中断处理和时间管理………69
  5.3.4 任务状态管理………70
  5.3.5 输入 / 输出管理………72
5.4 高层内核功能………74
  5.4.1 任务同步………74
  5.4.2 任务通信………76
  5.4.3 使用缓冲池的高级内存管理………79

  5.4.4 任务管理………80
5.5 初始化………81
5.6 测试 DRTK………83
5.7 复习题………84
5.8 本章提要………84
5.9 编程练习题………85
参考文献………85

第 6 章 分布式实时操作系统和中间件………86
6.1 引言………86
6.2 分布式实时操作系统………86
  6.2.1 传输层接口………87
  6.2.2 数据链路层接口………87
6.3 实时中间件………88
  6.3.1 实时任务组………89
  6.3.2 时钟同步………90
  6.3.3 选举算法………94
6.4 DRTK 的实现………96
  6.4.1 初始化网络………96
  6.4.2 传输层接口………97
  6.4.3 数据链路层接口任务………100
  6.4.4 组管理………102
  6.4.5 时钟同步算法………103
  6.4.6 环形结构的领导者选举………104
6.5 复习题………105
6.6 本章提要………105
6.7 编程练习题………106
参考文献………106

第三部分 调度和资源共享

第 7 章 单处理器独立任务调度………108
7.1 引言………108
7.2 背景知识………108
  7.2.1 可调度性测试………109
  7.2.2 利用率………109
7.3 调度策略………109
  7.3.1 抢占式调度与非抢占式调度………110
  7.3.2 静态调度与动态调度………111
  7.3.3 独立任务与非独立任务………111

7.4 实时调度算法分类 ·········· 112
7.5 时钟驱动调度 ·········· 113
  7.5.1 表驱动调度 ·········· 113
  7.5.2 循环执行调度 ·········· 114
7.6 基于优先级的调度 ·········· 116
  7.6.1 单调速率调度 ·········· 116
  7.6.2 最早截止期限优先调度 ·········· 118
  7.6.3 最低松弛度优先调度 ·········· 120
  7.6.4 响应时间分析 ·········· 120
7.7 非周期性任务调度 ·········· 122
  7.7.1 基本方法 ·········· 122
  7.7.2 周期性服务器 ·········· 123
7.8 偶发任务调度 ·········· 125
7.9 DRTK 的实现 ·········· 125
  7.9.1 单调速率调度程序 ·········· 126
  7.9.2 最早截止期限优先调度程序 ·········· 127
  7.9.3 最低松弛度优先调度程序 ·········· 128
  7.9.4 轮询服务器 ·········· 129
7.10 复习题 ·········· 129
7.11 本章提要 ·········· 130
7.12 练习题 ·········· 131
参考文献 ·········· 131

第8章 单处理器非独立任务调度 ·········· 132
8.1 引言 ·········· 132
8.2 非独立任务调度 ·········· 132
  8.2.1 最迟截止期限优先算法 ·········· 132
  8.2.2 改进的最早截止期限优先算法 ·········· 134
8.3 共享资源任务的调度 ·········· 135
  8.3.1 火星探路者案例 ·········· 136
  8.3.2 基本优先级继承协议 ·········· 137
  8.3.3 优先级置顶协议 ·········· 140
8.4 DRTK 的实现 ·········· 141
  8.4.1 LDF 非独立任务调度 ·········· 141
  8.4.2 优先级继承协议 ·········· 142
8.5 复习题 ·········· 144
8.6 本章提要 ·········· 144
8.7 练习题 ·········· 145
参考文献 ·········· 146

第9章 多处理器与分布式实时调度 ·········· 147
9.1 引言 ·········· 147
9.2 多处理器调度 ·········· 147
  9.2.1 分区调度 ·········· 148
  9.2.2 全局调度 ·········· 152
9.3 分布式调度 ·········· 154
  9.3.1 负载均衡 ·········· 154
  9.3.2 聚焦寻址与投标方案 ·········· 156
  9.3.3 伙伴算法 ·········· 157
  9.3.4 消息调度 ·········· 157
9.4 DRTK 的实现 ·········· 158
  9.4.1 中心负载均衡任务 ·········· 158
  9.4.2 分布式负载均衡任务 ·········· 160
9.5 复习题 ·········· 161
9.6 本章提要 ·········· 162
9.7 练习题 ·········· 162
参考文献 ·········· 162

第四部分 应用程序设计

第10章 实时系统的软件工程 ·········· 166
10.1 引言 ·········· 166
10.2 软件开发生命周期 ·········· 166
  10.2.1 增量瀑布模型 ·········· 167
  10.2.2 V 模型 ·········· 167
  10.2.3 螺旋模型 ·········· 167
10.3 实时系统的软件设计 ·········· 168
10.4 需求分析与规格说明 ·········· 168
10.5 时序分析 ·········· 169
10.6 带数据流图的结构化设计 ·········· 169
10.7 面向对象设计 ·········· 170
10.8 实时的实现方法 ·········· 171
  10.8.1 再次讨论有限状态机 ·········· 171
  10.8.2 时间自动机 ·········· 173
  10.8.3 Petri 网 ·········· 173
10.9 实时 UML ·········· 176
  10.9.1 UML 图解 ·········· 176
  10.9.2 实时特性 ·········· 177
10.10 实用的设计和实现方法 ·········· 178
10.11 复习题 ·········· 178

10.12　本章提要 ……………179
10.13　编程练习题 ……………179
参考文献 ……………180

第11章　实时编程语言 ……………181

11.1　引言 ……………181
11.2　需求 ……………181
11.3　一个实时应用程序 ……………182
11.4　C/Real-time POSIX ……………182
　11.4.1　数据封装和模块管理 ……………182
　11.4.2　POSIX 线程管理 ……………184
　11.4.3　异常处理和底层编程 ……………187
　11.4.4　C/Real-time POSIX 过程
　　　　　控制的实现 ……………187
11.5　Ada ……………189
　11.5.1　并发 ……………190
　11.5.2　异常处理 ……………192
　11.5.3　Ada 过程控制的实现 ……………193
11.6　Java ……………194
　11.6.1　Java 线程 ……………194
　11.6.2　线程同步 ……………195
　11.6.3　异常处理 ……………196
11.7　复习题 ……………196
11.8　本章提要 ……………197
11.9　编程练习题 ……………197
参考文献 ……………197

第12章　容错 ……………198

12.1　引言 ……………198
12.2　概念和术语 ……………198
12.3　故障分类 ……………199
12.4　冗余 ……………199
　12.4.1　硬件冗余 ……………200
　12.4.2　信息冗余 ……………200
　12.4.3　时间冗余 ……………202
　12.4.4　软件冗余 ……………202
12.5　容错实时系统 ……………204
　12.5.1　静态调度 ……………204

12.5.2　动态调度 ……………204
12.6　分布式实时系统中的容错 ……………205
　12.6.1　失效分类 ……………205
　12.6.2　再次讨论任务组 ……………206
12.7　DRTK 的实现 ……………208
12.8　复习题 ……………210
12.9　本章提要 ……………211
12.10　练习题 ……………211
参考文献 ……………212

第13章　案例研究：无线传感器网络
　　　　　实现的环境监控 ……………213

13.1　引言 ……………213
13.2　基本思想 ……………213
13.3　需求规格说明 ……………213
13.4　时序分析和功能规格说明 ……………214
13.5　生成树和簇 ……………214
13.6　设计思路 ……………217
13.7　叶子节点 ……………218
　13.7.1　高层设计 ……………218
　13.7.2　详细设计和实现 ……………219
13.8　中间节点 ……………224
　13.8.1　高层设计 ……………224
　13.8.2　详细设计和实现 ……………226
13.9　簇头节点 ……………228
　13.9.1　高层设计 ……………228
　13.9.2　详细设计和实现 ……………229
13.10　汇聚节点 ……………230
13.11　测试 ……………231
13.12　使用 POSIX 线程的替代实现 ……………233
13.13　本章提要 ……………233
13.14　编程练习题 ……………233
参考文献 ……………233

附录A　使用伪代码的一些约定 ……………234

附录B　低层内核函数 ……………238

入 门 知 识

第 1 章　实时系统入门
第 2 章　硬件
第 3 章　分布式实时系统

实时系统入门

1.1 引言

从汽车、移动电话、航空电子设备到核电站控制，实时系统无处不在。实时系统的特点是必须对某些输入及时响应，如果系统在指定时间内没有响应，就可能会导致灾难性事故。实时系统的正确性既取决于结果的正确性，也取决于产生结果的时间，这两种情况依次被称为**逻辑正确性**和**时间正确性**。**嵌入式实时系统**将实时计算单元嵌入系统中并加以控制，大多数的实时系统都属于这一类。

实时系统有许多种类。实时过程控制系统接收来自传感器的输入数据，对这些数据执行操作，并产生输出以控制各种系统功能（比如打开和关闭开关，必要时激活警报，以及显示系统数据）。飞机是一个实时系统，必须满足严格的时间约束，多媒体系统也是实时系统，其时间约束得不到满足通常只会导致性能不佳。其他实时系统包括机器人系统、核电站和移动电话等。

本章从实时系统的定义、类型以及性质开始，介绍与实时系统相关的基本概念，描述若干典型实时系统的操作，给出本书的内容概要。

1.2 什么是实时系统

实时系统的运行带有时间限制，其中产生输出的时间至关重要。换言之，实时系统的输出如果不是在所要求的限定时间内产生的，则可能毫无意义。

另外，实时系统是一种数据处理系统，它应该在称为**截止期限**的限定时间内响应外部输入。系统如果未能在截止期限内对输入做出响应，就有可能对生命和财产造成损害。实时系统是根据它所控制的物理过程的动力学来设计的。实时计算系统由硬件和软件组成，在时间约束下工作。实时软件通常包含以下组件：

- **实时操作系统**：操作系统的两个主要功能是提供对硬件的方便访问和对资源的高效管理。为此，操作系统通常提供进程（任务）管理、存储管理和输入/输出管理功能。实时操作系统同样执行这些管理任务，但有严格的时间约束。实时操作系统通常具备较小的体积以便容纳到嵌入式系统当中，它还必须以最小的操作系统开销高速运行。

- **实时编程语言**：实时编程语言提供一些基本模式，比如任务间通信和同步、错误处理以及实时任务调度。需要注意的是，实时操作系统也提供这些功能。因此，可以选择一门合适的实时编程语言，或者选择实时操作系统来实现实时处理。虽然底层的汇编器可以访问寄存器和处理器的其他硬件，但是汇编语言容易出错，并且不能移植到其他类型的处理器。实时系统中广泛使用的编程语言是 C 语言，它能够访问硬件，而且具有非常简单的输入/输出接口。其他一些语言例如 Ada 和实时 Java 都是专门为实时系统开发的，可以简化实时系统的程序设计。

- **实时网络**：计算机网络提供各种计算设备之间的数据传输能力。实时网络应该在指定的时间限制内提供可靠的消息传递。实时网络运行的关键是消息的可靠性和传输的及时性，这些可以通过实时通信协议得到保障。

我们应该将实时系统与一些看起来似乎是实时的、实际上并不符合一般意义上的实时性的系统区分开来。例如，与用户交互的**在线系统**不是实时系统，因为系统的任务并没有预先定义的截止期限。此外，必须**快速**反应的系统并不一定是实时的。

嵌入式系统的特点是把计算单元包含在系统内。嵌入式系统不是那些可以通过动态编程来完成不同任务的通用计算系统。相反，它们是针对某种特殊用途而构建的（比如微波炉）。嵌入式系统与外部物理世界紧密耦合，作为生活助手的家用和个人电器就是典型的嵌入式系统。事实上，基于计算机的系统中大部分都是嵌入式系统。嵌入式系统可能是实时的，也可能不是实时的，这取决于具体的应用需求。非实时嵌入式系统没有时间限制，例如，MP3播放器就是一种非实时嵌入式系统。但是，有相当多的实时应用是嵌入式的。嵌入式实时系统针对特定功能进行设计，具有实时性约束。本书提及的术语"实时系统"通常也包括实时嵌入式系统。

我们可以用各种方法对实时系统进行分类，一种主要的思路是基于系统各个组件之间的同步和交互机制来分类。实时系统可以是时间驱动的（每个活动都被赋予一个特定的时间）、事件驱动的（系统的行为由外部输入决定），甚至是交互的（操作模式可以被用户改变）。在许多情况下，实时系统在组合模式下工作。

1.3 基本体系结构

实时系统如图 1.1 所示，它包括以下硬件组件：
- **传感器**：传感器将物理参数转换为待处理的电信号。例如，热电偶是将热量转换为电信号的热传感器。
- **处理单元（PE）**：实时数据处理单元（或实时计算机）接收输入接口提供的数字数据，对数据进行处理，并决定执行某一个输出功能。
- **作动器**：作动器从数据处理单元的输出接口接收电信号，并执行物理动作。继电器就是典型的作动器，当继电器被信号激活时，它将打开（或者关闭）某一个开关。
- **输入接口**：实时计算机的输入接口将电信号转换成计算机能够处理的数字形式。传感器有可能嵌入了需要的转换器。
- **输出接口**：输出接口对实时计算机输出的二进制数据进行处理，将其转换成作动器或其他输出设备需要的信号形式。

1.4 实时系统的特点

实时系统的共同特点如下：
- **满足截止期限**：实时系统中所有硬实时任务的截止期限都必须得到满足，以防止生命和财产损失。

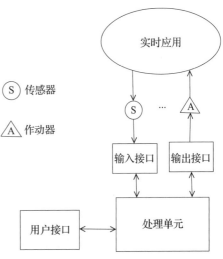

S 传感器

A 作动器

图 1.1 典型实时系统的体系结构

- **规模大**：实时系统通常是大型复杂系统。这里的规模大有时候指的是硬件规模，但主要指的是所使用的软件规模。即便是一个小型的实时系统也可能需要运行数十万行代码。
- **可预测性**：实时系统需要能够预测最坏情况下的响应时间，以及在任务执行之前预测所有任务的截止期限是否都可以得到满足。硬实时系统中的可预测性通常涉及满足所有任务的截止期限的理论证明。
- **安全性和可靠性**：实时系统要对环境进行操作和控制（例如核电站和过程控制），其安全性和可靠性是最受关注的。不安全和不可靠的系统容易出错，从而可能导致生命和财产损失。
- **容错性**：当计算机系统的硬件或软件组件失灵，系统不再按照其说明规范运行时，就称系统发生**故障**。**失效**是故障的结果，它可能导致生命和财产损失。故障可能是永久的，导致系统永久性失效；故障也可能是暂时的，会在一段时间后消失。容错性是系统抵抗故障并在出现故障时能够继续正常工作的能力。
- **并发性**：由实时计算机控制的物理环境经常会出现并行执行的事件。实时计算机必须能够使用并发系统软件功能或分布式硬件来处理这种并行操作。

1.5 实时系统的分类

我们可以根据系统的输入、时间约束和处理类型对实时系统进行分类。也可以基于截止期限对实时系统进行以下分类：

- **硬实时**：系统错过**硬截止期限**可能会引起灾难性的后果，这可能会导致财产或生命损失。飞机操纵系统、化工厂和核电站系统都是硬实时系统的例子。在**硬实时系统**中，所有任务的截止期限都是"冷酷无情"的。在图 1.2a 所示的系统中，错过截止期限时系统的增益或利用率为零。
- **软实时**：系统错过**软截止期限**不会带来危险，但是当这种情况发生时，系统服务质量会下降。**软实时系统**的任务具有软截止期限，多媒体系统和航空订票系统是软实时系统的例子。在图 1.2b 所示的系统中，错过截止期限时系统的增益或利用率会下降，但不会立即归零。
- **严格实时**：严格实时系统基本上是软实时系统，但是错过**严格截止期限**时，系统没有收益，如图 1.2a 所示，系统的利用率立即降到零。严格实时系统能够容忍这种截止期限的错过。

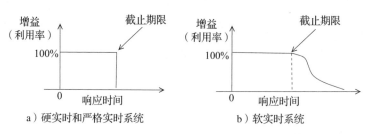

图 1.2　实时系统的利用率

一个实时系统可能包含硬实时、软实时和严格实时的混合任务。系统中的进程可能是**静态**的，它们具有预先已知的确定特性；而动态实时系统中的进程特性随时间而变化。

实时系统还可以按照如何执行处理过程进行如下分类：

- **事件驱动实时系统**：由外部事件决定何时以及如何在这些系统中执行实时处理过程。事件驱动系统处理由事件激活的异步输入。
- **时间驱动实时系统**：系统在明确定义的时基中执行处理过程，在严格的时间点完成预定的行动。时间驱动的实时系统具有同步输入。

例如，使用一个每隔 t 个时间单位测量一次湿度的传感器进行空气湿度监测的系统是时间驱动系统，而由异步外部事件激活的系统是事件驱动系统。典型的实时系统通常会混合使用这些模式。例如，烤箱的温度控制既可以通过定期（时间驱动）测量温度来执行，也可以在烤箱门被打开时通过关闭加热器（事件驱动）来执行。

分布式系统由一些自治计算机组成，每台计算机都有独立运行的能力。这些计算机通过网络连接，协同执行全局任务并共享资源。分布式实时系统是在时间约束下工作的分布式计算系统。

分布式系统提供有效的资源共享和冗余机制。此外，本地快速处理能力为跨多个节点的分布式计算提供了便利。采用分布式实时系统的另一个原因是，由不同生产商生产的各种子系统可以利用标准通信协议进行连接。汽车是一个分布式实时系统，因为从许多车载传感器读取的数据会通过实时网络传输到各个节点进行处理。使用分布式实时系统的另一个好处是提高了可靠性。通过事先采取预防措施，一个节点的失效可能不会显著影响整个系统的运行。

1.6　示例系统：牛奶灌装厂

我们来观察一个非常简单的用于将牛奶装瓶的实时过程控制系统。奶瓶由传送带带动，流水线上有三台机器：一台用于清洗奶瓶的洗涤机，一台将牛奶灌装到奶瓶的灌装机，一台将瓶盖封压在灌装好的奶瓶上的封口机，如图 1.3 所示。

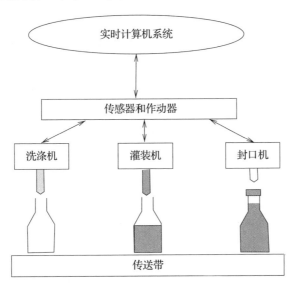

图 1.3　牛奶灌装实时系统的体系结构

每台机器都通过传感器和作动器与实时计算机系统连接。计算机系统必须按以下顺序执行三项任务：

- **清洗**：当由传送带输送的脏瓶子到达洗涤机时，传感器发出信号，传送带停止运动，洗涤机运行 t_w 秒后传送带再次启动。这个过程中有一个基于事件（感知瓶子到达）的操作。
- **灌装**：当感应到瓶子到达灌装机下方时，灌装机启动，开始灌装。奶瓶中的牛奶液位由传感器监控，当达到所需的液位时，灌装机就会停止灌装。
- **封盖**：当瓶子到达封口机下方时，机器将瓶盖放在瓶口上封压。封装好的瓶子就可以打包发货了。

我们在这里看到的主要是事件驱动的处理过程。然而，如果对时间进行仔细的规划，整个过程可以通过周期性执行清洗、灌装和封盖（假设总有可用的空瓶）来实现时间驱动。注意到这种情况下整个过程不能太快，需要给计算机留下足够的空闲时间去处理事务。

1.7 本书大纲

本书包括以下四个部分：
- **入门知识**：本部分包含第 1~3 章，介绍实时系统的入门知识，包括实时系统体系结构和分布式实时系统。
- **系统软件**：本部分包含第 4~6 章，其中第 4 章是本部分的重点，描述了一些基本概念，比如任务、内存和输入/输出管理等。本部分还介绍了逐步构造一个实时操作系统内核的详细过程。各种更高层次的实现可以利用这个内核进行测试。
- **调度和资源共享**：本部分包含第 7~9 章。对任务进行调度以保证截止期限得到满足是实时系统的基本功能。这一部分首先描述独立的周期性任务调度和非周期性任务调度，然后讨论基于资源管理和分布式调度的非独立任务调度。
- **应用程序设计**：本部分包含第 10~13 章，其内容可以为实时系统软件设计人员提供帮助。首先描述从高层设计方法到低层设计的软件设计过程以及编程实现，然后对实时编程语言和容错技术进行综合讨论，最后给出一个详细的案例研究，展示我们所讨论的方法在实际应用中的表现。

1.8 复习题

1. 实时系统和嵌入式系统的关系是什么？所有嵌入式系统都是实时的吗？举例讨论。
2. 实时系统的主要组成部分是什么？
3. 什么是实时系统中的传感器和作动器？各举一个例子。
4. 你希望在实时计算机系统的输入接口中采用什么类型的硬件？
5. 什么是硬实时、软实时和严格实时系统？
6. 请分别列举事件驱动和时间驱动实时系统的例子。
7. 分布式实时系统的主要特点是什么？

1.9 本章提要

我们已经对实时计算机系统的主要组成部分、基本体系结构以及这些系统的分类有了大致的了解。从任务的角度考虑，实时系统可以有硬截止期限、软截止期限和严格截止期限任务。另外，系统的处理过程可以按事件驱动或者时间驱动进行。嵌入式系统的实时计算机可以嵌入它所要控制的环境中，也可以分布在实时网络上。通常情况下，实时系统同时具有这些特性。实时系统的一般概念参见文献 [1]，实时编程语言可以参考文献 [2]。

参考文献

[1]　Laplante PA, Ovaska SJ (2011) Real-time systems design and analysis: tools for the practitioner, 4th edn. Wiley

[2]　Burns A, Wellings A (2001) Real time systems and programming languages: Ada 95, Real-time Java and real-time C/POSIX, 3rd edn. Addison-Wesley

硬　　件

2.1　引言

　　大多数实时计算系统采用通用的硬件组件，例如处理器、内存和输入 / 输出单元。嵌入式实时系统可能具有针对某些具体应用的特殊的输入 / 输出接口单元。非实时系统和实时系统在与特定硬件相关的软件层面上的主要区别在于底层软件的结构，例如中断处理和时间管理。为了充分理解相关软件的操作原理和操作系统接口，我们需要了解硬件的特点。

　　本章从组件层面讨论实时系统节点的硬件，而把关于分布式实时系统的体系结构和基本软件结构的讨论推迟到下一章进行。我们从传感器和作动器这样的基本接口单元开始，讨论这类组件的常规特性。实际的处理过程是由处理器执行的，我们接下来将讨论处理器的单周期、多周期和流水线数据通路。我们将看到，实时系统的主要部分还包括内存和输入 / 输出单元。我们将利用 MIPS 处理器[1]来描述与硬件相关的概念，这种处理器广泛应用于嵌入式系统，而且比较简单，便于展示其操作过程。

2.2　处理器体系结构

　　冯·诺依曼计算模型基于**存储程序计算机**的概念，其指令和数据存储在同一个内部存储器中。这种体系结构是大多数现代处理器的基础。在冯·诺依曼模型中，处理器由控制单元、算术逻辑单元（Arithmetic Logic Unit，ALU）和寄存器组成，如图 2.1 所示。ALU、包含所有寄存器的寄存器堆（register file），以及接口电路通常被称为**数据通路**。

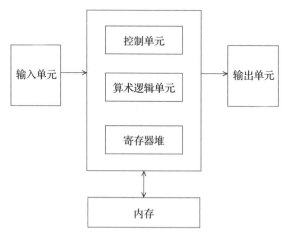

图 2.1　处理器体系结构

　　处理器首先从内存中提取一条指令并对其进行解码，以决定执行哪个操作，然后取得所需的数据，最后执行指令，并在必要时将生成的数据写入内存。**指令集体系结构**（Instruction Set Architecture，ISA）是一种抽象，它形成软件和硬件之间的接口。ISA 主要由处理器的汇编语言构成，提供 add、sub 和 and 等指令以在处理器执行运算。换句话说，ISA 是硬件所能执行的操作和命令的直接体现，它声明了内存的组织形式、CPU 中的临时存储位置（称为**寄存器**）和**指令集**。

有两种常用的基于 ISA 的计算类型：复杂指令集计算（Complex Instruction Set Computing，CISC）和精简指令集计算（Reduced Instruction Set Computing，RISC）。CISC 处理器使用尽可能少的汇编程序行，因此要比通常在一个时钟周期内执行若干条简单指令的 RISC 处理器更接近高级语言。例如，在 CISC 中，两个数的乘法运算可以由一条简单的 MULT M1, M2, M3 指令执行，该指令将内存地址 M1 和 M2 中的两个数相乘，并将结果存储在内存地址 M3 中。而在 RISC 中，同样的乘法运算需要分解成几条 RISC 指令，比如将两个数从内存加载到两个寄存器，在一个周期内将寄存器中的数相加，并将结果存储到内存。乍看之下，执行同样的一条高级语言指令，RISC 处理器与 CISC 处理器相比需要执行更多的汇编程序行。此外，在 CISC 中编译器将高级语言语句转换为汇编语言时需要做的工作更少一些，因此需要的存储汇编程序行的 RAM 也更少。然而，CISC 处理器可能需要几个时钟周期才能执行一条指令，而 RISC 处理器通常可以在一个时钟周期内完成一行汇编代码，这使得 RISC 处理器的设计比 CISC 处理器更为简单。

数据通路的操作模式可以是**单周期**、**多周期**或**流水线**，如下面几节所述。

2.2.1 单周期数据通路

作为单周期数据通路的例子，我们将简要描述 MIPS（Microprocessor without Interlocked Pipeline Stages）32 位处理器的数据通路及其控制单元。MIPS 是一种在嵌入式系统中常用的 RISC，而且容易用来展示处理器的主要功能。MIPS 有 32 个寄存器，每个寄存器的长度为 32 位，因此需要一个 5 位长度的地址来选择寄存器。我们先回顾一下 MIPS 的 ISA，它有三种指令模式：R 型、I 型和 J 型。R 型（寄存器类型）的指令字由图 2.2a 所示的字段组成。

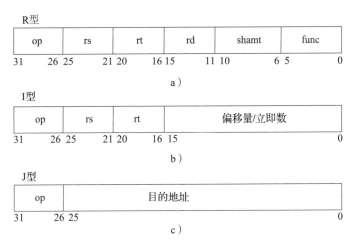

图 2.2 MIPS 指令模式

指令中的字段如下：

- op：这个 6 位字段的指令码用于解码指令操作。它是控制单元的主要输入，为指令生成需要的控制信号。
- rs：第一个源寄存器的 5 位地址。

- rt：第二个源寄存器的 5 位地址。
- rd：目标寄存器的 5 位地址。
- shamt：5 位偏移量。
- func：6 位功能代码字段，用于执行子功能，例如增加一个 R 型指令。它可用作 ALU 的输入。

例如，指令

```
add $7, $14, $10
```

的二进制形式为

```
  op       rs      rt      rd     shamt    func
-----    ------  ------  ------   ------  -------
00 0000  0 1110  0 1010  0 0111   0 0000  10 0000
```

该 32 位指令的十六进制表示形式是 0x01CA:3820。我们仔细来看这条指令是如何在图 2.3 所示的简单数据通路中执行的。

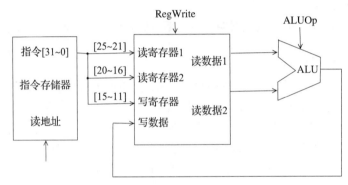

图 2.3　MIPS R 型指令的数据通路

1）将读地址提交给指令存储器，并取得 32 位指令字（01CA:3820）。

2）指令字位于指令存储器的输出端，其第 11~25 位被送入寄存器堆，用以选择读寄存器和写**寄存器**。

3）**读寄存器** 14 和**读寄存器** 10 存储的内容出现在寄存器堆的读数据输出端和 ALU 的输入端。

4）add 运算由 ALUOp 在 ALU 中选中。

5）寄存器 14 和寄存器 10 存储的数的和出现在 ALU 的输出端和寄存器堆的**数据写入端**。

6）激活 RegWrite 信号。将和写入寄存器 7。

控制单元的任务是根据指令字的 opcode 字段中的值提供控制信号 ALUOp 和 RegWrite。实际上，提供上述流程中的那些控制信号是有难度的，而且也没有必要。在实现单周期数据通路时，我们让控制信号在整个周期间维持不变，只要周期足够长就能够产生正确的输出。在这种设计方法中，周期长度的确定至关重要，它应该和耗时最长的指令一致。

一般情况下，我们将产生的输出写入数据通路的外部数据存储器[⊖]，而不是目标寄存器，为此使用图 2.2b 所示的 I 型指令模式。MIPS 有两条指令用于将数据存储到外部数据存储器以及从中删除数据，例如：

⊖　这里指内存。——译者注

```
lw  $2, 12($1)
sw  $2, 12($1)
```

在本例中，指令 lw（load word）将一个 32 位字从寄存器 $1+12^⊖$的内容所指向的数据存储器地址加载到寄存器 $2 中，而指令 sw（store word）则正好相反，它将寄存器 $2 的内容存储到 $1 + 12 指向的数据存储地址。现在，我们将数据通路扩展，使之包含如图 2.4 所示的 I 型指令，另外还需要增加三个 2 进 1 出多路复用器，用于区分指令模式。在 I 型指令中，第二个寄存器字段包含了写入地址，因此我们需要激活第一个多路复用器的 RegDst 控制信号来选取位 20～16 作为该模式的写入地址的值。使用符号扩展电路扩展指令字低地址部分的 16 位值，以便将第一个寄存器的值与寄存器中存储的基地址加上偏移量得到的地址的内容相加。第二个复用器通过其 ALUSrc 输入选择 R 型或 I 型操作。第三个复用器通过 MemToReg 控制信号选择是将数据存储地址的内容（I 型）还是将 ALU 运算的结果（R 型）写入寄存器堆。从数据存储器加载还是写入数据存储器则由 MemRead 或 MemWrite 信号选择。

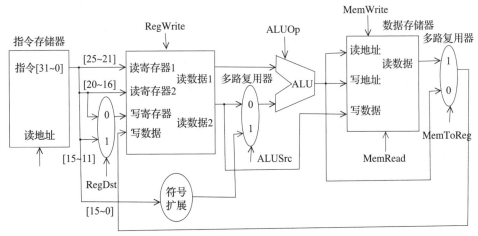

图 2.4　MIPS 结合数据存储器的数据通路

下面我们列出 lw $2,12($1) 指令所需的控制信号。我们只需要将指令地址提供给指令存储器，而不需要给出读信号，因为所有写操作都由控制单元控制。这条指令的操作码（100011）被馈送到控制单元，控制单元输出以下信号值：

- RegDst = 0：将指令字的位 20～16 解释为写寄存器的地址（因为这是一条 I 型指令）。
- RegWrite = 1：将数据存储地址的内容写入寄存器堆。
- ALUSrc = 1：将指令字的符号扩展位（即第 15～0 位）与寄存器 1 中的值相加。
- ALUOp = 010：加法运算的二进制形式。
- MemRead = 1 且 MemWrite = 0：允许读取由 ALU 运算得到的存储地址的值。
- MemToReg = 1：将数据存储器的输出值写入寄存器堆中的寄存器 2。

在整个周期中由控制单元维护这些值，可以为指令提供正确的操作。J 型指令用于让程序从正常流跳转到新的指令地址。**分支指令**主要用于翻译高级语言中的 if 语句，其格式如下：

```
beq  $1, $2, offset
```

上面指令是这样执行的：在 ALU 中把寄存器 1 和寄存器 2 的值相减来比较这两个值，

⊖　MIPS 硬件只支持一种寻址模式：寄存器基地址 + 立即数偏移量，16 位偏移量必须在 −32768～32767 之间。——译者注

如果相减的结果为 0（即两个寄存器值相等），则将指令指针（Instruction Pointer,IP）值 + 4 + (4 × offset) 计算得到的地址加载到指令指针寄存器（IP 寄存器）；如果两个寄存器值不相等或者该指令并不是**分支指令**，则 IP 值将递增 4，以便从指令存储器中读取下一个地址。利用 ALU 对两个输入寄存器 1 和 2 进行比较，我们现在有两个可以并行处理的加法器：一个用来计算 IP + 4，另一个用来计算分支地址，如图 2.5 所示。注意到在任何情况下都会计算分支地址，但如果分支的比较失败或者指令是 R 型指令时，我们可以简单地通过不激活 PCSrc 信号而放弃对分支地址的选择。

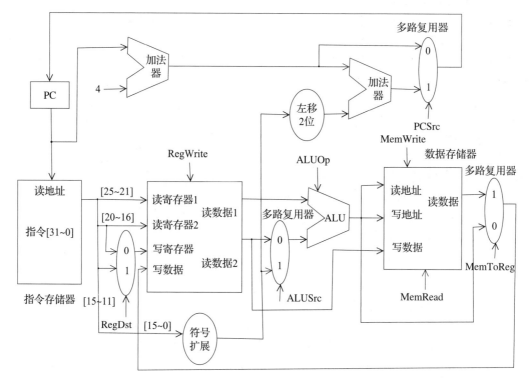

图 2.5 最终得到的 MIPS 单周期数据通路

控制单元

控制单元以指令的 6 位操作码和 6 位功能字段以及 ALU 的 1 位零输出作为输入，它必须为每条指令生成需要的所有信号。控制单元可以通过一个简单的组合电路来实现，该电路接收 13 位输入并提供所需控制信号。一些 MIPS 指令的控制信号如表 2.1 所示。

性能

lw 指令是 MIPS 中耗费时间最长的指令，因为它需要读取指令存储器，读取寄存器堆，执行 ALU add 运算，读取数据存储器，最后将数据写入寄存器堆。这些操作中除了 ALU 运算之外都是会导致存储延迟的读写操作，而且 ALU 运算本身也需要时间。这些延迟的总和给出了指令所需时钟周期长度的概念。例如，假设 lw 指令的 5 个步骤中的每一个都需要 2 ns，并且多路复用器的延迟为零，那么指令需要的时钟周期为 10 ns，频率为 100 MHz。但是许多 MIPS 指令需要的时间要少一些，例如，R 型指令不使用数据存储器，因此执行 4 个步骤，只需要 8 ns 的时钟周期。实际上，访问外部数据存储器的速度要慢得多，因此单周期数据通路的性能较差。

表 2.1　示例指令的 MIPS 控制信号

操作	RegDst	RegWrite	ALUSrc	ALUOp	MemWrite	MemRead	MemToReg
add	1	1	0	010	0	0	0
and	1	1	0	000	0	0	0
lw	0	1	1	010	0	1	1
sw	×	0	1	010	1	0	×
beq	×	0		110	0	0	×

2.2.2　多周期数据通路

单周期数据通路对所有指令使用相同的时钟长度，因而效率不高。改善单周期执行情况的目标是让每条指令的执行时间长度可变。我们首先将 MIPS 的指令分解成表 2.2 中的各个阶段，每个阶段占用一个时钟周期。

表 2.2　MIPS 流水线各阶段

阶　　段	缩　写	描　　述
指令获取	IF	从内存获取指令
指令解码	ID	解码指令中的操作码字段
执行	EX	在 ALU 中执行指令
内存访问	MEM	访问用于读、写操作的内存
回写	WB	将从内存读取的数据写入寄存器堆

现在，指令的执行需要占用多个周期。例如，分支和跳转指令占用 3 个周期，寄存器指令占用 4 个周期，而 lw 指令使用了上面所述的全部 5 个步骤。数据通路的一些组件需要重用，因而有必要对硬件进行重新安排。我们需要增加一些寄存器来保存不同周期之间的中间结果。此外，可以将指令存储和数据存储合并，还可以用一个单独的 ALU 来简单处理分支和跳转指令（因为它们处于不同的时钟周期，处理器无法同时使用这些硬件组件）。新的无控制信号的多周期数据通路如图 2.6 所示。新增加的寄存器有指令寄存器（Instruction Register，IR）、内存数据寄存器（Memory Data Register，MDR），处于寄存器堆输出端的两个寄存器 A 和 B，以及用于保留从 ALU 获得的值以便写回数据存储器的 ALUout 寄存器。

多周期的控制单元可以由有限状态机（Finite State Machine，FSM）实现。FSM 由有限数量的状态和状态之间的迁移构成。概括地讲，FSM 在一个状态中接收输入，并基于其当前状态和输入产生输出，其状态可能随之被改变。我们可以用有限状态机的状态来表示多周期数据通路的每一个阶段，阶段所需的控制信号由 FSM 输出[1]。尽管多周期数据通路比单周期数据通路具有更好的性能，下面介绍的流水线技术在改善性能方面有更好的表现，也是现代处理器的基础。

2.2.3　流水线

在现实生活中，**流水线技术**经常被用来提高工作效率。考虑一个有三台机器的洗衣系统：一台洗衣机（W）、一台烘干机（D）和一台叠衣机（F）。假设一个人需要按照洗衣机、烘干机和叠衣机的顺序使用这些机器来完成他的洗衣任务。我们进一步假设洗衣机、烘干机和叠衣机各需要 20 分钟去完成它们各自的工作。

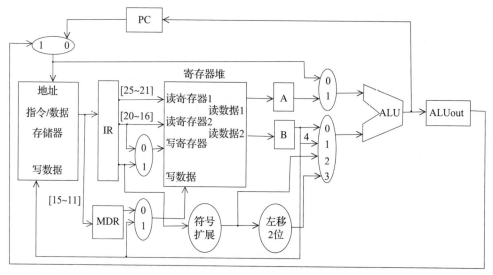

图 2.6 无控制信号的 MIPS 多周期数据通路

如图 2.7a 所示,将所有这些机器同时分配给某一个人 X 使用显然是不合理的,因为当 X 使用烘干机的时候其实可以将洗衣机安排给另一个人 Y 使用。图 2.7b 所示的流水线允许等待的下一位使用空闲的机器,并把三个人的洗衣过程的总体完成时间减少到 100 min。注意,流水线并没有减少每个人的使用时间,因为每个人还是需要 60 min 的处理时间,它减少的是任务的总体完成时间。

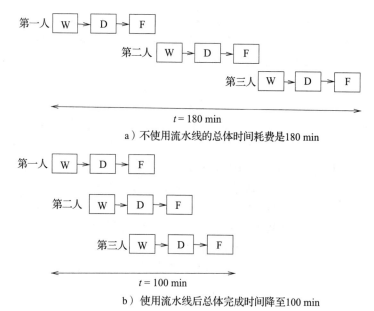

图 2.7 流水线示例:自动洗衣店的三台机器

来自上述示例的一个重要发现是:我们需要明确说明任务中需要按顺序执行的部分才能够使用流水线技术。在上述示例中,每个人的洗衣任务都需要顺序完成洗涤、干燥和折叠这些阶段。用计算术语来说,指令将在流水线处理器中执行,我们需要将执行过程分离为若干不同的阶段。通过流水线处理器获得的理论加速比可以如下确定：

- 设 k 是流水线阶段的总数，t_s 是每个阶段的处理时间，n 是提交给流水线的任务总数。
- 第一条指令的完成时间是 kt_s。
- 对于剩余的 $n-1$ 个任务，在每个周期都有一条来自流水线的指令，于是完成剩余任务的总时间是 $(n-1)t_s$。
- $n-1$ 个任务的总时间：

$$kt_s + (n-1)t_s = (k + n - 1)t_s$$

- 获得的加速比 S 是 n 条指令不带流水线的顺序时间与使用流水线的处理时间之比，如下所示：

$$S = \frac{nkt_s}{(k + n - 1)t_s}$$

当 $n \to \infty$ 时：

$$S = \frac{kt_s}{t_s} = k$$

正如在一些现代处理器中看到的，通过对中间结果进行精细的分离，有可能获得相对更多的阶段数。我们利用 MIPS 体系结构来演示如何在处理器中实现流水线。现在有五个阶段：指令获取（IF）、指令解码（ID）、执行（EX）、内存访问（MEM）和回写（WB）。指令 lw 将执行表 2.2 所示的所有五个步骤，这是可能的最大阶段数。我们来看 MIPS 中的一小段汇编程序是如何通过流水线运行的，如图 2.8 所示。我们需要从两个连续的内存地址分别加载数据字，然后将它们相加，并将结果存储在第三个连续的内存地址。

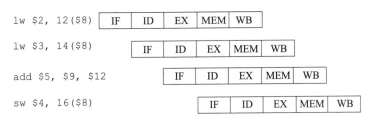

图 2.8　MIPS 中的汇编语言程序的流水线

在第一个简单的实现中，我们使用一些临时寄存器来缓冲前一条指令的结果。这些寄存器被命名为 IF/ID、ID/EX、EX/MEM 和 MEM/WB 以表明它们处在哪两个阶段之间，如图 2.9 所示。这张图与单周期的 MIPS 非常相似，其中做了少量的修改。例如，**分支指令** beq 的计算可以与 ALU 运算并行执行，在获取指令的同时可以计算下一个地址，因为我们在第一阶段已经取得了地址信息。后续阶段需要的数值必须在流水线寄存器之间传递。例如，如果指令是 sw，那么所有阶段都要保留写寄存器的地址，因为最后一个阶段需要用到这个地址。注意，sw 指令每一个时钟周期经过一个阶段，整条指令的执行需要五个周期。

控制信号

指令所需的控制信号应该使用流水线寄存器和指令一起进行传递。指令在每个阶段有不同的控制信号，一旦指令通过了某个阶段，即可丢弃该阶段的控制信号，这样可以减少指令通过各个阶段时传播的信号数量，如图 2.10 所示。

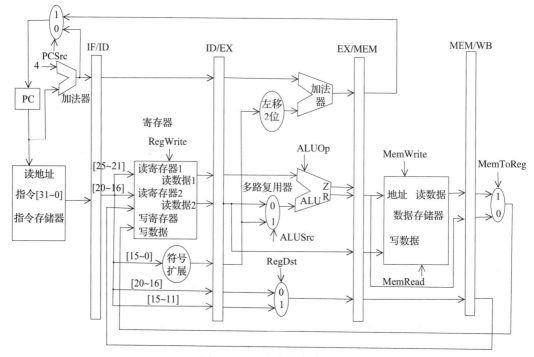

图 2.9 MIPS 中的流水线

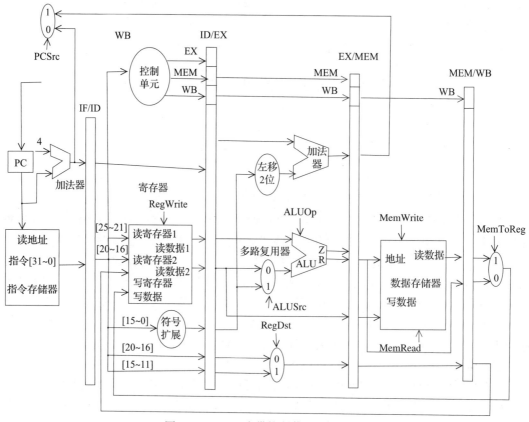

图 2.10 MIPS 中带控制信号的流水线

处理器的流水线结构提高了效率。但是在此之前我们做了这样的假设，即逐个馈送到流水线各个阶段的指令是相互独立的。实际上，相互跟随的指令之间可能是相互依赖的，这意味着已经产生的寄存器的值可能被某一条后续指令在无意中使用，从而导致危害（也称之为冒险）。

数据危害

考虑以下 MIPS 代码段：

```
lw   $3, 10($2)   数据危害例 1
        \
and  $4, $3, $5

add  $3, $1, $2  数据危害例 2
        |
sw   $3, 12($4)
```

第一条指令 lw 将内存地址 ($2)+10 中的值加载到寄存器 3，这是在指令第五阶段（即 WB 阶段）完成的。但是，接下来的指令 and 在第三个执行周期（EX）需要使用寄存器 3 的值。

这种情况称为流水线处理器中的**数据危害**（或数据冒险）。一种可能的解决方案是将在 lw 指令的第四阶段（MEM）从内存中获取的 $3 的值转发给在第二阶段（ID）需要这个值的 and 指令。这样转发的结果是寄存器的值被移交给后面的两个阶段。为了确保操作的正确性，我们需要在这两条指令之间将处理器暂停一个周期。让处理器暂停的意思是通过重置相应流水线寄存器的值，让处理器停止操作一个周期。

再看上面的例 2，sw 指令在第四个阶段（MEM）需要寄存器 3 的正确值。该值可以由 add 指令在其第二阶段（EX）转发，而不需要暂停处理器。何时何地转发寄存器的值的事情可以交由**转发单元处理**。转发单元是一个电路，它将 EX 阶段结束时的目标寄存器（即 EX/MEM 流水线寄存器）以及 MEM 阶段结束时的目标寄存器（即 MEM/WB 流水线寄存器）的值与 ID 阶段结束时的第一个寄存器（记为 rs）和第二个寄存器（记为 rt）（即 IF/ID 流水线寄存器）的值进行比较。只要匹配成功，匹配的寄存器值就会根据匹配成功的位置向后转发 1~2 个阶段。下面列出了由转发单元执行的比较操作，其中 rd 表示目标寄存器。关于 MIPS 转发操作的详细描述见文献 [1]。

- EX/MEM.rd = ID/EX.rs
- EX/MEM.rd = ID/EX.rt
- MEM/WB.rd = ID/EX.rs
- MEM/WB.rd = ID/EX.rt

带有转发单元的 MIPS 数据通路如图 2.11 所示。转发单元主要比较输入 MEM 阶段的目标寄存器（rd）的标识符与 EX 阶段的输入寄存器（rs 和 rt），以及输入 WB 阶段的目标寄存器（rd）标识符与 EX 阶段的输入寄存器（rs 和 rt）。如果匹配成功，则在后续的一个或两个阶段可以取回 rd 的值。rd 值的这种回带通过选择位于 ALU 输入端的复用器的输入端 1（回送两个阶段）或输入端 2（回送一个阶段）实现。

控制危害

在分支指令 beq 之后，指令序列有可能转向另外一个位置。分支指令比较两个寄存器的值，如果它们相同，则跳转到指令中声明的位置。指令的获取在第一阶段（IF）完成，而分支的判定在第三阶段（EX）完成。考虑以下 MIPS 代码段：

```
beq  $1, $2, 16($6)

and  $4, $3, $5

add  $7, $8, $9
```

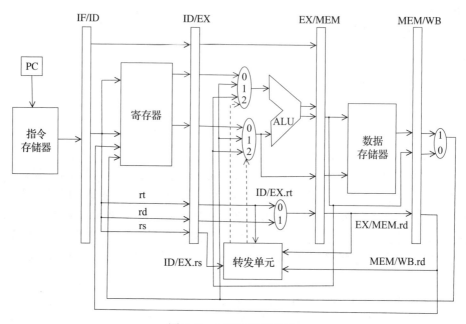

图 2.11 MIPS 转发单元

分支的执行与否依赖于寄存器 1 和 2 的值，由 ALU 运算在 EX 阶段决定。ALU 将这两个寄存器中的值相减，如果运算结束时被设置了零标志，这意味着应该改变指令地址[⊖]。如果选择了分支，则应该放弃分别位于 ID 阶段和 IF 阶段的 and 指令和 add 指令，这个问题的一种解决办法是通过重置 IF/ID 和 ID/EX 流水线寄存器来清除 ID 阶段和 IF 阶段，代价是 CPU 周期的丢失。针对流水线处理器的控制危害，一些主要的解决方案如下：

- **暂停处理器**：停止流水线，直到获知分支操作的结果。
- **分支延迟间隙**：总是执行分支指令后面的少数几条指令。编译器或程序员在这些所谓的间隙中放置一些有用的指令或空指令（No Operation，NOP）。对于具有大量流水线的处理器，此解决方案并不便捷。
- **分支预测**：使用一些启发式方法预测分支指令的结果。可以通过总是选择分支或总是不选择分支来实现**静态分支预测**。一种改进方案利用了**"向后不向前"**原则（backward taken/forward not taken principle），即假设大多数情况下分支指令的结果是指令地址向后偏移（这很大可能是循环跳转），而很少有向前跳转的情况。动态分支预测则利用当前状态来决定是否选择分支。

2.2.4 微控制器

微控制器的芯片中包含了处理器、存储器和 I/O 接口，通常用于低功耗和小型嵌入式应

⊖ 即跳转。——译者注

用。**现场可编程门阵列**（Field-Programmable Gate Array，FPGA）是一种动态可重构微控制器。应用开发人员可以使用 FPGA 构建实时系统所需的硬件。这些处理器通常用于通信系统和图像处理。**数字信号处理器**（Digital Signal Processor，DSP）是一种特殊用途的微处理器，用于需要对大量数据进行频繁算术运算的信号处理。

2.3　存储器

存储器（内存）和输入 / 输出是限制计算机数据传输速度的主要瓶颈。大容量的数据存储和快速访问是系统经常性的需求。现代计算机需要大容量存储，因为数据量是前所未有的，而且每天都在增加。此外，如果对存储器的访问速度不够快，就无法充分利用高速处理器的全部能力。

静态随机存取存储器（Static Random Access Memory，SRAM）速度快且价格昂贵，而相同大小的**动态随机存取存储器**（Dynamic RAM，DRAM）比 SRAM 便宜一个数量级以上，但速度要慢得多。1 位的 SRAM 单元由两个门电路组成，而在 DRAM 中 1 位的值以电荷的形式存储的电容器上。**可擦除可编程只读存储器**（Erasable Programmable Memory，EPROM）在断电时可以保留程序代码和数据。硬盘可以容纳若干 TB 的数据，是各个存储级别中最便宜的，但访问速度非常慢。我们需要一些支持有效、快速的存储访问的方法。

2.3.1　与处理器的接口

处理器和存储器之间的通信介质由三条总线组成：用于数据地址定位的地址总线、用于数据传输的数据总线和用于操作控制的控制总线。RAM 的典型控制信号是读（RD）线和写（WR）线，它们分别支持从存储器的读操作和到存储器的写操作，如图 2.12 所示。EPROM 只需要 RD 信号，因为它在正常运行时不能被写入。对于 n 位地址总线和 m 位数据总线，处理器可以寻址 2^n 个存储地址，每个存储地址的长度为 m 位。地址总线的高位通常作为选择内存和其他接入总线的设备的选择位。例如，10 位地址总线（$A_9 \sim A_0$）和 8 位数据总线允许对 1024 个内存地址进行寻址。考虑将这个空间划分为 512 字节的 EPROM 和 512 字节的 RAM，我们可以使用 A_9 位作为存储器芯片的选择位。在本例中，地址范围 0～511 的数据位于 EPROM 中，地址范围 512～1023 的数据位于 RAM 中。注意，EPROM 的选片输入是低电平有效（$\overline{CS}$）的，因此当 $A_9 = 0$ 时，EPROM 被选通。现代处理器通常以层次化总线结构与存储块和 I/O 接口建立连接。

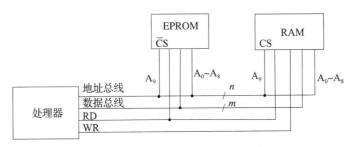

图 2.12　存储器和处理器的接口

2.3.2　缓存

缓存是一个小尺寸的 SRAM，放置在处理器和 DRAM 之间，提供对指令或数据的快速访问。缓存的思想是保存最常用的数据，这样从更接近的位置检索数据要比从 DRAM 传输数据更快。**时间局部性原理**假设被访问的地址在不久的将来会以更高的概率被处理器再次访问（例如在循环结构中）。此外，**空间局部性原理**假设已经访问过的地址的相邻地址有很大概率被访问。这个论点是有根据的，因为程序大部分时间按顺序执行。注意，循环结构也具有空间局部性，因为循环结构重复执行程序行序列，直到循环终止。**缓存命中**是指缓存中包含了我们正在搜索的数据，否则就会发生**缓存失效**的情况。缓存性能由**命中率**来衡量，命中率是指缓存命中的访问量占总访问量的百分比。将数据从缓存发送到处理器所用的时间称为**命中时间**。缓存失效时将数据从主存储器传送到缓存所需的时间称为**失效代价**。缓存失效的百分比称为**失效率**。根据这些参数，具有缓存的计算机的平均内存访问时间等于命中时间 +（失效率 × 失效代价）。

为了对空间局部性原理加以利用，我们可以将包含请求地址以及该地址的相邻地址的数据块复制到缓存。按照这个原则，数据以块的形式读写到缓存中，每个块对应一个**索引值**。假设缓存有 2^k 个块，于是我们需要一个 k 位长的二进制索引来对块寻址。每当一个存储地址 addr 被寻址时，addr 的低 k 位可以用来在缓存中定位相应的块。此外，我们还需要检查搜索到的地址是否与缓存地址完全对应。每一个缓存块都包含一个与剩余地址位匹配的标签，因此如果该缓存块的标签值等于 addr 地址剩下的高位，则缓存被命中。每个缓存块还有一个**有效位**，以表明该缓存块是储存了有效数据还是一个空块。例如，设有一个 12 位地址的主存储器，总共 4KB 的内存，被分成 4 字节大小的块。缓存块由 6 位寻址，因此需要 6 位索引值和 4 位标签值，如图 2.13 所示。由于每个块有 4 个字节，为了让访问精确到字节，存储地址的低 2 位被用作块内的偏移量。

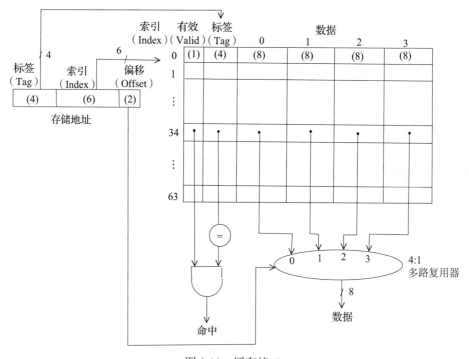

图 2.13   缓存接口

缓存操作的伪代码见算法 2.1。

算法 2.1　缓存

1: 基于由处理器生成的一个内存地址 addr

2: **if** 由 addr 的索引位指向的块的**有效位** valid = 1 **then**

3: 　　**if** addr 的**标识** tag= 缓存块的**标识** tag **then**

4: 　　　从块的基地址 + 内存地址偏移量构成的缓存地址**输出数据**

5: 　　**else** 从外部存储器**获取数据**并交给处理器

6: 　　　移除一个不用的项，并把数据写入缓存

7: 　　**end if**

8: **else** 从外部存储器**获取数据**并交给处理器

9: 　　把数据写入缓存的一个空位置

10: **end if**

实际上，没有必要每次访问内存时都运行一次缓存算法，这个算法过程可以由一个称为**缓存控制器**的电子电路来处理。缓存控制器包括一个 k 位比较器（用于 k 位标签值的比较）、一个**与门**和一个 **4 进 1 出多路复用器**，如图 2.13 所示。

到目前为止，我们所描述的缓存被称为**直接映射缓存**，其中每个内存位置都恰好映射到一个可以从物理内存地址计算出来的缓存块位置。此外，从内存传输的数据可以写入**全相联缓存**中的任何空白位置，这种类型的缓存需要使用很多比较器并行检查缓存的所有位置，因此构造成本高昂。**组相联缓存**（或称**集合相联缓存**）介于直接映射缓存和全相联缓存之间。组相联缓存由一组称为集合的块组成，每个内存位置映射到一个这样的集合，但数据在集合中的位置是可变的。数据在块中的放置类似于全相联缓存，允许在较小的缓存区域内搜索数据。如果**组相联缓存**的集合中有 k 个块，则称为 k **路组相联缓存**。

另一个值得关注的问题是，当新的数据从内存中提取出来而缓存已满时，需要从缓存中选取一些数据进行移除。依据**最近最少使用**（Least Recently Used，LRU）方法，选择在缓存中停留时间最长而未被使用的数据进行移除。双向链表可用于跟踪缓存中的数据使用情况，新引用的数据放在链表的前面，要移除的数据从链表的后面提取。诸如**先进先出**和**后进先出**之类的其他策略也可用于确定要移除的数据究竟是最早访问的块还是最后访问的块。

当处理器将数据写入缓存时，它还必须将数据写入内存以保持数据的一致性。**写入策略**决定了如何执行这个过程：

- 直写：缓存和内存同步写入。
- 回写：先写入缓存，直到缓存中该数据块被替换时，才将修改过的数据块写入内存。

2.4　输入 / 输出访问

处理器使用输入和输出**端口**与外部设备通信，这些端口主要是与处理器数据总线连接的数据缓冲区。输入 / 输出设备（I/O 设备）有多种形式（比如键盘和打印机）。与处理器和内存的速度相比，I/O 设备的速度要慢很多数量级。磁盘和网络是两种主要的 I/O 系统，它们频繁地与处理器通信。利用硬件并行性可以提高处理器与 I/O 设备之间的数据传输速度，例如 RAID（Redundant Array of Inexpensive Disk）系统提供了对多个硬盘的并行访问。同时，内存也可以进行分组以方便并行访问。本节将首先回顾实时系统与 I/O 设备的通用接口，然后描述用硬件和软件实现 I/O 接口的方法。

2.4.1 输入设备接口

在实时系统中比较常见的两类 I/O 设备是**传感器**和**作动器**。**传感器**是能够感测外部物理参数并产生表示该参数的电信号的输入设备。传感器有许多类型，如温度、湿度、加速度和压力传感器等。传感器的典型参数是其工作温度、误差规格和可感测值的范围。

处理器的**输入接口**包含将传感器输出信号转换为适合实时计算机处理的形式的电子电路。传感器的输出量级通常很小（在毫伏范围内），因此我们需要将模拟信号放大，然后采用模数（A/D）转换器将电信号转换为数字数据。传感器中可能已经嵌入了所需的转换器。采用 A/D 转换器的典型输入接口的结构如图 2.14 所示，其中**放大器**将从传感器获得的通常在毫伏范围内的电压电平放大，**采样保持**电路将输入信号的离散瞬时值提供给 A/D 转换器，使转换器在转换期间具有稳定的输入。A/D 转换器输出的位数给出了输入信号的精度。对于典型的 0~5V 的模拟输入范围，32 位 A/D 转换器将产生 0~65535 范围内的数字数据。

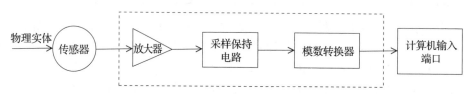

图 2.14 实时系统的输入接口

典型 A/D 转换器与处理器的详细接口如图 2.15 所示。当需要输入传感器数据时，处理器通过**启动脉冲**启动转换过程。启动脉冲可以是高电平有效，也可以是低电平有效，有时甚至是在高电平和低电平之间转换时有效，具体取决于 A/D 设备的特性。处理器产生脉冲的方法很简单，就是向输出端口的**启动位**（START）先写入一个 0，然后写入一个 1，最后再写入一个 0。每次写入后都需要一定延迟才能形成脉冲。脉冲宽度必须大于 A/D 转换器所需的最小脉冲宽度，这可以通过控制延迟时间进行调整。延迟时间通常可以通过向寄存器加载一个值并将其减到 0 来实现。EOC（End-Of-Conversion）位被设置时，表示转换器的输出可用。EOC 信号可以连接到处理器的输入端口，由处理器通过轮询方式进行输入检查，也可以用来向处理器发出中断请求。

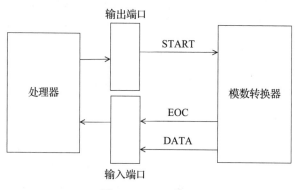

图 2.15 A/D 接口

2.4.2 输出设备接口

作动器的工作方式与传感器相反，它将电信号转换为某种形式的物理参数，如声音、热量或运动。例如，螺线管就是一种作动器，当电流流过时螺线管会产生磁场。为了启动作动器，首先使用数模（D/A）转换器将二进制输出数据转换为模拟信号。如图 2.16 所示，信号调节电路将得到的模拟信号转换为适当的形式以激活作动器。信号调节电路可能包括放大器和限制模拟信号峰值的电路。工作温度和输出范围是作动器的主要参数。

图 2.16　实时系统的输出接口

2.4.3 内存映射 I/O 和隔离 I/O

处理器和 I/O 外围设备之间的通信可以使用两种基本方式：**内存映射 I/O**（MMIO）和**隔离 I/O**[⊖]。MMIO 方式将**内存地址空间**分割为内存存储单元部分和 I/O 外围设备部分[⊜]。由于 I/O 单元连接到公共总线，对 I/O 单元的访问和访问内存的物理地址一样。处理器可以通过公共总线发送 I/O 单元的地址和数据，I/O 外围设备通过地址总线监听到被寻址时做出响应，如图 2.17 所示。PMIO 方式提供不同的 I/O 指令，这些指令可以使用与内存相同的**地址空间**[⊜]。在这种情况下，处理器应该提供一个单独的控制信号，表明预期的操作是内存操作还是 I/O 操作。当有许多 I/O 外围设备需要寻址时，PMIO 方式非常方便，因为多个 I/O 操作可以使用相同的**地址空间**。此外，MMIO 方式比较灵活，因为用于内存操作的所有指令都可以用于 I/O 操作。PMIO 方式中使用的典型控制信号是 Intel 系列处理器的 $\overline{IO/M}$ 信号。信号被激活时[®]表明当前是 I/O 指令操作，否则是内存操作，如图 2.17 所示。

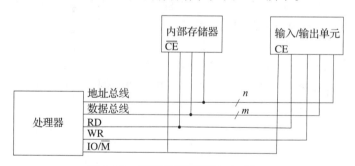

图 2.17　与处理器的隔离 I/O 接口

2.4.4 软件与 I/O 的接口

在讨论了 I/O 外围设备如何在硬件上与处理器连接之后，我们现在可以回顾访问 I/O 单元的基本的软件方法。一般情况下，处理器从输入设备中读取一些数据，然后写入速度较慢的输出设备。与 I/O 设备进行软件接口的两种主要方法是轮询方法和中断驱动 I/O 方法。

2.4.4.1 轮询

轮询是软件与 I/O 设备连接的一种基本方法：处理器向 I/O 设备发出 I/O 请求，并不断

检查请求是否得到满足。算法 2.2 展示了处理器使用这种方法将文件写入硬盘驱动器的典型情形。CPU 向磁盘发送一个写请求。当磁盘准备就绪，磁头位于正确的扇区时，磁盘会发出一个控制信号。处理器不断检查此信号，当发现信号有效时，启动文件传输。这种方法的一个明显缺点是在等待慢速设备时会浪费 CPU 周期。

算法 2.2 写入磁盘

1: 向磁盘**发送**写请求

2: **while** 磁盘未就绪 **do**

3: 　等待

4: **end while**

5: **while** 不是文件结尾 **do**

6: 　从内存向磁盘**传输**一个文件块

7: **end while**

2.4.4.2 中断驱动 I/O

考虑一个由外部源启动的**中断**。当中断发生时，处理器停止当前的处理进程，为中断提供服务，然后继续执行它刚才停止处理的任务。这种类型的操作类似于一个日常生活中的例子：当一个人在家里看书时，门铃响了。这个人会在书中放置一个书签（保存当前环境），回应来访者（提供中断服务），然后继续阅读。处理器对中断的处理类似于上面的场景：保存由寄存器值、数据、文件指针等组成的当前运行环境，执行中断请求的操作，然后恢复环境并从其停止的位置（地址）继续执行。所有这些过程通常由操作系统处理。

回到刚才写入磁盘的例子。处理器会像以前一样发出写请求，但会继续执行其他进程，直到收到磁盘发出的表明其准备就绪的中断信号。处理器通过写入磁盘来实现中断服务，当中断服务过程结束时，处理器继续执行之前停止的任务。中断服务例程（Interrupt Service Routine，ISR）可以被中断，也可以不被中断。这个过程的所有步骤都在实时操作系统的控制下，并且可能有各种变化。例如，当一个多级中断服务例程面对高优先级代码段和低优先级代码段时，将首先为高优先级部分提供服务。

处理器通常有一个中断激活引脚（一般标记为 INT 或 $\overline{\text{INT}}$），该引脚可以由外部设备激活。处理器的每一条指令都会检查这条中断线，发现中断时会激活预先定义的中断服务程序。一般情况下，处理器有多个中断引脚，其中一个被指定为**不可屏蔽中断**，另一个可以被软件禁用的称为**可屏蔽中断**。中断服务可以用不同的方法实现。在**中断轮询**方法中，所有的设备中断请求都与处理器的 INT 输入进行**线或**（wire-ORed），当线路被激活时，处理器可以通过公共总线读取每个设备的状态寄存器，更常见的是检查输入端口以找到中断源，如图 2.18 所示。

图 2.18 中有三个设备连接到处理器，某个请求服务的设备将激活它的 REQ 线，并在它所连接的处理器的输入端口线上设置 1。如算法 2.3 所示，当 INT 线转为活动时，处理器对活动端口线进行检测并转向该设备相应的 ISR 所在的内存地址。如果同时发生多个中断，可以使用优先级方法。

另一种更快速的方法是向量中断方法。中断源激活 INT 输入，并将其 ISR 的地址放置在处理器的输入端口或数据总线上。注意，在这种情况下，处理器只需要根据总线内容加载新的指令地址，从而简化了中断服务处理过程。一个更实用的方法是请求服务的设备只需要提供相对于公共中断表基址的偏移量，与处理器的接口更简单。例如，32 个设备只需要 5

个输入位就已经足够。

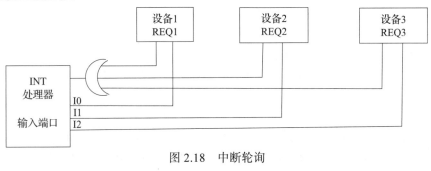

图 2.18　中断轮询

算法 2.3　轮询 ISR

1:
2: 基于 INT 的激活
3: 从**端口** port1 **输入**寄存器 reg1
4: count ← 0
5: 把 1 **载入**寄存器 reg2
6: **while** count < 3 **do**
7: 　　将 reg1 和 reg2 作**逻辑合取**，结果存放在寄存器 reg3
8: 　　**if** reg3 ≠ 0 **then**
9: 　　　　跳转到 ISR 地址 base + count
10: 　　　　**exit**
11: 　　**end if**
12: 　　将 reg2 **左移**一位
13: 　　**count** ← **count** + 1
14: **end while**

2.4.4.3　直接内存访问

磁盘和网络等设备的运行速度比键盘等设备更快，而且它们需要传输大数据块。**直接内存访问**（Direct Memory Access，DMA）方法可以匹配这些设备的运行速度，进行大数据块传输。**DMA 控制器**是处理器和设备之间的接口处理器。通常由处理器提供起始内存地址、传输字节数和传输方向，DMA 控制器与处理器通信，实现数据传输。当总线忙于 DMA 传输时，处理器必须避免任何外部操作。在**周期窃取** DMA 模式下，DMA 控制器在总线空闲时接管总线，以字节为单位进行传输。相反，在**突发**模式下，总线由 DMA 控制器独占直到完成数据传输。

2.4.4.4　异常

异常是处理器检测到的内部中断。非法指令、试图除以 0 和算术溢出是导致异常的常见原因。操作系统对异常的最基本的处理方式是停止导致异常的程序并将其从内存中删除。但是，在某些情况下，异常有可能得到恢复。一般情况下，如果检测到异常而且处理器能够告知异常的原因和导致异常的指令时，操作系统会接管异常处理。

MIPS 处理器有一个异常程序计数器（Exception Program Counter，EPC），它保留了发生异常时正在执行的指令的地址。**异常原因寄存器**具有一些有助于识别异常原因的二进制位。当 MIPS 发生中断或异常时，将执行以下操作：

1）将当前程序计数器的值传送给 EPC。

2）将异常原因存储在异常原因寄存器中。

3）通过修改状态寄存器禁用异常和中断。

4）跳转异常 / 中断处理程序地址。

从异常处理程序返回时，EPC 寄存器的内容被恢复到程序计数器，并且修改状态寄存器来重新允许中断和异常。

2.4.4.5 定时器

在实时系统中，**定时器**通常用来测量时间间隔。它被加载一个与时间间隔相对应的值，其内置计数器随着固定的时钟脉冲数递减。当计数器的值归零时，定时器向处理器发出一个中断信号表示到达预定时间。定时器也可以配置为从 0 向上计数，当其值达到时间间隔对应的值时，定时器产生的溢出位可用于激活处理器的中断线。

这种类型的**定时器中断**可以方便地用在主要关注任务能否满足截止期限的实时系统中。嵌入式系统中的定时器通常被称为**看门狗定时器（或监视定时器）**，被用于系统出现故障时重置或启动恢复过程。处理器以比看门狗定时器溢出时间更短的时间间隔定期重置看门狗定时器的计数。如果看门狗定时器溢出[⊖]，则意味着系统存在硬件或软件错误，此时定时器的溢出位可用于向处理器发出中断以启动恢复过程。定时器中断机制在非实时系统中也有很多应用。

2.5 多核处理器

多核处理器的芯片中嵌入了两个或多个处理器以提高性能。许多现代处理器都是多核的。多核处理器可以拥有同质（对称）内核，也可以拥有异质（不对称）内核。例如，通用中央处理器的内核是对称内核，而图形处理器的内核是非对称的。多核处理器的内核采用缓存分层结构来改善性能：L1 和 L2 缓存通常由内核独立使用，L3 缓存在内核之间共享。图 2.19 以一个 4 核处理器为例，其中 L1 缓存分配给了指令和数据。

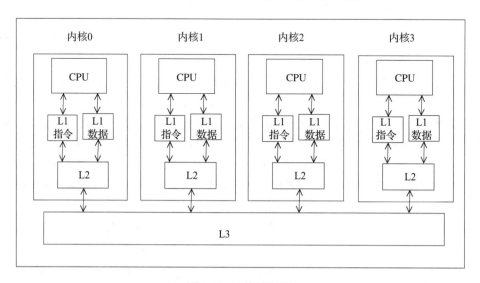

图 2.19　4 核处理器

多核处理器主要通过在内核中并发执行任务来提高性能。与两个或多个采用独立芯片的

⊖　即系统定时重置看门狗定时器失败。——译者注

处理器相比，多核处理器可以降低功耗，从而延长移动环境下的电池寿命。不过在共享资源（如缓存和总线）时，需要防止并发访问。此外，在内核上运行的任务（通常称为**线程**）需要同步，这类似于在单核处理器上运行的普通操作系统中的任务同步。

2.6 多处理器

多处理器系统包含两个或两个以上共享内存和 I/O 设备的处理器。**对称多处理器**（Symmetric Multiprocessor，SMP）系统具有共享全局内存的同质处理器。SMP 系统也称为**紧耦合多处理器系统**，因为处理器之间使用共享内存进行频繁的数据传输。相比之下，分布式系统的主要传输方式是消息交换。图 2.20 展示了一个 SMP 系统，其中有 n 个处理器和 k 个 I/O 设备与公共总线相连，以及一个用于总线使用控制的**总线仲裁器**。

多处理器计算系统有以下两个主要类型：

- **单指令多数据**（Single-Instruction-Multiple-Data，SIMD）系统：由单个控制单元控制多个数据通路。在 SIMD 计算机中，同一条指令与许多数据元素并行执行以获得高性能。SIMD 计算机具有特殊的硬件，用于需要大量数据（这些数据常常涉及矩阵运算）的科学计算。
- **多指令多数据**（Multiple-Instruction-Multiple-Data，MIMD）系统：由多处理器共享**集中式存储**系统中的数据，在**分布式存储**多处理器模型中使用消息进行通信。

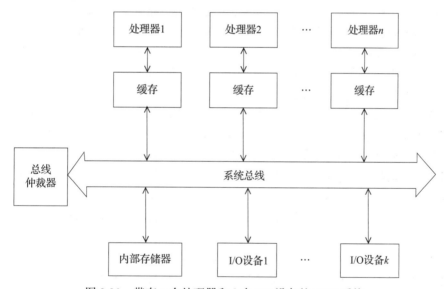

图 2.20 带有 n 个处理器和 k 个 I/O 设备的 SMP 系统

当分布式存储多处理器系统中的通信介质是计算机网络，从而使计算节点可以在物理上分开时，我们就拥有了一个分布式系统，在这种情况下通常不再提及"多处理器"这个说法。集中式存储多处理器系统一般由单一的操作系统执行整个系统的基本管理任务，包括多处理器中的任务调度和任务管理、任务间同步以及并发访问期间公共资源（如全局内存单元）的通信和保护。

2.7 复习题

1. 指出处理器的基本组件。

2. 什么是指令集体系结构（ISA）？请说明其重要性。
3. 如果要设计一个处理器，应该从什么地方着手？
4. 单周期数据通路的主要思想是什么？
5. 如何计算单周期数据通路中时钟周期的长度？
6. 设计多周期数据通路的基本原理是什么？
7. 指出 MIPS 流水线数据通路的基本阶段。
8. 什么是流水线数据通路中的数据危害和控制危害？各给出一个 MIPS 汇编语言的例子。
9. 根据汇编语言的编程能力和具体应用中使用的 I/O 设备数量，比较 MMIO 和 PMIO。
10. 什么是缓存？
11. 为什么需要 DMA？
12. I/O 端口、I/O 接口和 I/O 设备之间有什么区别？分别举一个例子。
13. 中断和异常有什么区别？
14. 比较多核处理器和多处理器系统中遇到的主要软件问题。

2.8 本章提要

本章回顾了实时计算节点的基本硬件组件。基本的数据通路类型有单周期、多周期和流水线型。单周期数据通路对于所有指令都有相同的周期持续时间，因此效率不高。多周期数据通路让每条指令采用不同的时钟周期，从而改善性能。在流水线处理器中，指令分阶段执行，在 MIPS 处理器中这些阶段有指令获取（IF）、指令解码（ID）、执行（EX）、内存访问（MEM）和写回（WB）。本章的讨论基于对嵌入式系统设计中常用的 MIPS 处理器硬件的分析。

内存是实时节点硬件的另一个基本组件。靠近处理器的不同级别的缓存被用于提高性能。经常使用的数据可以保存在缓存中，以便在将来的传输中以较低成本进行访问。处理器的 I/O 接口由输入和输出端口处理，这些端口用于缓冲进出这些设备的数据。连接到计算机节点的常见 I/O 设备包括显示单元、键盘、磁盘和网络接口设备。将软件连接到 I/O 设备的两种主要方法是轮询（由处理器轮询设备，直到设备准备好进行数据传输）和中断。外部设备通过激活处理器的中断信号线产生中断。中断发生时，处理器暂停当前任务，通过中断服务例程执行所请求的操作，然后再返回到其停止执行的位置继续执行。在实时系统中，为中断提供有效服务是一个重要的问题，因为中断频繁发生，并且在出现中断的情况下满足截止期限相当重要。

多核处理器的芯片中有两个或两个以上的称为内核的处理单元，它们通过缓存共享数据。随着时钟速度的不断提高，现代处理器经常采用多核技术来提高性能。多处理器在一定程度上可以看作多核处理器的放大视图：L3 缓存被全局内存取代，内核被处理器取代。任务同步和全局内存保护是多处理器操作系统需要解决的主要问题。

2.9 练习题

1. 设计一个组合电路作为单周期数据通路 MIPS 的控制单元，用于指令 lw、sw 和 add。
2. 描述以下 MIPS 代码中的危害，并给出在 MIPS 中的补救方案。

```
sw   $1, 16($6)
and  $1, $2, $3
add  $5, $7, $6
```

3. 描述以下 MIPS 代码中的危害，并给出在 MIPS 中的补救方案。

```
beq  $3, $4, 8($12)
add  $1, $2, $7
sub  $5, $6, $8
```

4. 假设处理器有 20 位的地址总线和 16 位的数据总线。将 [0，256)KB 地址提供给一个 256 KB 的 EPROM，另一个 256 KB 的 SRAM 使用 [256，512)KB 地址，还有一个 512 KB 的 DRAM 使用 [512，1024) KB 地址，画出此处理器的接口示意图。

5. 画出连接三个设备的处理器的向量中断接口电路图。用伪代码编写处理器的中断服务例程。

参考文献

[1] JL Hennessy, DA Patterson (2011) Computer architecture: a quantitative approach, 5th edn. Morgan Kaufmann

分布式实时系统

3.1 引言

分布式实时系统（Distributed Real-Time System，DRTS）由一些通过实时网络连接的自治计算节点组成。系统中的节点协同工作，在指定的截止期限内实现一个共同的目标。需要 DRTS 的原因有很多，首先是实时计算可以随着节点自然分布，这些节点可用于处理一个应用中的可分离部分。其次是可以提供容错能力，这也是实时系统的基本要求。此外，在 DRTS 的节点之间实现负载均衡可以改善系统性能。

在 DRTS 的每个节点上执行的计算应该满足时间约束。此外，分布式网络必须具备有限消息延迟的实时处理能力。许多实时应用本质上是分布式的，系统中某个节点所执行的任务受网络中其他节点上运行的任务的影响。DRTS 中的任务需要通过实时网络进行通信和同步。例如，现代化汽车配备了 DRTS，其中用于温度、速度、水、油位的传感节点通过实时网络连接。

本章从 DRTS 模型开始讨论，然后简单概述分布式实时操作系统的功能和 DRTS 中间件的主要需求。实时通信构成了 DRTS 的框架，我们将描述一些实时通信模型，重点介绍其拓扑结构和数据链路层协议。我们还将简要回顾一些常用的实时协议，然后以两种典型的 DRTS 体系结构为例结束本章。本章主要介绍贯穿本书其余部分的各种 DRTS 概念。

3.2 模型

分布式实时系统的体系结构如图 3.1 所示。网络中的每个节点都负责某些特定的功能，它需要通过实时网络与其他节点通信，以实现所负责的功能并产生所要求的输出。在 DRTS 的设计中时间触发系统和事件触发系统是两个截然不同的目标。

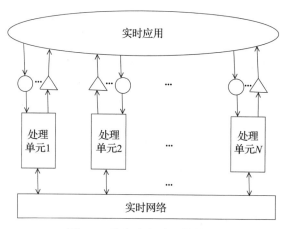

图 3.1　分布式实时系统结构

3.2.1 时间触发和事件触发分布式系统

我们将在 DRTS 的环境中描述时间触发和事件触发系统。**触发器**是启动实时系统响应的事件。如前所述，**时间触发系统**必须在预先定义的时刻响应外部事件，例如每隔 5 s 测量一次液体的温度。时间触发系统中事件的执行时刻和持续时间是预先知道的，因此调度可以脱机进行，且只需要很小的运行时开销。在时间触发 DRTS 中，测试和容错的实现比较简单，因为发生故障的硬件或软件模块的特性是预先知道的，可以使用精确的副本进行替换。时间触发系统适用于周期性的硬实时任务，但是当任务集和系统负载发生变化时，它们的灵活性远远不够。

时间触发体系结构需要同步通信，因而必须使用公共时钟，这在分布式实时系统中很难实现。解决同步问题的一个方法是使用合适的算法定期同步 DRTS 中的自由时钟。文献 [8] 中描述的时间触发体系结构（Time-Triggered Architecture，TTA）可以作为实现分布式实时系统的模板。该网络中的每个节点都被分配一个固定的时隙来广播消息，从而保障了消息的传递。TTA 已在许多实时应用（比如汽车产品）中得以实现。

相反，**事件触发系统**必须对偶发到达系统的外部事件做出响应。这样的系统需要联机和优先级驱动的任务调度。一般而言，事件触发系统更加灵活、更能适应不断变化的系统特性。然而，相比时间触发系统，这些系统在运行时需要更为复杂的调度算法，因而可能会耗费巨大的开销。分布式实时系统中的通信也可以分为事件触发式通信（当接收到**发送**命令时开始通信）和时间触发式通信（周期性发送消息）。通常认为，事件触发方法对于外部不可预测事件频繁发生的 DRTS 非常方便，而时间触发方法适用于具有已知任务集（任务特征事先已知）的确定性 DRTS。一般情况下，DRTS 同时具备时间触发组件和事件触发组件。

3.2.2 有限状态机

有限状态自动机（FSM）由一些离散状态和状态之间的迁移构成。FSM 可以由一个 6 元组表示如下：

- I 是有限输入的集合。
- O 是有限输出的集合。
- S 是有限状态集合。
- $S_0 \subset S$，是初始状态。
- δ 是表示下一个状态的函数：$I \times S \rightarrow S$。
- λ 是输出函数。

FSM 主要有两种类型：Moore 型 FSM 和 Mealy FSM。前者的输出仅取决于当前状态（$\lambda : S \rightarrow O$），后者的输出是输入和当前状态的函数（$\lambda : I \times S \rightarrow O$）。有限状态机以有向图的形式表示，其中图的顶点表示状态，图的有向边表示状态之间的迁移。有向边被标记为 f（输入）/ 输出，这意味着当指定的输入函数为 true 时，或者只要接收到输入并产生指定的输出时，这个事务（有向边）就会发生。

我们来模拟一个简单的自动售货机，它可以提供价值 20 美分的水果，而且只接受 5 美分或 10 美分的硬币。自动售货机有两个输出：R 释放出水果，C 找零。某一个人可能连续 4 次放入 5 美分硬币，这时我们至少需要处理 4 次 5 美分的交易事务；当然也可以有 10 美分的交易事务的例子。我们将 5 美分或者 10 美分的输入表示为一个 2 位二进制数，例如用 01 表示 5 美分，10 表示 10 美分。类似地，输出也可以表示为一个 2 位二进制数，第一位表示**释放**，第二位表示**找零**。图 3.2 给出了使用这些规格的具有四种状态的 FSM。

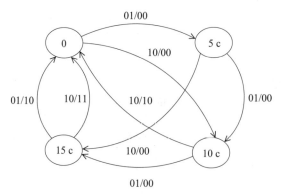

图 3.2 自动售货机的 FSM 示意图

为了用 C 语言编写程序来实现这个有限状态机，我们可以用一种简单有效的方法。首先，生成一个以状态为行、输入为列的 **FSM 表**。注意，输入不能是 11，因为机器一次不能同时接受 5 美分和 10 美分硬币。我们分别用 0、1、2 和 3 表示售货机收到的硬币面值为 0、5、10 和 15 的状态。自动售货机的 FSM 表如表 3.1 所示。注意，我们并不需要 20 美分的状态，因为达到 20 美分意味着我们需要释放水果并决定找零或者不找零，然后返回状态 0。

表 3.1 自动售货机的 FSM 表

状态	输入	
	01	**10**
0	act_00	act_01
1	act_10	act_11
2	act_20	act_21
3	act_30	act_31

对于 FSM 表中的每个条目，定义一个要执行的**动作**。程序代码可以简单地转移到 FSM 表中由当前状态对应的行和当前输入对应的列所确定的动作条目，C 代码如下所示。

```
/**********************************************************
          Vending machine FSM Implementation
**********************************************************/
typedef void (*func_ptr_t)();
func_ptr_t fsm_tab[4][2];
int current_state=0;

act_00{current_state=1; printf("Total is 5 cents");}
act_01{current_state=2; printf("Total is 10 cents");}
act_10{current_state=2; printf("Total is 10 cents");}
act_11{current_state=3; printf("Total is 15 cents");}
act_20{current_state=3; printf("Total is 15 cents");}
act_21{current_state=0; printf("Total 20, release,no change");}
act_30{current_state=0; printf("Total 20, release, no change");}
act_31{current_state=0; printf("Total 20, release, change");}

void main(){
   int input;
   // initialize
   fsm_tab[0][0]=act_00; fsm_tab[0][1]=act_01;
   fsm_tab[1][0]=act_10; fsm_tab[1][1]=act_11;
   fsm_tab[2][0]=act_20; fsm_tab[2][1]=act_21;
   fsm_tab[3][0]=act_30; fsm_tab[3][1]=act_31;
```

```
current_state=0;
while(true)
{ printf("Input 0 for 5 cent and 1 for 10 cent");
  scanf("\%d", &input);
  (*fsm_tab[current_state][input])();
}
}
```

FSM 简单易用，有助于有效实现分布式实时系统的验证算法和系统综合设计。值得注意的是，FSM 的状态数目可能非常庞大以至于不容易管理。DRTS 可以通过 FSM 网络来建模，DRTS 中常用的更复杂的 FSM 类型如下：

- 分层 FSM（Hierarchical FSM，HFSM）：一个 FSM 的状态由另一个 FSM 表示。此方法可以简化设计。激活 HFSM 的一个状态将导致激活与该状态相关联的 FSM。
- 并发分层 FSM（Concurrent Hierarchical FSM，CHFSM）：这种类型的 FSM 结合了分层和并发性。例如，一个 FSM 可以表示成一个嵌入在另外的 FSM 中的状态，但它自身还可以包含一些并发运行的 FSM。实时系统通常可以由 CHFSM 描述，它同时具有并发 FSM 和分层 FSM 的特性。

3.3　分布式实时操作系统和中间件

实时操作系统需要管理节点上的资源，并且还必须提供一个方便适用的用户界面，正如我们在第 1 章中回顾的那样。任务调度、任务管理、任务间通信和同步、输入 / 输出管理、中断处理以及内存管理是这类操作系统要完成的主要任务。分布式实时操作系统（Distributed Real-Time Operating System，DRTOS）必须在节点执行上述所有功能，并且还应该为驻留在系统不同节点上的任务之间提供同步和通信。

及时性是 DRTOS 的主要需求。DRTOS 一般包含一个小的实时内核（通常被称为**微内核**），该实时内核被复制到分布式系统的每个节点上并执行上面列出的功能。此外，分布式实时内核还必须协调实时网络上的消息转发。消息需要可靠、及时地进行传递，这必须得到网络硬件和协议的支持。

实时操作系统要求的更高层次任务的子集可以由分布式系统的单个节点实现，也就是说，可以跨节点划分系统需要的任务功能。操作系统的较高层与执行接近硬件的低级功能的微内核以及级功能所包含的一些非重复组件一起工作。

3.3.1　中间件

中间件层一般位于操作系统和应用之间，它在提供网络管理功能的同时，通常还提供操作系统的功能扩展。中间件层的存在是必要的，不能将中间件提供的功能嵌入操作系统，因为虽然不同的应用有不同的需求，但它们都需要一些基本的通用的功能，所以需要在操作系统之上有一个相应的通用框架。分布式实时系统需要的三个主要的中间件功能是时钟同步、实时任务的端到端调度和网络管理。

处理器通常使用晶体振荡器来产生时钟脉冲。由于时钟频率的不精确性，分布式实时系统中各个节点的时钟会随着时间的推移而发生漂移，以至于不能达成共同的时间帧。节点的时钟值不同可能导致系统的错误操作。各种时钟同步算法常常被用来将节点时钟值校正为公共时钟值。我们将在第 6 章看到，这些时钟同步算法既有由主节点定期向所有节点指示其时钟值的集中式算法，也有由各个节点交换消息以达到公共时钟值的分布式算法。

分布式实时系统需要的另一个中间件功能是提供端到端的任务调度。这个操作是 DRTS

特有的。在进行某个任务的子任务调度时，如果要求任务的总体截止期限得到满足，则需要执行这个操作。

3.3.2 分布式调度

分布式实时操作系统需要解决的一个重要问题是在分布式系统的各个节点之间调度任务，使每个任务都能够在其截止期限内完成，负载得到公平分配。正如我们将在第 9 章中看到的那样，这种所谓的**分布式调度**和**负载均衡**不是一项简单的工作。**静态分布式调度**指的是在运行时之前进行任务调度。实现静态分布式调度的一种方法是使用**任务图**，并使用某种启发式方法对任务进行划分。考虑表 3.2 中给出的硬实时任务集，其中任务 τ_i（$i = 1, 2, \cdots, 6$）的计算时间为 C_i，截止期限为 D_i。

表 3.2 任务集示例

τ_i	C_i	D_i	τ_i	C_i	D_i
1	4	12	4	10	60
2	5	20	5	6	30
3	3	15	6	15	60

进一步假设这些任务之间的通信如图 3.3 的任务图所示，其中从任务 τ_i 到 τ_j 的箭头表示 τ_i 必须在 τ_j 开始运行之前完成。通过对任务图进行划分（如虚线所示）可以将这六个周期性任务调度到两个处理器 P_1 和 P_2。调度这些任务时，同一个处理器上运行的两个任务之间的通信被认为是零成本的，而不同处理器任务之间的通信成本显然不可忽视。

图 3.4 使用甘特图描述了将这一组任务调度到两个处理器的一种情形，甘特图可以表示任务执行与时间的关系。注意，在 τ_1 结束的 4 个时间单位之后 τ_3 才能运行，因为它必须等待 τ_1 的消息才能开始执行。类似地，τ_4 等待 τ_3 的消息，τ_6 等待 τ_4 的消息。注意，这样的调度可能每 60 个时间单位重复一次。分布式任务调度是 NP 困难问题，通常需要利用启发式算法寻找可行的调度方案。

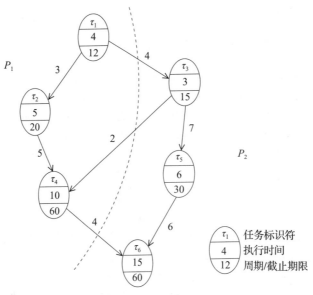

图 3.3 任务图示例

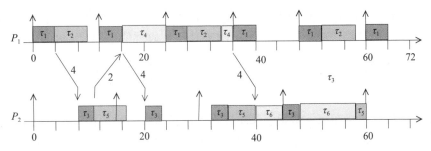

图 3.4　图 3.3 的任务到两个处理器的调度

3.3.3　动态负载均衡

分布式实时系统的一些节点可能会由于不可预知的非周期性和偶发任务的执行而负载过重，而其他一些节点可能几乎没有需要运行的任务。在这种情况下，可以考虑将任务从重负载节点迁移到轻负载节点。**动态负载均衡**方法的目标是在节点间均衡处理器负载，这些方法允许动态地向系统添加任务，并允许调度不同类型的任务（例如异步任务和偶发任务）。

这些方法可以是集中式的，也可以是完全分布式的，或者介于这两者之间[2]。集中式方法允许在一个中心节点上进行调度决策，而中心节点在系统节点数量众多时可能成为瓶颈，还可能需要保存大量的状态信息。此外，集中式方法的中心节点成为一个单点故障点，其缺陷可能导致系统停止运行。不过，对于节点数较少的系统而言，这种方法可能是实用的，而且简单易行。

实行分布式负载均衡的各个节点使用**发送方启动**或**接收方启动**的方法进行决策。节点发现自身负载过重时，采用发送方启动方法搜索轻负载节点，而轻负载节点则采用接收方启动方法搜索重负载节点以接收任务。

3.4　实时通信

一般的网络通信提供尽力而为的服务，但是实时通信网络还应该为实时应用提供一定级别的服务质量（Quality of Service，QoS）。通信网络的主要物理特性如下：

- **吞吐量**：网络单位时间能够传送的数据包数量。
- **位长**：能够同时通过网络介质的二进制位数。
- **带宽**：单位时间内能够通过信道的二进制位数。通信信道的带宽应该足够宽，以便为应用提供所需的吞吐量。
- **传播时延**：一个二进制位从信道的一端到达另一端所需要的时间。
- **延迟**：传送一个数据包所需要的时间。
- **抖动**：周期信号的实际周期与其理想周期之间的偏差。

实时网络对 QoS 的主要要求是网络时延限制、网络丢包率限制以及低阻塞概率。在一般的网络通信中，尽管人们更愿意实现快速的数据传输，但是**可靠性**还是主要考虑的问题。而实时通信要求消息的送达必须同时具有**可靠性**和及时性。实时通信的消息可能有截止期限，它们必须在截止期限内通过**实时网络**被传递到目的地。实时网络通常规定了消息传递的优先策略，网络中高优先级消息先于较低优先级的消息进行传递。

3.4.1　实时流量

实时网络（Real-Time Network，RTN）中存在三种主要的流量类型[7]：

- **恒定比特率**（Constant Bit Rate，CBR）流量：网络使用恒定速率进行数据传输，例如传感器周期性生成数据的情况。硬实时任务通常使用固定长度的消息生成 CBR 流量。
- **可变比特率**（Variable Bit Rate，VBR）流量：网络在不同时间使用不同的数据传输速率。
- **偶发流量**：网络在突发情况下发生数据传输，通常随后会长时间不发生传输。这种类型的流量是 VBR 流量的一种特例，不同之处在于两次偶发数据传输之间有一定的时间间隔。一个典型的例子是在实时网络中发出的告警消息。

3.4.2　开放系统互连模型

开放系统互连（Open Systems Interconnection，OSI）模型假定可以将电信网络或计算机网络上的数据通信功能分为七层。模型中的某一层从上层接收命令并向其发送响应。OSI 模型将复杂的通信过程分离，简化了基本网络功能的设计和实现。OSI 模型中的各层如下：

- **物理层**：物理层的主要功能是在物理介质和设备之间传输数据。
- **数据链路层**：数据链路层负责两个连接设备之间的点对点数据传输，提供流量控制以及错误检测与纠正机制。数据链路层包括两个子层：介质访问控制（Medium Access Control，MAC）层和逻辑链路控制（Logical Link Control，LLC）层。MAC 层负责网络访问控制，LLC 层负责错误检测和流量控制。
- **网络层**：网络层的主要任务是实现数据包从源节点到目的节点的路由。
- **传输层**：传输层负责两个应用之间正确的端到端数据传输。传输层的两个主要协议是面向连接的传输控制协议（Transmission Control Protocol，TCP）和面向无连接通信的用户数据报协议（User Datagram Protocol，UDP）。
- **会话层**：会话层执行的主要任务是两个通信实体之间的会话管理。
- **表示层**：表示层负责处理两个通信应用之间的语法和上下文转换。

因特网的 TCP-IP 通信模型通常使用四层：应用层、传输层（OSI 模型的传输层和会话层）、网络互连层（OSI 模型网络层的子集）和链路层（OSI 模型的数据链路层和部分物理层）。真正实现七层 OSI 模型需要相当大的开销。此外，许多实时网络是为特定的应用而设计的，而且使用的是本地网络，没有必要实现 OSI 模型的表示层和网络层。另外，在实时网络中经常需要传输短消息，这使得分片和分组技术变得不必要。如图 3.5 所示，在小型 RTN 中，通常使用三层的折叠 OSI 模型，应用可以直接访问数据链路层。更为常见的是在传输层上额外增加一层，为应用提供独立于网络的接口。

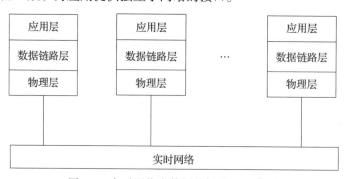

图 3.5　实时网络中使用的折叠 OSI 模型

3.4.3 拓扑结构

实时应用通常包含一些彼此距离接近的处理站点，因此，其实时网络通常是由总线以及环形、树形或网状结构组成的本地网络，如图 3.6 所示。

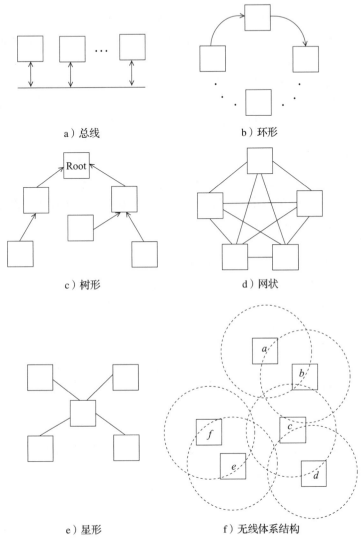

图 3.6 实时网络的拓扑结构。无线网络中节点的传输范围用虚线表示，注意，无线网络中的节点 a 可以依次通过节点 b 和 c，或者仅通过节点 c，与节点 f 进行多跳通信

总线网络结构在一般系统和实时系统中都很常见。总线网络的所有节点都连接到一条公共总线，这样一来大大减少了布线量，但需要一种共享总线的机制的支持。以太网最常用的方法是站点可以在任何需要的时间发送数据，同时监听总线。如果发生冲突，则冲突的各个站点都会随机等待一段时间，然后再次尝试发送数据。总线可以通过给每个站点分配一段特定的通信时间来实现时间共享。在称为**令牌总线**的通信体系结构中，令牌按照预定的顺序在站点之间流通，拥有令牌的站点才可以发送数据。

环形结构可以让消息不断地从一个站点传递到另一个站点，直到最后到达目的地。这种结构常常使用令牌来确定传输权限。树形结构也可用于通信，消息从一片叶子通过树根传输到另一片叶子的最坏时间是树的深度的两倍。注意，在树形结构中，有可能通过不相交路径进行并行通信。网状结构中的每个站点与所有其他站点连接，每个节点与其他节点的距离只有一跳，因此具有最佳性能，代价是需要大量布线。对于具有 n 个节点的网状网络，所需要的连接数将是 $n(n-1)/2$。

星形网络在网络的任意两个站点之间提供两跳的通信链路，对于 n 个节点的网络，总共需要 n 个链路。但是，与所有具有中心节点的通信系统一样，星形网络的中心节点是单点故障点，如果中心节点发生故障，网络的所有通信都将停止。此外，由于所有消息都通过中心节点传递，因此中心节点将成为瓶颈。**无线通信网络**使用无线电波进行消息传输，采用多跳通信，因此信号必须覆盖通信区域，以便在任何两个站点之间建立连接。无线传感器网络通常使用树形结构，它围绕一个功能更为强大的根站点进行通信。

3.4.4　实时数据链路层

数据链路层管理两个连接设备之间的流量和错误控制。注意，在设备的数据链路中处理的数据帧可以属于驻留在该设备中的不同应用程序。**传输包**是两个应用程序之间在宿主的传输层传送的信息单位。数据链路层包括下面描述的 MAC 层和 LLC 层。

介质访问协议

MAC 子层主要处理共享通信介质的仲裁。MAC 层进行实时仲裁的三种主要方法如下：

- 带冲突检测的载波侦听多路访问（Carrier Sense with Multiple Access/Collision Detection，CSMA/CD）：这是一组在尝试发送消息之前先侦听总线的协议。冲突检测机制用于检测是否同时有两个节点尝试发送消息。当这种情况发生时，站点会随机等待一段时间，然后再次尝试。这个协议用于以太网和 Wi-Fi 通信。由于其行为具有不确定性，因此并不适合用于 RTN。可以在 RTN 中使用的一种 CSMA/CD 是带冲突仲裁的 CSMA（CSMA with Collision Arbitration，CSMA/CA）。CSMA/CA 方法增加了消息优先级，发生冲突时将传送优先级最高的消息，从而提供了所需的确定性。

- 时分多址（Time Division Multi-Access，TDMA）：正如我们之前所概述的，网络中的每个站点被分配一个预先确定的持续时间（通常是固定的时隙），称为**帧**。站点在分配的持续时间内可以使用网络，每个站点都知道它有权访问网络的时间。这种协议具有确定性特点，因而适合分布式实时系统。TDMA 是共享总线分布式实时系统中常用的一种方式。

- 基于令牌的通信：拥有令牌的站点才有权使用网络进行消息传输。IEEE 802.4 定义的令牌总线使用公共总线传输令牌，而 IEEE 802.5 定义的令牌环使用环形体系结构传输令牌。在环形体系结构下，没有数据可发送的站点将令牌传递到下一个站点，令牌在网络中连续循环传递。在令牌总线体系结构中，令牌也在网络中流通，但是它所遍历的站点的次序由软件确定，每个站点都被分配了一个前趋站点和一个后继站点。光纤分布式数据传输（FDDI，ANSI X3T9.5）则具有反向双环令牌结构。

3.4.5　控制器局域网协议

控制器局域网（Controller Area Network，CAN）是一种小型局域网，通常用于连接嵌入式控制器的组件[1]。CAN 的范围一般为几十米，通信速度通常为 1 Mbit/s。CAN 最初由博世（BOSCH）发起，是一个连接汽车部件（如制动、燃油喷射、空调等）的汽车工业网络，现在广泛应用于自动化系统、船舶、航空电子设备和医疗设备。

现代化汽车可能使用几十个电子控制单元（Electronic Control Unit，ECU）来控制制动器、导航、发动机等。CAN 使用两根导线作为多址通信总线，从而大大减少了布线量。CAN 采用 CSMA/CA MAC 方式，想要发送消息的站点先监视总线，并在总线空闲时才开始发送它的消息。CAN 特有的总线仲裁协议提供了有效的冲突处理方案。CAN 使用的四种消息类型如下：

- **数据帧**：用于输送数据的最常见的消息类型。
- **远程帧**：用于从远程节点请求传输数据。
- **错误帧**：节点检测到消息中的错误时发送错误帧并引发其他节点转发。消息的发送方收到错误帧后将重新发送消息。
- **过载帧**：由繁忙节点使用，以延迟消息的传输。

CAN 只覆盖 OSI 模型的物理层和数据链路层。物理层功能（如信令和介质相关接口）由 CAN 收发器处理，数据链路层的 MAC 和 LLC 功能由 CAN 控制器处理，如图 3.7 所示

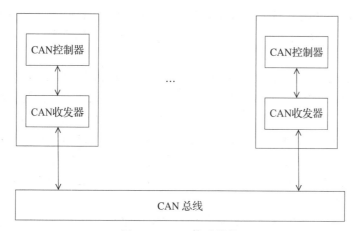

图 3.7　CAN 体系结构

3.4.6　时间触发协议

时间触发协议（Time-Triggered Protocol，TTP）是 Kopetz 和 Grunsteidl 设计的一类低开销的容错协议[5]。TTP 有两个版本：用于汽车 A 类的 TTP/A（适合低成本软实时应用和用于汽车 C 类的 TTP/C（适合硬实时应用）。TTP/A 使用基于主 – 从节点的总线仲裁，由主节点监控总线访问。TTP 采用 TDMA 访问网络，它基于时间触发的分布式实时体系结构，其中每个事件都在公共时基中定义。所有节点时钟以高精度同步，消息（大部分是周期性的）在预定的时刻传输。

用于硬实时系统的 TTP/C 在网络节点上有一个位于通信控制器和宿主计算机之间的通信网络接口（Communication Network Interface，CNI）。TTP/C 通信控制器（Communication Controller，CC）是网络和 TTP/C 站点之间的实际接口。每个节点被分配一个固定的时隙来访问网络。TTP/C 网络通过两个名为信道 0 和信道 1 的重复信道连接各个节点，如图 3.8 所示。TTP/C 既可以与公共总线拓扑相结合，也可以与星形或星形 / 总线组合相结合，在每一个 TDMA 轮次中提供站点之间的时钟同步。

Flexray 结构遵循欧洲汽车制造商开发的 TTP/C 协议。它结合了事件驱动和时间驱动通

信方式，可以在某些 TDMA 时隙进行事件驱动通信。

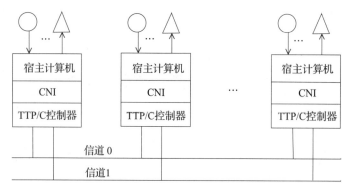

图 3.8 TTP/C 网络

3.4.7 实时以太网

IEEE 802.3 定义的以太网由于其网络接入的不确定性，并不是一个适合实时应用的协议。以太网中的传输请求有可能在冲突过后经过有限次数的随机等待仍未得到准许。避免冲突是形成确定性以太网的第一步。

很少有人尝试将以太网转换为实时协议。由美国纽约州立大学石溪分校开发的实时以太网（RETHER）[11] 算是一次尝试。该协议的多阶段版本中提供了一种混合操作，即当存在非实时流量时激活 CSMA/CD 模式。当网络中有实时流量时，站点进入 RETHER 模式，让令牌在共享总线上循环，在循环周期内站点还未开始传送消息之前为站点保留带宽。这个协议不区分硬实时通信和软实时通信，需要在每个站点安装网络驱动程序。实时以太网协议（Real-Time Ethernet Protocol，RT-EP）是另外一次尝试[6]，旨在使用基于优先级的令牌传递在以太网上提供实时功能。

荷兰特文特大学设计的 RTnet 是另一种不需要任何修改就可以利用以太网实现实时通信的方案 [3]。该协议也是让令牌在总线上流通，并采用抢占式的最早截止期限优先（Earliest Deadline First，EDF）算法给站点分配可以提前持有令牌的时隙。让传递令牌的节点成为监视器，可以防止令牌丢失。当检测到令牌丢失（例如由故障节点引起）时，由监视器节点生成一个新令牌。RTnet 为网络提供动态添加和删除节点的功能。当没有实时流量而存在非实时流量时，节点采用轮询算法代替 EDF 进行令牌传递。该协议的主要缺点是它也不能区分硬实时和软实时（CBR、VBR 或偶发）通信流量。

3.4.8 实时 IEEE 802.11

IEEE 802.11 是一组 MAC 和物理层规范，用于在局域网上进行无线通信[12]。802.11 网络由基本服务集（Basic Service Set，BSS）和连接各个 BSS 的分发系统（Distribution System，DS）组成。802.11 MAC 协议为无线节点提供两种通信模式，其中一种是使用带冲突避免的载波侦听多路访问（CSMA with Collision Avoidance，CSMA/CA）的分布协调功能（Distributed Coordination Function，DCF），另外一种是点协调功能（Point Coordination Function，PCF），用于划分无竞争周期（Contention-Free Period，CFP）和竞争周期（Contention Period，CP）的时间。使用 PCF 的节点可以在无竞争轮询期间传输数据。

IEEE 802.11e 是 IEEE 802.11 的增强版，它提出了数据、语音和视频传输的优先级概念。IEEE 802.11e 标准中定义的增强分布式信道访问（Enhanced Distributed Channel Access，EDCA）通信机制用于支持 IEEE 802.11 上的实时流量。和低优先级流量相比，高优先级流量有更高概率使用 EDCA 访问网络。IEEE 802.11e 为时间敏感的软实时应用（比如流视频和 VoIP）提供服务，它在 2.400~2.4835 GHz 和 5.725~5.850 GHz 两个范围的无线电频率下工作，但不适用于硬实时流量。

把硬实时流量强加在 IEEE 802.11 上的做法一般比较少见，实时无线多跳协议（Real-Time Wireless Multi-hop Protocol，RT-WMP）就是一种这样的协议[10]。它基于 RT-EP，使用流通令牌和 802.11 中的优先消息，通过提供具有预定持续时间的有限制的端到端消息时延来支持硬实时通信。RT-WMP 对消息进行优先级排序，并使用多跳通信来扩大网络的覆盖范围。

3.5　分布式实时嵌入式系统面临的挑战

在 DRTS 的设计中有几个挑战。首先，在 DRTS 中，操作系统执行的常规任务必须在分布式和实时性两个方面得到增强。在用户的想象中，分布式操作系统和单一的操作系统并没有区别。如何让系统的表现符合用户的想象，这个问题本身就给操作系统的设计带来了极大的复杂性。我们还需要以预先确定的方式提供基本的分布式操作系统功能（例如任务间通信和网络上的实时同步），这是一项重要的工作。DRTS 的中间件处于 DRTOS 和分布式实时应用之间，为实时应用提供一组公共服务。因此，它可以被许多不同的实时应用使用。DRTS 中典型的中间件服务是时钟同步。

容错是实现分布式系统（无论是实时的还是非实时的）的主要原因之一。在实时情况下，无论是否关乎人的生命，故障的代价都可能会很高。因此，检测诸如网络失效或软件失灵之类的故障并从这些故障中恢复是由 DRTOS 和中间件实现的 DRTS 所要完成的基本功能。DRTS 中常见的故障源有节点硬件故障、网络故障、传输时延超限和分布式协调问题。

在单节点实时系统中，最基本、最重要的事情是保证任务满足其截止期限。在分布式情况下，这个功能的实现更加困难，因此它是 DRTS 中的另一个挑战，我们将在第 9 章看到解决这个问题的一些方法。对已知执行时间和截止期限的任务进行调度的一种方法，是将任务图划分成可用的计算节点。即使在非实时任务的情况下，任务图划分问题的求解也是一个 NP 困难问题。实现任务图划分的附加要求是让任务满足它们的截止期限。在 DRTS 中遇到的另一个问题是测试。与非实时分布式系统相比，DRTS 的测试遇到了处理环境模拟和容错等问题的挑战。

总之，DRTS 的设计和实现面临的主要挑战是 DRTOS 的设计和实现、实时中间件、容错方法和分布式调度。

3.6　分布式实时系统示例

作为分布式实时系统的示例，我们将简要介绍两种常用的分布式实时系统的结构，它们是现代化轿车和移动无线传感器网络（Mobile Wireless Sensor Network，MWSN）。

3.6.1　现代化轿车

使用 CAN 协议的现代化轿车是分布式实时系统的典型例子，其中连接到实时网络的主要模块具有时间约束。图 3.9 是一个轿车控制系统的示例，其中有两条通过网关连接的 CAN 总线。高速 CAN 总线连接发动机、悬架和变速箱控制等模块，而低速网络则用于前照灯、座椅和车门控制单元之间的通信。

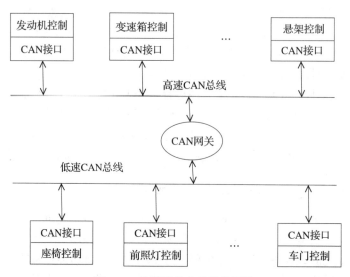

图 3.9　现代轿车中的通信网络

3.6.2　移动无线传感器网络

无线传感器网络（WSN）由一些小型自治节点组成。这些节点带有传感器，而且计算能力有限，并使用无线电波进行无线通信。移动 WSN（MWSN）是一种具有移动节点的无线传感器网络，在环境监测、救援、军事侦察、医疗保健等领域有着广泛的应用 [4]。

MWSN 可以具有不同的拓扑结构，例如树形、网状或簇，但最为常见的是混合拓扑结构。MWSN 应用的主要挑战是尺寸较小的网络节点的电池寿命有限，以及在拓扑结构随时间变化时如何有效地使用共享介质。MWSN 中的路由使用多跳传送消息，并且必须在动态拓扑上正确地传送消息。一个带有节点 $a, b, \cdots, i$ 的 MWSN 如图 3.10 所示，其中围绕节点的虚线圆圈表示节点信号的传送范围。可以看到，每个节点都至少处在一个其他节点的传送范围内，因此网络是连通的，每个节点都可以与网络中的任何其他节点通信。节点在外向箭头所示的方向上移动，并且在下一时刻就可能有某些节点从网络断开（例如节点 b）。正如本例所示，始终保持网络连通是 MWSN 中的基本问题。

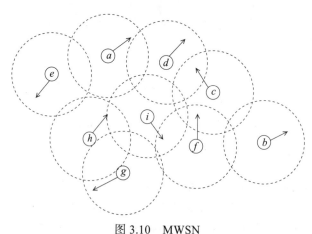

图 3.10　MWSN

MWSN 节点可以连接到人、动物或者车辆进行监视。监视可以使用时间触发的方式定期执行，也可以基于事件触发方式在事件发生时生成数据。在一般的分布式实时系统中，可以混合使用这些模式。

3.7　复习题

1. 时间触发和事件触发分布式实时系统的区别是什么？
2. 什么是 FSM 和并发分层 FSM？
3. 实时操作系统和分布式实时操作系统有什么区别？
4. 中间件在分布式系统中的主要功能是什么？
5. 比较分布式实时系统中的调度和负载均衡。
6. 一般网络中常见的传输介质是什么？
7. 分布式实时系统的通用网络体系结构是怎样的？
8. 实时网络协议的主要要求是什么？
9. 实时网络中的主要流量类型是什么？
10. 说出实时 MAC 协议中的三种主要方法。
11. 比较 CAN 协议和 TTP 的网络接入。
12. 实现以太网实时性的主要方法是什么？
13. 比较单节点实时系统和分布式实时系统的硬件、系统软件和应用需求。

3.8　本章提要

本章回顾了分布式实时系统（DRTS）的基本概念。DRTS 由通过实时网络连接的实时处理节点组成。实时网络的基本要求是及时传递消息。在软件方面，操作系统应该提供与网络的接口以及单节点实时系统的所有实时功能，还应该提供任务的分布式调度机制。分布式静态调度是指在系统运行之前，将任务分配给分布式系统的各个节点，使每个任务都能够在截止期限内完成。动态调度策略通常用于在运行时激活的非周期或偶发任务调度，大致可以分为集中式方法和分布式方法。在集中式方法中，由中心节点负责管理负载转移，而在分布式方法中，则由每个节点自行决定其负载均衡。从启动负载转移的角度看，有发送方启动和接收方启动两种负载均衡方法。分布式实时系统中间件的一个基本要求是提供时钟同步功能，因为所有任务都需要在全局时基上的特定时间点进行同步。

分布式实时系统的设计和实现面临的主要挑战是为应用程序选择合适的实时网络以及分布式实时操作系统和中间件，并根据应用程序的需要为这些软件模块编写补丁。此外，整个应用程序可以被视为任务图，因而需要一个离线分配算法将任务映射到节点。对于不可预测的任务（例如非周期性任务的到达），可以采用动态任务迁移机制进行处理。

3.9　练习题

1. 将校验位[⊖]加到二进制数的末尾，使包括校验位在内的二进制数中 1 的总位数为偶数或奇数。例如，给定 8 位二进制字符串 10011010，偶校验时我们在字符串的末尾附加一个 0，奇校验时在末尾附加一个 1。奇偶校验器逐个输入并存储二进制字符串的位，并显

⊖　0 或者 1。——译者注

示已经存储的位的当前校验结果。校验结果是奇数时用 0 表示，偶数时用 1 表示。利用 FSM 设计带**偶**状态和**奇**状态的奇偶校验器，并用 C 语言实现这个 FSM。

2. 任务集 $T = \{\tau_1, \tau_2, \cdots, \tau_5\}$ 具有以下优先关系：任务 τ_1 没有前趋任务，它先于 τ_2 和 τ_3；任务 τ_2 先于 τ_4，τ_3 先于 τ_4 和 τ_5，如表 3.3 所示。任务 τ_4 是终结任务，它没有后续任务。绘制这组任务的任务图，说明该任务集在两个处理器中是否存在可行的调度方案，并使用甘特图表示调度过程。

表 3.3　示例任务集

τ_i	C_i	D_i	前趋任务	通信时延
1	2	12	—	(1, 2) = 3; (1, 3) = 5
2	4	15	1	(2, 4) = 4
3	5	20	1	(3, 4) = 2; (3, 5) = 6
4	9	30	2, 3	
5	12	60	3	

3. 给出一种在实时网络中实现优先消息传递的方法。

4. 在 DRTS 中实现一个令牌总线协议：用伪代码编写 MAC 层的基本令牌流通例程，使该例程可以用来接收令牌，检查令牌是否可以使用，否则转发到下一站点。

参考文献

[1] CAN bus. http://www.can-cia.org/can/protocol/
[2] Erciyes K, Ozkasap O, Aktas N (1989) A semi-distributed load balancing model for parallel-rael-time systems. Informatica 19(1):97–109 (Special Issue: Parallel and Distributed Real-Time Systems)
[3] Hanssen F, Jansen P, Scholten H. Hattink, T (2004) RTnet: a real-time protocol for broadcast-capable networks, University of Twente, Enschede, 2004. http://www.ub.utwente.nl/webdocs/ctit/1/000000e5.pdf
[4] Hayes T, Ali FH (2016) Mobile wireless sensor networks: applications and routing protocols. Handbook of research on next generation mobile communications systems. IGI Global. ISBN 9781466687325, pp 256–292
[5] Kopetz H, Grunsteidl G (1993) TTP—a time-triggered protocol for fault-tolerant real-time systems. In: IEEE CS 23rd international symposium on fault-tolerant computing, FTCS-23, Aug 1993, pp 524–533
[6] Martinez JM, Harbour MG (2005) RT-EP: a fixed-priority real time communication protocol over standard ethernet. In: Proceedings of Ada-Europe, pp 180–195
[7] National Programme on Technology Enhanced Learning. Real-time systems course. Govt. of India
[8] Kopetz H (1997) Real-time systems-design principles for distributed embedded applications. Kluwer Academic Publishers
[9] Romer K, Matern F (2004) The design space of wireless sensor networks. IEEE Wirel Commun 11(6):54–61
[10] Tardioli D, Villaroel JL (2007) Real time communications over 802.11: RT-WMP. In: 2007 IEEE international conference on mobile adhoc and sensor systems, pp 1–11
[11] Venkamatrani C (1996) The design, implementation and evaluation of RETHER : a real-time Ethernet protocol. PhD thesis, State University of New York, Stony Brook
[12] www.ieee802.org/11

系统软件

第 4 章　实时操作系统

第 5 章　实验性的分布式实时系统内核的设计

第 6 章　分布式实时操作系统和中间件

实时操作系统

4.1 引言

操作系统驻留在计算机系统的硬件和应用程序之间，它接收来自应用程序的调用并在硬件上实现这些调用所请求的功能。典型计算系统中的硬件由处理器、存储器（内存）和输入 / 输出单元组成。操作系统的两个主要功能是管理各种硬件和软件资源以使它们得到有效利用，以及向应用程序和用户隐藏各种硬件和软件组件的细节。操作系统的底层称为**内核**。内核管理裸硬件以及各种底层功能。

现代操作系统是基于**进程**（或**任务**）的概念设计实现的。进程指一个正在执行的程序。操作系统的主要功能之一是**任务管理**，它包括任务创建、任务删除和任务调度的例程。操作系统还提供了任务间通信和同步机制。操作系统管理的其他资源还包括存储器（内存）、输入 / 输出（I/O）设备和软件（例如数据库）。实时操作系统也必须实现这些功能，但始终要把时间因素考虑在内。时间必须是可预测的，并且操作系统需要的所有服务都应该在限定的时间内交付，例如应该提供消息的**定时**发送和接收以及同步。此外，应用程序应该能够访问某些硬件控制功能。实时操作系统的一个预期特性是允许选择不同的任务调度策略。

本章将首先回顾普通操作系统的概念，并将普通操作系统和实时操作系统进行比较，突出它们的关键区别，然后讨论实时操作系统的任务管理、内存管理和 I/O 管理功能。

4.2 普通操作系统与实时操作系统

操作系统包括一些软件模块，这些模块提供了访问硬件和软件资源的便捷方式。操作系统软件是一个能够有效利用计算机系统资源的管理程序。虽然各种计算机系统为用户访问裸硬件提供了可能，但是由于编写直接访问硬件的程序非常复杂，访问裸硬件的方法并不常用。此外，访问硬件的代码通常无法迁移到另一台计算机。由操作系统管理的基本资源有处理器、内存、输入 / 输出设备和软件（例如数据库）。

实时操作系统具备普通操作系统的大部分功能，但它必须以可预测且及时的方式提供这些操作。实时操作系统的主要特性如下：

- **中断处理**：中断由外部设备产生，为中断提供服务的例程称为中断服务例程（ISR）。在普通操作系统中，ISR 通过抢占正在运行的任务以高优先级模式运行。在实时系统中，中断带硬截止期限的任务可能会导致这个任务错过截止期限。ISR 应该简短而快速，因为在实时系统中不可以长时间禁止中断。常见的方法是将 ISR 作为另一个由实时操作系统调度的高优先级任务。
- **同步和通信**：任务的创建、销毁、通信和同步功能应该得到及时交付。
- **调度**：调度是将就绪任务分配给处理器的过程。实时调度的主要关注点是保证任务满足其截止期限。应该尽可能缩短上下文切换时间，这就需要得到有效的就绪队列处理过程的支持。实时调度还应该提供周期性、非周期性和偶发任务的调度和管理机制。本书的第三部分将详细讨论各种实时调度策略以及每种策略的优缺点。

- **内存管理**：实时操作系统应该对实时应用程序的内存空间进行有效管理。为了实现可预测性，避免不必要的等待和不确定性，实时系统不适合采用动态内存分配。所有需要的内存通常在编译时静态分配，这样就大大减少了在运行时等待内存的时间。但是内存管理仍然需要能够重用已经释放的内存空间。例如，网络驱动程序从网络中提取数据，写入已分配的缓冲区并将其传递给更高级别的协议。消息最终将被传递给应用程序，应用程序使用缓冲区的数据后，再将缓冲区返回到可利用内存空间供以后使用。如果不提供这样的可利用空间回收机制，系统将在短时间内耗尽内存空间。
- **可扩展性**：实时应用程序可能很简单，也可能非常复杂。因此，实时操作系统应该是可扩展的，以适合各种应用程序。在某些情况下，实时操作系统可能会提供两个或者更多版本以适应小型和大型应用程序。

4.3 任务管理

现代操作系统是基于任务的概念设计的。任务是在处理器上执行的程序的实例。多任务环境提供了并发性以改善系统性能。例如，与等待慢速 I/O 设备或者不可用资源的单道程序不同，多任务环境下系统可以暂停等待设备或资源的任务，并将处理器分配给另一个任务。当资源或者 I/O 设备可用时，等待中的任务可以恢复运行。一个任务带有一个任务标识符和一些数据，部分数据可以与系统中的其他进程共享。实时任务通常具有以下属性：

- **任务标识符**：任务标识符通常是一个在系统中唯一的整数，有时候也可能是一个名字，用于标识系统中的任务。
- **状态**：任务的状态表明任务是正在执行、准备执行（就绪）还是正在等待事件。
- **优先级**：实时系统中的任务具有不同的优先级，反映它们执行的优先次序。
- **程序计数器**：程序计数器是一个寄存器，保存任务将要执行的下一条指令的地址。
- **寄存器值**：处理器中的寄存器的当前值。切换任务时需要存储或者还原寄存器值。
- **栈指针**：栈指针是一个主要用于过程调用的特殊的寄存器值，它指向一个栈。栈是一个后进先出的队列，用于保存过程调用的返回地址。
- **周期**：周期性任务的一个周期的持续时间。
- **绝对截止期限**：实时任务在绝对时间刻度上的截止期限。
- **相对截止期限**：实时任务相对于其到达时间的截止期限。
- **文件指针**：指向当前打开文件的指针。
- **输入 / 输出信息**：有关 I/O 设备的当前信息，比如设备是否被分配、设备使用时间和持续时间等。
- **统计信息**：关于任务的统计信息，例如等待资源耗费的时间和错过的截止期限。

所有这些信息都保存在称为**任务控制块**（Task Control Block，TCB）的数据结构中。正在运行的进程可能会阻塞，并等待一个事件，此时操作系统会将该进程的当前数据存储在其 TCB 中，这样当事件发生时进程才能够从上一条指令恢复运行，就像它没有被阻塞过一样。任务在执行过程中会经历一些状态，这些状态的最基本的形式如下：

- **就绪**：**就绪**任务具备任务执行需要的除了处理器以外的所有资源（当前处理器被分配给了其他任务）。
- **运行**：正在处理器上执行的任务处于**运行**状态。
- **阻塞**：等待资源或者事件的任务处于**阻塞**状态。

- **延迟**：任务被延迟一段时间，然后其状态转变为**就绪**状态。

这些状态之间的转换如图 4.1 所示。在实时系统中，延迟状态对于实现定期调用的周期性任务非常重要。

调度程序是操作系统的一个中心组件，它从一个或多个就绪任务队列中选择一个任务并分配给处理器执行。有多种调度方法可用于确定要分配给处理器的就绪任务。调度程序的底层部分称为处理器调度（dispatcher），用于将当前任务的环境信息存储到其 TCB 中，并从选中的下一个任务的 TCB 中恢复其执行环境。常见的调度策略有先到先服务（First-Come-First-Served，FCFS）、最短作业优先（Shortest-Job-First，SJF）和基于优先级的调度。实时系统需要一些特殊的调度算法，我们将在第三部分详细讨论。

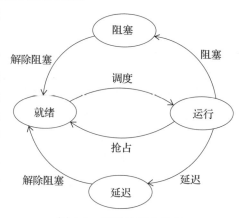

图 4.1　进程的基本状态

4.3.1　UNIX 中的任务管理

UNIX 操作系统为进程管理提供了各种系统调用。系统调用 fork 创建一个与调用进程具有相同代码和地址空间的进程，创建的进程成为 fork 调用者的**子进程**，调用者是被创建进程的**父进程**。父进程可以通过 fork 调用返回的整数值来获得子进程的标识符。

UNIX 提供了各种进程通信方案，其中**管道**是在进程之间传递数据的一种简单方法。管道是一种特殊的存储空间有限的 FIFO（First-In-First-Out）文件。管道上的两个基本操作是**读操作**和**写操作**，进程能够对创建的管道进行读/写访问，想要从空管道读取数据的进程将被阻塞。管道可以与 fork 调用相结合，在父进程和子进程之间传递数据，如下面的 C 代码所示。示例代码中，一个父进程创建了一个子进程，管道标识符存储在包含两个整数的数组 p1 和 p2 中，用于在这两个进程之间进行双向通信⊖。父进程将数组 A 的后半部分内容写入管道 1（标识符存储在 p1 中），子进程读取管道 1 的内容并计算总和。和数通过管道 2（标识符存储在 p2 中）返回给父进程，父进程将数组 A 的前半部分内容的总和与从管道 2 收到的和数相加，然后显示计算结果。注意，第一个管道标识符（例如 p1[0] 和 p2[0]）用于读取操作，第二个管道标识符（例如 p1[1] 和 p2[1]）用于写入操作。p1 用于父进程到子进程的通信，而 p2 用于相反方向的通信。在进程中关闭管道的未使用端是一种安全措施，如本例所示。如果管道调用返回的错误代码为 -1，则退出程序。数组 A 被同时用于父进程和子进程，其初始值由父进程传递给子进程，因此在子进程中不需要对数组 A 初始化。

```
#include <stdio.h>
#define n  8
int i, c, child_sum, p1[2], p2[2], A[n], total_sum, my_sum=0;

main()

{ if (pipe(p1) == -1) {
    exit(2);
  }
  if (pipe(p2) == -1) {
    exit(2);
```

⊖　本例中创建的是一对匿名管道。——译者注

```
}
 c=fork();  // p2 is from child to parent
 if(c!=0) { // this is parent */
  close(p1[0]);  // close the read end of p1
  close(p2[1]);  // close the write end of p2
  for(i=0;i<n;i++)  // initialize array
     A[i]=i+1;
  write(p[1],&A[n/2],n/2*sizeof(int)); //send half array
  for(i=0;i<n/2;i++)
     my_sum=my_sum+A[i];
  read(p2[0], &child_sum, sizeof(int)); // read sum of child
  total_sum=my_sum + child_sum;
  printf("Total sum is = \%d", total_sum);
 }
 else {  /* this is child */
  close(p2[0]);  // close the read end of p2
  close(p1[1]);  // close the write end of p1
  read(p1[0], &A[n/2], n/2*sizeof(int))); // read half array
  for(i=n/2;i<n;i++)
     my_sum=my_sum+A[i];
  write(p2[1],&my_sum,sizeof(int));  // send partial sum
 }
}
```

多任务操作系统允许抢占一个任务，并将一个就绪任务分配给处理器。将应用程序划分为多个任务可以避免浪费处理器时间，但操作系统必须为这些任务提供同步和通信的手段。

4.3.2 任务间同步

操作系统在两种常见情况下需要提供任务之间的同步机制，一种情况是为了避免共享数据的并发访问，另外一种情况是任务正在等待另一个任务的某个动作或等待一个中断以便继续执行。任务的**临界区**是该任务程序中访问共享数据的代码段。任务在临界区的执行必须与共享相同数据的其他任务**互斥**。我们考虑一个例子，其中两个任务 T1 和 T2 访问一个共享变量 t，它们都采用高级语言语句（如 $t \leftarrow t+1$）来增加 t 的值。该语句通常被转换为三条汇编指令，如下所示：

```
T1:              T2:
1. LOAD R1, @t   3. LOAD R2, @t
2. INC  R1       4. INC  R2
6. STORE R1, @t  5. STORE R2, @t
```

R1 和 R2 是处理器的寄存器。指令前的编号表示可能的执行顺序，其中 T1 在将 R1 增 1 后被中断，处理器被分配给 T2，T2 连续完成三条指令。假设变量 t 在执行 T1 和 T2 之前的值是 5。寄存器 R1 被加载为 5，然后递增到 6。由于 T1 停止，它的环境（包括寄存器 R1 的值）被保存到它的 TCB。现在运行任务 T2，寄存器 R2 同样被加载为 5，然后递增到 6，再将 6 存储在 t 中。此时处理器被分配给 T1，R1=6 的环境从其 TCB 恢复。最后，T1 将 6 存储到变量 t 中（实际上在此之前变量 t 的值已经是 6）。在这个过程中，t 值增加了 1，而不是预期的 2。上述情况称为**竞争条件**，操作系统应该确保只有一个任务处于临界区来防止这种情况发生。如果能够保证上面示例中的任务在不被中断的情况下连续完成三条汇编指令，就可以完成正确的操作。解决竞争条件（如上面的示例）的一种可能的方法是在临界区开始时禁用中断，并在任务完成[注]时重新启用中断。但是，由应用程序实现这个控制机制会带来问题，因为一旦应用程序忘记启用中断会使整个系统的运行停顿。因此，任务同步问题应该

由操作系统处理。

任务间同步（简称任务同步）可以在硬件级、操作系统级或者应用程序级使用合适的算法来实现。下面将详细介绍提供同步机制的一些操作系统原语。**信号量**是用于任务同步的数据结构，一个信号量包括一个整数和一个进程队列，如图 4.2 所示。

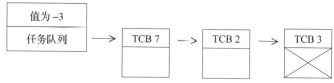

图 4.2   信号量示例，其队列中包含了三个任务

在信号量上执行的两个操作系统调用是 wait 操作和 signal 操作，这两个系统调用是**原语操作**。实现 wait 原语的一个简单方法是先将信号量增 1，再测试该值是否小于零。如果该值为负数，则让调用任务进入信号量队列排队，如算法 4.1 所示。signal 调用通过增加信号量值来实现相反的效果，如果该值增加后仍然等于或小于零，则信号量队列中至少有一个等待任务，删除其中一个等待任务，使其状态被更改为**就绪**并进入就绪队列，最后调用调度程序，根据该任务的优先级决定是马上调度还是推迟，如算法 4.1 所示。注意，算法第 13 行的"设置这个任务为就绪状态"操作可能包含了对调度程序 Scheduler（我们将在示例内核中实现）的调用。wait 操作和 signal 操作应该是原子的，它们应该在不被中断的情况下执行。实现这种不可分割性的一个简单方法是在这些系统调用开始时禁用中断，并在结束时启用中断，就像许多其他内核系统调用一样。注意，这种禁用和启用中断的方法可以在内核级实现（我们已经编写并测试过相应的内核代码，但用在用户级有可能出现问题）。

算法 4.1   信号量系统调用

```
1:
2: procedure WAIT(semaphore s)
3:     s.value ← s.value − 1
4:     if s.value<0 then
5:         把调用任务加入队列 s.queue
6:     end if
7: end procedure
8:
9: procedure SIGNAL(semaphore s)
10:     s.value ← s.value+ 1
11:     if s.value<= 0 then
12:         把队列 s.queue 的第一个任务出队
13:         设置这个任务为就绪状态
14:         调用 Scheduler
15:     end if
16: end procedure
17:
```

实时系统的应用程序可能需要一个定时的 wait 系统调用。该调用检查信号量的值，如果该值小于或等于 0，则自行延迟。唤醒时它将再次检查信号量的值，如果该值仍然是 0 或者负值，则返回一个错误。其实现如算法 4.2 所示。

算法 4.2 带超时的信号量 wait 调用

```
1:
2: procedure WAIT_TIMED(semaphore s)
3:     if s.value<= 0 then
4:         自我延迟 n_wait_sem 的时间
5:         if s.value<= 0 then
6:             return NOT_AVAILABLE
7:         end if
8:     end if
9:     s.value ← s.value−1
10:    return DONE
11: end procedure
12:
```

4.3.3 任务间通信

任务在执行过程中可能需要相互发送数据。操作系统的工作是在任务之间提供有序的消息传递。数据通常存放在称为**邮箱**或**端口**的缓冲区中，邮箱可以通过发送方信号量、接收方信号量和缓冲区队列实现，如图 4.3 所示。邮箱中用于保存消息指针的空间有限。当邮箱空间不足时，消息的发送方将在发送方信号量上阻塞。当邮箱为空时，那些尝试从邮箱中读取消息的任务将在接收方信号量上排队。

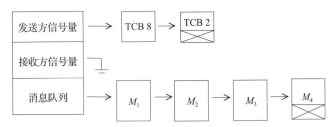

图 4.3   邮箱结构示例，其中任务 τ_8 和 τ_2 正在等待空间，四个消息 M_1、M_2、M_3、M_4 在邮箱的消息队列中排队等待被读取

从图 4.3 可以看到，示例邮箱中有四条消息，这意味着任务可以对这个邮箱执行四次接收操作而不会被接收方信号量阻塞。两个任务 τ_8 和 τ_2 正在等待邮箱中的可用空间。如果消息 M_1 和 M_2 被从邮箱取走，τ_8 和 τ_2 就可以将它们的消息存进邮箱。与邮箱相关的两个主要的系统调用是 send 和 receive 操作，如算法 4.3 所示。

算法 4.3 邮箱系统调用

```
1:
2: procedure SEND(mailbox mb, message msg)
3:     wait(mb.send_sem)
4:     把消息加入队列 mb.message_queue
5:     signal(mb.receive_sem)
6: end procedure
7:
8: procedure RECEIVE(mailbox mb, message msg)
```

（续）

```
9:      wait(mb.receive_sem)
10:     把消息 msg 从队列 mb.message_queue 出队
11:     signal(mb.send_sem)
12: end procedure
13:
```

在实时环境中，任务不应该在邮箱信号量上被阻塞一段不确定的时间，带超时机制的 send 和 receive 例程可以用来解决这个问题。带超时机制的上述例程将在指定的时间间隔（通常以毫秒为单位）内等待可用消息空间或者等待消息。如果超时后所需要的空间或消息仍不存在，这些例程将返回并给出错误信息，如算法 4.4 所示。在非实时环境下，send 和 receive 例程可以作为阻塞版本工作。

算法 4.4 带超时的邮箱系统调用

```
1:
2: procedure SEND_TOUT(mailbox mb, message msg)
3:      if mb.send_sem.value<= 0 then
4:          自我延迟 n_wait 的时间
5:          if mb.send_sem.value<= 0 then
6:              return NO_SPACE
7:          end if
8:      end if
9:      wait(mb.send_sem)
10:     把消息加入队列 mb.message_queue
11:     signal(mb.receive_sem)
12:     return DONE
13: end procedure
14:
15: procedure RECEIVE_TOUT(mailbox mb, message msg)
16:     if mb.receive_sem.value<= 0 then
17:         自我延迟 n_wait 的时间
18:         if mb.receive_sem.value<= 0 then
19:             return NO_MSG
20:         end if
21:     end if
22:     wait(mb.receive_sem)
23:     消息从队列 mb.message_queue 出队
24:     signal(mb.send_sem)
25:     return DONE
26: end procedure
27:
```

4.3.4　UNIX 进程间通信

UNIX 提供了各种进程间通信方法，其中包括我们已经讨论过的管道机制。**消息队列**和**共享内存**是 UNIX 提供的另外两种基本通信方案。共享内存由信号量保护，而消息队列是进程之间不需要使用公共内存时的通信方法。下面，我们简要回顾通用的消息队列方法，在实现实验性内核时我们将使用这些例程来模拟网络通信。消息队列由系统调用 msgget 创建，格式如下：

```
int msgget( key_t key, int msgflg );
```

它返回一个非负整数作为队列标识，msgflg 的低位用于表示队列的访问权限。变量 key 被用作种子来创建特定的消息队列。例程 msgsend 向消息队列发送消息，格式如下：

```
int msgsnd(int msqid, const void *msgp, size_t msgsz, int msgflg);
```

其中 msqid 是系统调用 msgget 返回的队列标识符，msgp 是要发送的消息的地址，msgsz 是消息的大小。msgflg 字段说明队列已满时的操作：设置为 IPC_NOWAIT 表示调用进程不等待，直接返回并设置错误标志；设置为 0 意味着发送方将被阻塞，直至消息发送完毕，或者进程捕获到信号，或者队列被从系统中删除。接收消息的例程 msgrcv 具有类似的格式，不过增加了消息类型声明以允许选择性接收：

```
int msgrcv (int msqid, void *msgp, size_t msgsz, long
                       msgtyp, int msgflg);
```

接收成功时返回接收到的字节数。msgflg 字段设置为 IPC_ NOWAIT 意味着队列中没有消息时接收进程不会被阻塞；设置为 MSG_ NOERROR 表示如果分配的空间不够大，则应截断消息。UNIX 消息队列要求在发送和接收时将数据从用户内存空间复制到内核空间。如果数据量过大，可能会带来大量的开销。此外，消息队列中的数据被读取后会从队列中删除，因此难以实现消息广播。

4.4　线程

一个进程（或任务）可以由许多称为**线程**的轻量级子进程组成。线程是处理器的最小执行单元。线程的上下文切换需要的时间较少，这是因为线程切换时只需要存储和恢复少量的环境要素（如寄存器集、私有数据和私有存储区），因此线程的使用有利于提高性能。对于同一任务的所有线程而言，除了上述以外的其余内存空间都是全局的。线程还提供了有效的资源共享和改进的响应能力，例如与任务对请求的响应相比，线程的响应更快。在多核 / 多处理器系统中，还可以方便地对多线程应用程序进行调度。

4.4.1　线程管理

线程有两种类型：**内核线程**和**用户线程**。内核线程由内核调度并被内核感知，而用户线程只在用户空间有效。内核线程调度就像任务调度一样，需要进行上下文切换，但是由于**线程控制块**中存储的数据量较少，线程上下文切换的开销要比任务上下文切换的开销小大约一个数量级。用户线程不能被内核感知，因此需要在用户空间由线程库进行管理。线程库提供了所有线程管理实用程序，例如线程的创建和删除以及线程间的同步和通信程序。用户线程上下文切换的开销比内核线程小得多。一个内核线程的阻塞并不会造成同一任务的其他内核线程的停止，但是用户线程在资源上阻塞将会导致整个任务被阻塞，因此让内核线程参与频繁的 I/O 操作（尽管它们也会阻塞内核线程）可以提供更多的便利。相反，用户线程通常用在需要进行大量计算而很少使用 I/O 指令的应用程序，以方便设计和模块化。线程经常用于并行处理之类的应用程序，例如 Web 接口（可能有许多用户试图同时访问服务器）或多用户操作系统。

4.4.2 POSIX 线程

可移植操作系统接口（Portable Operating System Interface，POSIX）标准（IEEE 1003.1c）[4] 尝试针对各种应用程序提供标准化的 UNIX 接口。许多现代操作系统遵循 POSIX 标准，从而为应用程序代码提供了可移植性。POSIX 接口标准定义了应用程序编程接口（Application Programming Interface，API）和其他实用程序，为不同版本的 UNIX 和其他操作系统提供通用接口。POSIX 中的线程称为 **POSIX 线程**。我们将详细介绍 POSIX 线程管理实用程序。组成 POSIX 线程 API 的子例程可分为以下几类[5]：

- **线程管理类**：直接在线程上定义的例程，例如线程的创建和删除。
- **互斥锁类**：访问共享资源时，互斥锁的相关例程被用于实现互斥。
- **条件变量类**：实现共享互斥锁的线程之间同步的例程。
- **同步类**：通过读/写锁、内存屏障和信号量进行同步的例程。

POSIX 接口中的以下函数用于创建并调用线程：

```
pthread_create(&t, NULL, my_thread, (void *));
```

上述函数创建一个具有默认属性的线程，将其标识符存储在变量 *t* 中供进一步访问，同时不带参数地调用地址为 my_thread 的线程函数。通常，使用从 1 开始递增的计数器向创建的每个线程发送计数器值，这样被创建的线程就可以使用这个值作为自己的标识符，而不使用操作系统分配的标识符。

4.4.2.1 互斥

任务的所有线程共享该任务的地址空间。这些地址空间应该受到保护，以防止出现竞争条件（参见 4.3.2 节）。让线程与使用相同共享变量的其他线程互斥进入临界区可以解决这个问题。POSIX 中的互斥变量声明为 mutex_t 类型变量，并通过系统调用 mutex_lock 加锁，通过系统调用 mutex_unlock 解锁。下面的示例代码中，两个线程 T1 和 T2 共享变量 shared，并通过对互斥变量 m 加锁和解锁实现对共享变量的安全操作。该互斥锁由首先访问共享变量的线程设置，另一个线程将等待。第一个线程完成临界区的执行后重置互斥锁以启用等待的线程。注意，这个程序的输出可能是 6 或 4，具体取决于首先执行哪个线程。

```
#include <stdio.h>
#include <pthread.h>

int shared=1;
pthread_mutex_t m;

void *T1(){
        pthread_mutex_lock(&m);
        shared=shared+1;
        pthread_mutex_unlock(&m);
        pthread_exit(NULL);
}

void *T2(){
        pthread_mutex_lock(&m);
        shared=3*shared;
```

4章

4章 实时操作系统

```
        pthread_mutex_unlock(&m);
        pthread_exit(NULL);
}

main(){
 pthread_mutex_init(&m, NULL); // initialize mutex
 pthread_t t1,t2;
 pthread_create(&t1, NULL, T1, NULL);
 pthread_create(&t2, NULL, T2, NULL);
 pthread_join(t1, NULL);
 pthread_join(t2, NULL);
 printf(" shared = \%d", shared);
}
```

注意，主程序创建线程并调用 pthread_ join 函数等待线程结束。被创建的线程结束时调用 pthread_exit，与 pthread_ join 函数同步。上面代码中的主程序是主线程，它控制和监视线程的创建和终止。

4.4.2.2　同步

有时，一个线程需要等待另一个线程发送的信号。这种情形与等待互斥锁不同，通常可以使用信号量进行处理。POSIX 接口提供信号量类型 sem_t，以及对信号量的 wait(sem_wait) 操作和 signal(sem_post) 操作，如下面的示例代码所示，其中有两个线程 T1 和 T2。T1 将第一个整数数组 data1 的内容逐个写入共享整数变量 shared，并在每次写入后激活 T2。T2 将变量内容复制到第二个数组 data2，并向 T1 发送信号继续这个过程。现在需要使用两个信号量 s1 和 s2，否则变量 shared 的内容可能会被覆盖。此示例中省略了线程的创建和退出的程序代码。信号量 s1 和 s2 分别被初始化为 1 和 0，以保证操作的正确性。

```
#include <pthread.h>
#include <semaphore.h>

int shared;
int data1[10]={...},data2[10];
sem_t s1,s2;

T1(){
  int i;
  ...
  for(i=0; i< 10; i++)
   { sem_wait(&s1);
     shared=data1[i];
     sem_post(&s2);
   }
  ...
}

T2(){
  int i;
  ...
  for(i=0; i< 10; i++)
   { sem_wait(&s2);
     data2[i]=shared;
     sem_post(&s2);
   }
  ...
}
```

POSIX 接口还给出了 pthread_cond_t 类型的条件变量说明，并分别定义两个例程 pthread_

cond_wait 和 pthread_cond_signal 来 wait 和 signal 条件变量。虽然使用条件变量也可以实现线程间同步，但无论如何，信号量提供了可用于同步和通信的通用结构。

4.4.2.3 通信

我们可以使用由互斥变量保护的共享变量进行线程间通信，使用信号量或条件变量实现同步。然而，有一种实现线程间消息传递的高级机制可用于简化编程，它也可以作为数据传输例程的简化接口。POSIX 接口没有提供这个机制，我们用 C 语言描述这样一个简单而新颖的消息传递接口，它使用由信号量保护的静态分配的消息队列[2]。**缓冲区**是线程之间传递的基本数据单元，**消息队列**是一个使用**读索引**和**写索引**的缓冲区指针的连续块。使用信号量 fullsem 和 emptysem 提供发送消息到消息队列和从消息队列接收消息的同步机制，并使用互斥变量 msgquemut 保护索引不受并发访问的影响。消息队列结构在下面的 C 代码中定义：

```
/****************************************************************
              message queue data structure

 ****************************************************************/

#define MSGQUE_SIZE 10
#define N_MSGQUES 10
#define ALLOCATED 1
#define ERR_MSGQUEEMPTY -1
#define ERR_MSGQUEFULL -2

typedef struct msgque *msgqueptr_t;
typedef struct msgque{
                int state ;
                int msgque_size;
                int read_idx;
                int write_idx;
                sem_t fullsem;
                sem_t emptysem;
                pthread_mutex_t msgquemut;
                bufptr bufs[MSGQUE_SIZE]; } msgque_t;
```

这个数据结构被初始化以存储一些与信号量有关的消息，如下面的代码所示：

```
/****************************************************************
              initialize a message queue
 ****************************************************************/

int init_msgque(msgqueptr mp) {
                int msgqueid;
                mp->state=ALLOCATED;
                mp->msgque_size=MSGQUE_SIZE;
                sem_init(&mp->fullsem,0,0);
                sem_init(&mp->emptysem,mp->msgque_size,0);
                pthread_mutex_init(&fp->msgquemut,0);
                mp->read_idx=0;
                mp->write_idx=0;
                return(msgqueid); }
```

发送消息到消息队列是通过等待发送方信号量然后存储消息来实现的：

```
/****************************************************************
              receive a buffer from a message queue
 ****************************************************************/
bufptr recv_msgque(msgqueptr mp){
                bufptr bp;
```

```
                   sem_wait(&fp->fullsem);
                   pthread_mutex_lock(&fp->msgquemut);
                   bp=fp->bufs[fp->read_idx++];
                   fp->read_idx MOD=fp->msgque_size;
                   pthread_mutex_unlock(&fp->msgquemut);
                   sem_post(&fp->emptysem);
                   return(bp); }
```

　　调用者的消息接收通过等待接收方信号量然后删除消息实现，如以下代码所示。注意，
这个结构类似于任务之间基于邮箱的通信。

```
/**************************************************************
                send a buffer to  a message queue
**************************************************************/

bufptr send_msgque(msgqueptr mp, bufptr bp){
                   bufptr bp;
                   sem_wait(&fp->emptysem);
                   pthread_mutex_lock(&fp->msgquemut);
                   fp->bufs[fp->write_idx++]=bp;
                   fp->write_idx MOD=fp->msgque_size;
                   pthread_mutex_unlock(&fp->msgquemut);
                   sem_post(&fp->fullsem);
                   return(bp); }
```

4.5　内存管理

　　内存管理是实时操作系统和普通操作系统所要求的基本功能。内存分配可以大致分为**静态分配**和**动态分配**。

4.5.1　静态内存分配

　　静态内存分配在编译时分配应用程序所需要的内存空间，在运行时不需要进行内存分配和释放。最简单的静态内存分配是由程序员以语言结构的形式（比如代码中的变量和数组）申请分配内存空间。静态内存管理方法具有确定性，符合实时系统的要求，因此在实时操作系统中经常使用。静态内存分配的主要问题是预先保留的空间可能不适合实际需要的空间。

4.5.2　动态内存分配

　　动态内存分配在运行时根据需要分配内存空间。与静态方法相比，动态方法能够更加有效地利用内存空间，但是在执行过程中会产生大量的开销。更糟糕的是，在运行时可能出现空间不可用的情况。动态内存分配的操作可以手动控制，也可以自动执行。在手动控制动态内存管理中，程序员使用编程语言提供的调用来控制何时分配或释放内存。例如，C 语言提供了函数 malloc 来在运行时申请分配内存空间。动态分配的内存空间在不再使用时应该由程序释放并回收（例如使用 C 语言的 free 函数）。在自动内存分配方式中，编程语言或其扩展提供一个称为**内存垃圾收集器**的自动内存管理程序，用于收集不再使用的内存并对其进行回收。

4.5.3　虚拟内存

　　设想一下用户应用程序不直接访问物理内存，而是拥有一个为自己保留的非常大的**虚拟内存**。虚拟内存技术使我们不必把任务的整个地址空间驻留在内存，代码或者数据可以根据需要随时从外部存储器（磁盘）传输。

虚拟内存和物理内存分别被划分为固定长度的**页**和**页帧**（页框），虚拟页被映射到物理页帧。实际上，虚拟内存可以被视为存储在磁盘上的页的缓存。虚拟地址由内存管理单元（Memory Management Unit，MMU）转换成物理内存地址。MMU 通常由硬件实现，因此速度很快。MMU 维护一个**页表**来实现这个转换。被引用的页可能不在内存中而导致**缺页中断**，随后引用页被从磁盘传输到内存，必要时从内存移除现有的某一页以保证为引用页在内存找到一个位置。我们在缓存中遇到的类似问题也会出现在虚拟内存管理中。我们需要使用页替换算法（如 LRU 或 FIFO）来决定移除哪个页。由于访问页时会产生额外开销，虚拟内存通常不用于实时系统。

4.5.4　实时内存管理

静态内存分配适合在实时系统中使用，因为它是确定的。但是，实时应用程序处理的数据的规模可能发生动态变化，这就使得在设计或者编译时很难准确判断实际所需空间的大小。实时操作系统中常用的一种方法是给内存分区，每个分区分配固定大小的块。这些内存分区称为**内存池**（或**缓冲池**），系统运行时从这些内存池中动态分配缓冲区。这种介于静态和动态内存分配之间的中间策略使得需要处理大量数据的任务能够使用空闲内存。图 4.4 描述了一个由 N 个缓冲区组成的缓冲池。

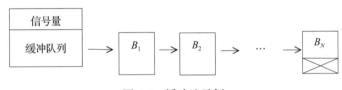

图 4.4　缓冲池示例

与缓冲池有关的两个主要的系统调用是 get 和 put。get 返回缓冲池中空闲缓冲区的地址，put 把已经用过的缓冲区的地址返回给缓冲池，如算法 4.5 所示。每个缓冲池都有一个信号量，用于在缓冲池中没有空闲缓冲区时阻塞调用任务。将用过的缓冲区返回给缓冲池的任务应该 signal 相应的信号量，解除正在等待空闲缓冲区的任务的阻塞。

算法 4.5　缓冲池系统调用

1:
2: **procedure** GET(pool p, buffer_ptr bp)
3:　　wait(p.semaphore)
4:　　把缓冲池队列 p 的第一个空闲缓冲块地址**出队**并存放在 bp
5:　　return(bp)
6: **end procedure**
7:
8: **procedure** PUT(pool p, buffer_ptr bp)
9:　　把 bp **加入缓冲池队列** p
10:　　signal(p.semaphore)
11: **end procedure**
12:

4.6　输入 / 输出管理

I/O 系统由 I/O 设备、设备控制器以及与设备相关的软件组成。数据采集系统和 A/D 转换器就是实时系统中的 I/O 设备的例子。设备控制器是用作设备和处理器之间接口的电子电路，例如，程序向设备控制器中的寄存器写入一个值，以实现对该设备的一次写入操作。

4.6.1　中断驱动 I/O

中断是让处理器停止执行其当前任务的事件。中断可以来自外部源，也可以来自内部源（例如来自计时器的溢出）。中断服务例程（ISR）用于处理中断请求，然后恢复被中断的任务。**中断延迟**是发生中断和激活 ISR 之间的时间间隔。具有多个流水线阶段的处理器在启动 ISR 之前需要重置其流水线阶段，因此中断延迟时间可能很长。在**向量型中断**处理过程中，引起中断的设备通过系统总线向处理器提供所要激活的 ISR 地址。对于**非向量型中断**，处理器通常会跳转到相同的内存地址，这个时候可以通过对外部控制线的轮询来检测中断源，如第 2 章所述。在具有多个 I/O 设备的实时系统中，因为每次中断都轮询多个设备会非常耗时，所以向量型中断方案成为首选。有些处理器具备两条或者更多的中断输入线，这些中断线在硬件层面上有着不同的优先级。

实时系统应该为中断提供优先级，较低优先级的 ISR 可以被较高优先级的 ISR 抢占。ISR 可以调用其他函数，比如解除某一个任务上的阻塞以激活这个任务。ISR 不应该在信号量或互斥量上等待，因为它可能会被阻塞而妨碍为来自同一中断源的更多的中断提供服务。中断处理程序一般可分为如下类型：

- **非抢占式中断处理程序**：中断在当前 ISR 执行完成之前被禁用，因此正在运行的 ISR 不会被抢占。这种方法不适用于具有不同优先级中断的实时系统。
- **抢占式中断处理程序**：中断在 ISR 运行期间处于启用状态，从而实现中断嵌套。一般情况下，ISR 在执行重要操作（例如存储重要数据）之后才启用中断。这时，ISR 可以被认为包含了一个临界区和一个非临界区，ISR 退出临界区之后才启用中断。ISR 之间没有优先级。应该仔细考虑栈的大小，因为它会随着嵌套的中断数量的增加而增加。
- **优先级中断处理程序**：ISR 具有不同的优先级，ISR 只允许由更高优先级的另一个 ISR 抢占。这种方法对于实时系统来说是最方便的，因为它反映了实时环境中的外部处理过程。

总之，实时系统应该让 ISR 尽可能简短，保持较小的中断延迟，并且优先处理 ISR。

4.6.2　设备驱动程序

设备驱动程序基本上是一个向操作系统隐藏设备详细信息的软件模块。设备驱动程序具有针对设备的特殊代码，它作用于**设备控制器**。设备控制器是控制设备的硬件组件。例如，磁盘驱动程序向磁盘控制器发出命令，以控制磁头的移动并传输数据。**设备控制块**（Device Control Block，DCB）是保存设备信息的数据结构，设备驱动程序的地址通常保存在相应的 DCB 中。就操作系统而言，从 DCB 调用设备驱动程序就相当于执行了所需的设备操作。

设备驱动程序将与之关联的设备初始化，解释来自处理器的命令（例如从设备**读取**或**写入设备**），处理中断，并管理数据传输。用于 I/O 处理的分层软件体系结构如图 4.5 所示。设备

的硬件组件包括设备本身和驻留在设备上的设备控制器。当应用软件在设备上发出诸如读取
一些字节之类的命令时，操作系统从设备的 DCB 调
用相关例程。这种抽象使得各种各样的设备都可以
用相似的方式与操作系统进行接口，就像在 UNIX
操作系统中一样。

4.7　实时操作系统综述

本节简要回顾一些常用的实时操作系统，重点
介绍它们的结构、任务间同步和通信的方法以及中
断处理方法。我们挑选的这些操作系统在航空电子和
工业控制等领域有着广泛的应用。

4.7.1　FreeRTOS

FreeRTOS 是一个用于嵌入式系统的简单实时操

图 4.5　设备 I/O 的硬件和软件结构

作系统内核，在开源 MIT 许可协议 [7] 下发行。FreeRTOS 的大部分代码用 C 语言编写，只
有小部分代码使用目标体系结构的汇编语言。它支持很多处理器体系结构，包括 Intel 和
ARM。和许多其他实时内核一样，FreeRTOS 提供线程和任务管理例程，包括用于同步的信
号量。它占用的内存空间很小，通常在 6～12KB，而且工作速度很快。FreeRTOS 已经被广
泛用于支持采用微控制器和微处理器的小型实时应用程序。

4.7.2　VxWorks

VxWorks 是风河系统（Wind River Systems）公司针对嵌入式应用程序设计的实时多任
务操作系统 [6]，它已经有许多应用，包括 NASA 的各种火星探测器项目和火星探路者（Mars
Pathfinder）项目。VxWorks 支持 MIPS、Intel、Power 和 ARM 体系结构，它基于多任务进程，
提供系统分层、任务服务、任务控制、网络管理和 I/O 功能。VxWorks 采用的两种主要的任
务分配方法是基于优先级的调度和循环调度。任务优先级取决于时间和内存等资源需求。任
务间通信和同步由信号量、队列和管道处理，并以进程间软件中断的形式提供基本的信号例
程。VxWorks 提供了各种兼容 POSIX 的 API。网络管
理由套接字接口提供，或者由与对等应用程序通信的
远程过程调用（Remote Procedure Call，RPC）提供。

4.7.3　实时 Linux

Linux 是一个免费操作系统，它拥有 UNIX 操作
系统的大部分基本功能。实时 Linux（RTLinux）作为
Linux 操作系统的一个扩展，增加了实时功能，使其具
有可预测性 [1]。Linux 操作系统中不可预测性的主要来
源是调度程序，它针对最佳吞吐量、中断处理和虚拟
内存管理进行优化，但是没有考虑可预测性问题。

RTLinux 被构造成一个在 Linux 下运行的小型实时
内核，相比 Linux 内核，具有更高的优先级，如图 4.6

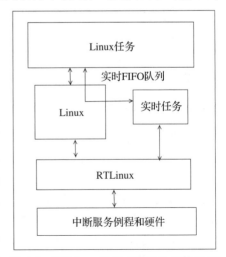

图 4.6　RTLinux 结构（引用自文献 [11]）

所示。中断首先交给 RTLinux 内核，当实时任务可用时，Linux 内核被抢占。中断发生时，首先由 RTLinux 的 ISR 进行处理。ISR 激活一个实时任务并调用调度程序。不同版本的 RTLinux 对中断在 RTLinux 和 Linux 之间的传递的处理方式不同。

　　Linux 操作系统首先初始化设备并阻塞所有的动态资源分配，然后安装 RTLinux 组件[11]。调度程序和实时 FIFO 是 RTLinux 的两个核心模块，RTLinux 提供了单调速率和最早截止期限优先的调度策略。应用程序接口包括了用于中断和任务管理的系统调用。

4.8　复习题

1. 任务的一般状态有哪些？
2. 当任务进入操作系统时，它的初始状态是什么？为什么？
3. 在 UNIX 中创建新任务的主要过程是什么？
4. 图 4.3 的邮箱结构中的两个信号量是否可能都有正整数值？给出理由。
5. 线程是如何提高实时应用程序的响应性的？举例说明。
6. 比较静态和动态内存管理的优缺点。在实时系统中，应该首选哪种类型的内存管理？
7. 什么是缓冲池？
8. 比较中断驱动 I/O 和轮询 I/O。
9. 什么是设备驱动程序和设备控制器？简要说明它们之间的接口。
10. 是什么使得 RTLinux 能够实时化？

4.9　本章提要

　　本章详细回顾了普通操作系统和实时操作系统的概念。操作系统是一种资源管理程序，它还为应用程序提供方便的接口，以便在计算机系统上执行各种任务。现代操作系统以任务（进程）概念为核心，以便能够有效地执行上述功能。操作系统管理任务、内存和输入/输出系统，有许多关于操作系统的书籍对这些功能进行了更详细的描述，包括文献[8–10]。

　　实时操作系统提供的功能与普通操作系统有着显著的区别。首先，实时操作系统中的中断处理要求是抢占式的，并可能需要进行多级中断管理。执行调度时，必须将满足任务的截止期限作为最重要的标准。内存分配通常是静态的，以消除动态内存分配中遇到的不确定性。实时操作系统应该是可扩展的，以满足各种各样的实时应用程序的需求。

4.10　编程练习题

1. 编写一个时钟 ISR 的伪代码，该时钟 ISR 在每个时间点被唤醒并递减一个**增量队列**[⊖]（delta queue）的队首任务的时钟标记值。如果队首任务的时钟标记值为零，则将该任务唤醒并调用调度程序。
2. 写出用于**阻塞**、**解除阻塞**和**延迟**的例程的伪代码。
3. 用 C 语言写出一个计数信号量的数据结构。
4. 写出二进制信号量的 wait 和 signal 过程的伪代码。
5. 修改二进制信号量的 wait 操作，使得任务在资源不可用时在队列中等待。
6. 写出任务控制块（TCB）的静态数组，初始化时数组的每一个 TCB 指向下一个 TCB，空

⊖　增量队列的详细讨论参见 5.3.3 节。——译者注

闲 TCB 队列的队首指针和队尾指针由数组的头结构保存。用 C 语言编写一个例程，从这个数组中分配空闲 TCB。

7. 演示如何使用静态数组和头文件实现缓冲池结构。

8. 编写一个 C 程序，其中有两个线程 T_1 和 T_2。线程 T_1 从键盘读取一个字符串，直到遇到五个行结尾符号，然后使用 4.4.2.3 节的消息队列结构将读取的字符串发送给 T_2。

9. T_1、T_2 和 T_3 是三个同时工作的 POSIX 线程。T_1 周期性地接收来自热传感器的数据，T_2 周期性地接收来自压力传感器的输入。T_1 和 T_2 将数据写入 2 个字节，其中一个字节表示数据类型（热或压力），另一个字节表示数据值。然后，T_3 被激活，读取上述数据类型和数据值，并将其显示在屏幕上。使用 POSIX 线程编写一个带有简短注释的 C 程序，实现正确的操作。进行系统调用时不需要描述错误处理。

参考文献

[1] Barabanov M, Yodaiken V (1997) Real-time Linux. Linux J
[2] Erciyes K (2013) Distributed graph algorithms for computer networks. Springer, App. B
[3] Erciyes K (1989) Design and realization of a real-time multitasking kernel for a distributed operating system. PhD thesis, Ege University
[4] http://pubs.opengroup.org/onlinepubs/9699919799/
[5] https://computing.llnl.gov/tutorials/pthreads/
[6] https://www.windriver.com/products/product-notes/PN_VE_6_9_Platform_0311.pdf
[7] FreeRTOS open source licensing. www.freertos.org/a00114.html
[8] Silberschatz S, Galvin PB (2012) Operating system concepts. Wiley. ISBN-10: 1118063333
[9] Stallings W (2017) Operating systems, internals and design principles, 9th edn. Pearson. ISBN 10: 0-13-380591-3
[10] Tanenbaum A (2016) Modern operating systems. Pearson. ISBN-10: 93325
[11] Yodaiken V (1999) The RTLinux manifesto. In: Proceedings of 5th Linux conference

实验性的分布式实时系统内核的设计

5.1 引言

本章将描述一个在 UNIX 操作系统上运行的分布式实时内核（Distributed Real-Time Kernel，DRTK）模拟器的设计和实现，该模拟器可用于测试实时系统的软件设计策略。我们将在本书中扩展 DRTK 的功能，最后使用 DRTK 设计和实现一个简单的分布式实时应用程序：一个使用无线传感器网络的环境监测系统。我们将看到，这个内核的构造类似 UNIX 操作系统，在各个方面也与文献 [1] 中所描述的相似，但比 UNIX 小得多，也简单得多。这个内核包括了一个具备实时特性的内部结构，与文献 [2] 中描述的结构类似。在非实时操作系统上运行模拟器可能会失去 DRTK 的一些实时特性，不过我们的目的是展示分布式实时内核的内部体系结构和底层细节，而不是真正实现一个性能良好的实时内核。

DRTK 由一个低层模块和一个高层模块组成。低层模块的底层是调度程序（Scheduler），往上各层分别是时钟管理和中断处理、任务状态管理以及输入 / 输出管理。内核的高层模块包括任务同步和通信层、高级内存管理层以及任务管理层。我们将在第 6 章添加网络通信层，将这个内核扩展成分布式内核。DRTK 的例程应该是原子的，可以通过禁用和启用中断来实现，为了简单起见，我们在示例中省略了这部分代码。

5.2 设计策略

我们将以 POSIX 线程的形式实现实时应用程序任务，并使用 UNIX 消息队列的进程间通信来模拟实时系统节点之间的网络通信，如图 5.1 所示，其中每个实时节点就是一个 UNIX 进程。

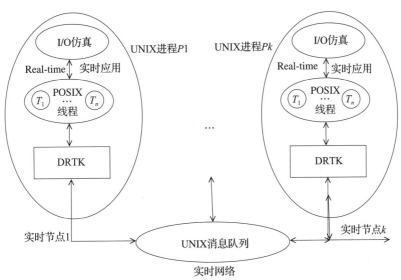

图 5.1 使用 DRTK 的分布式实时系统开发

DRTK 的以下特性使得它适合用作实时内核模拟器：
- 我们有用于满足任务截止期限的实时调度策略，这是实时系统最重要的特性。
- 所有数据结构都是在编译时静态声明的，因此不存在不可预测的内存分配延迟。
- 用于任务同步和通信的系统调用具有可以在实时系统中使用的超时版本。
- DRTK 的代码尽可能保持简短。

5.3   低层内核功能

低层 DRTK 由调度程序、时钟管理和中断处理、任务状态管理以及输入 / 输出管理等层组成，如图 5.2 所示。选择这样一种层次结构的原因是，每当正在运行的任务的状态发生变化时（例如在等待事件时被阻塞），就可能需要为处理器调度一个新任务。我们将首先描述 DRTK 中使用的数据结构和队列处理过程，然后以自底向上的方法描述这些层。

输入/输出管理
任务状态管理
时钟管理和中断处理
调度程序

图 5.2   DRTK 的低层模块

5.3.1   数据结构和队列操作

DRTK 的关键数据结构是系统表（System_Tab），其中包含各种系统参数，例如允许的最大任务数、最大缓冲池数等。系统表是头文件 system_data.h 中的全局数据结构，可以被驻留在实时节点上的所有任务访问。它还包含系统任务的标识符。其中一些任务将在第 6 章实现，但为了描述的完整性，我们也将它们包括在这里。与模块关联的局部数据结构通常包含在模块的头文件中。

```
/****************************************************************
                      System Table
****************************************************************/
typedef unsigned short ushort;
typedef int TASK;

typedef struct {
    ushort this_node;          // node identifier
    ushort N_TASK=120;         // data structure limit values
    ushort N_SEM=300;
    ushort N_MBOX=100;
    ushort N_MBOX_MSG=100;
    ushort N_GROUP=50;
    ushort N_GROUP_MEM=30;
    ushort N_POOL=20;
    ushort N_POOL_MSG=400;
    ushort N_DEVICE=120;
    ushort N_DATA=1024;
    ushort N_INTERRUPT=32;
    ushort DELAY_TIME=10;
    ushort preempted_tid;      // preempted task id
    ushort DUNIT_LEN;
    ushort DL_Out_id;          // system task identifiers
    ushort DL_In_id;           // used for distributed RTS
    ushort DL_Out_mbox;
    ushort DL_In_mbox;
    ...
    sem_t sched_sem;           // POSIX semaphore for Scheduler
    task_queue_ptr_t system_que_pt;
    task_queue_ptr_t realtime_que_pt;
    task_queue_ptr_t user_que_pt;
```

```
    task_queue_ptr_t delay_que_pt;
}system_tab_t;
```

5.3.1.1 数据单元类型

我们将**数据单元**作为基本的通信结构，在本地或网络上的任务之间进行交换。数据单元包含数据以及用于网络通信的传输层和数据链路层的协议报头（稍后扩展）。数据单元结构在头文件 data_unit.h 中声明，如下面的代码所示。我们还声明了一个数据单元队列类型，它结合指针类型用于声明一个数据单元队列。

```
// data_unit.h
/*****************************************************************
                        data unit type
*****************************************************************/
typedef struct {
    ushort sender_id;
    ushort receiver_id;
    ushort type;
    ushort seq_num;
}TL_header_t;

typedef struct {
    ushort type;
    ushort length;
    ushort sender_id;
    ushort receiver_id;
}MAC_header_t;

typedef struct *data_ptr_t{
    TL_header_t TL_header;
    MAC_header_t MAC_header;
    int type;
    char data[N_DATA];
    ushort MAC_trailer;
    data_ptr_t next;
}data_unit_t;

typedef data_unit_t *data_unit_ptr_t;

typedef struct {
    int state;
    data_unit_ptr_t front;
    data_unit_ptr_t rear;
}data_unit_que_t;

typedef data_unit_que_t *data_que_ptr_t;
```

我们用下面的函数将数据单元存储到在源文件 data_unit_que.c 中描述的数据单元队列，或者从上述队列中获取数据单元。另外还有一个函数用于检查数据单元队列是否为空。这些函数的程序代码见附录 B。

- enqueue_data_unit(data_que_ptr_t dataque_pt, data_unit_ptr_t data_pt)：将地址为 data_pt 的数据单元加入地址为 dataque_pt 的数据单元队列。
- data_unit_ptr_t data_pt = dequeue_data_unit(data_que_ptr_t dataque_pt)：将地址为 dataque_pt 的数据单元队列的第一个数据单元移出队列，并将其地址返回给 data_pt。

5.3.1.2 任务控制块数据类型

描述任务的主要数据结构是**任务控制块**（TCB），它承载了所有关于任务的重要信息。

TCB 包含在 task.h 头文件中，其内容如下面的代码所示。这里只是展示了目前所需要的参数，我们将在扩展 DRTK 结构时对其进行扩展。

```
// task.h
/****************************************************************
                    task states
****************************************************************/

#define     RUNNING       1
#define     READY         2
#define     BLOCKED       3
#define     DELAYED       4
#define     SUSPENDED     5
#define     RECEIVING     6


/****************************************************************
                    task types
****************************************************************/

#define     SYSTEM        1
#define     REALTIME      2
#define     PERIODIC      3
#define     APERIODIC     4
#define     SPORADIC      5
#define     USER          6


/****************************************************************
                    task related data
****************************************************************/

#define     VOIDTASK      0
#define     TIMEQUANT     10
#define     N_REGS        32
```

我们还声明了 task_tab 任务表类型。任务表是在编译时静态分配的，所有的任务控制块都将保存在这个表中。我们还需要定义用于调度和任务间同步的任务队列结构。

```
/****************************************************************
                    task control block
****************************************************************/

typedef struct *task_ptr{
    ushort init_address;    // initial task address
    ushort ISR_address;     // interrupt service routine address
    int REGS[N_REGS];       // register values
    ushort tid;              // task identifier
    ushort type;            // task type
    ushort priority;        // task priority
    ushort active_prio;     // active priority
    ushort state;           // task state
    sem_t sched_sem;        // semaphore to wait
    ushort allocation;      // task control block allocation
    ushort mailbox_id;      // mailbox of the task
    ushort group_id;        // group task belongs
    ushort group mailbox;   // group mailbox identifier
    ushort n_children;      // number of children in a tree
    ushort mailbox_access[N_MBOX]; // access to other mailboxes
    ushort abs_deadline; // absolute deadline of a task
    ushort rel_deadline; // relative deadline of a task
    ushort delay_time;      // time in ticks a task is delayed
    ushort executed;        // time task has executed
```

```
    ushort wcet;              // worst case execution time
    ushort n_predecessors; // number of predecessors
    ushort n_successors;    // number of successors
    ushort predecessors[N_PREDS]; predecessor task identifiers
    ushort successors[N_SUCCS]; successor task identifiers
    task_ptr next;           // pointer to next task in queue
}task_control_block_t;

typedef task_control_block_t *task_control_block_ptr_t,
       *task_ptr_t;

typedef task_control_block_t task_tab_t[System_Tab.N_TASK];

typedef struct {
    int state;
    int n_task;
    task_control_block_ptr_t front;
    task_control_block_ptr_t rear;
}task_queue_t;
```

我们使用下面的函数对包含在源文件 task_que.c 中的任务队列进行操作。这些函数的程序代码见附录 B。

- enqueue_task(task_que_ptr_t taskque_pt, task_ptr_t task_pt)：将指针 task_pt 指向的任务加入地址为 taskque_pt 的任务队列。

- task_ptr_t task_pt = dequeue_task(task_que_ptr_t taskque_pt)：将地址为 taskque_pt 的任务队列的第一个任务移出队列，并将其地址返回给 task_pt。

- insert_task(task_que_ptr_t taskque_pt, task_ptr_t task_pt)：根据优先级顺序将指针 task_pt 指向的任务插入地址为 taskque_pt 的任务队列的某个位置。

5.3.2 多队列调度程序

调度程序是操作系统中执行频率最高的代码段之一，它影响系统的整体性能，因此必须简短而且高效。我们在接下来的部分为 DRTK 设计一些实时调度算法。目前我们考虑一个通用调度程序，它使用三个队列：用于系统任务的非抢占式先到先服务（FCFS）系统队列，用于硬实时任务的基于优先级的抢占式实时队列和图 5.3 所示的抢占式 FCFS 用户任务队列。系统任务（例如网络输入和输出任务）服务于实时应用程序任务，因此它们具有比实时任务更高的优先级。在这个版本的 DRTK 中，调度程序的任务将根据以下逻辑选择最高优先级的任务：

- 如果调用者（当前任务）正在运行并且是系统任务，那么下一个要运行的任务就是调用者，这里不发生抢占。

- 如果调用者正在运行并且是实时任务，首先检查系统任务队列。如果队列非空，则选择第一个系统任务作为要运行的下一个任务，并将其从系统任务队列中移除。如果系统任务队列为空，则检查实时任务队列。如果实时任务队列非空，则将其第一个任务的优先级与调用者进行比较，如果调用任务的优先级较高，则下一个要运行的任务还是调用者，否则将实时任务队列中的第一个任务作为要运行的下一个任务，并将其从实时任务队列中移除。这里当前任务有可能被抢占。

- 如果调用者被阻塞，则按照从最高优先级的系统任务队列到最低优先级的用户任务队列的顺序依次检查，选择其中某一个队列的第一个任务作为要运行的下一个任务。

这个时候我们需要一个 UNIX 接口，用于停止正在运行的线程。我们实现的调度程序 Scheduler 是一个由 POSIX 线程描述的系统任务。当某一个任务的状态发生变化时，任务状态管理例程通过系统调用 Schedule 激活 Scheduler。任务状态管理例程只是简单地保存被抢占任务的标识符（在系统表中的被抢占标识字段 System_Tab.preempted_tid），并向 Scheduler 线程正在等待的信号量 System_tab.sched_sem 执行 signal 操作（也即 sem_post），如下面的源文件 schedule.c 所示。注意，如果调度程序作为函数而不是任务实现，或者它并没有修改当前任务标识符，则不需要在系统表中保存被抢占任务的标识符。管理例程通过让调用者在其调度信号量上等待来停止调用者的执行。注意，即便是在继续执行当前任务的情况下，这样做也是必要的。

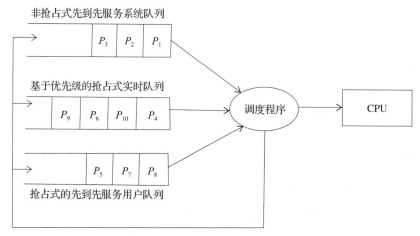

图 5.3　示例调度程序 Scheduler 的操作过程

```
//schedule.c
/*****************************************************************
                    Schedule system call
*****************************************************************/

void Schedule(){

   if (current_pt->state==RUNNING)
      System_Tab.preempted_tid=current_tid;
   sem_post(&(System_tab.schedule_sem));
   sem_wait(&(task_tab[current_tid].schedule_sem));
}
```

如下面的源代码所示，Scheduler 线程一直在运行[⊖]，并且只能由其信号量激活。注意，在实际应用中，每次进入 Scheduler 时我们需要保存当前任务的寄存器和其他环境变量，并还原所选任务的寄存器和其他环境变量。current_tid 的全局值被设置为由 Scheduler 选择的下一个执行任务的标识符。我们没有说明在什么情况下用户任务会被抢占，我们将假设用户任务在时间片到期时进入**延迟**状态。

```
//schedule.c
/*****************************************************************
                    Scheduler Task
*****************************************************************/

TASK Scheduler(){

    task_ptr_t task_pt;
    task_queue_ptr_t task_qpt;
    ushort next_tid;

  while(TRUE) {
    sem_wait(&(System_Tab.sched_sem));
```

⊖　可能处在等待信号量 System_Tab.sched_sem 的状态。——译者注

```
    //store(current_tid); store registers and environment
switch(task_tab[current_tid].state) {
 case BLOCKED:
 case DELAYED:
        taskq_pt=System_Tab.system_que_pt;
        if (taskq_pt->front!=NULL) {
          task_pt=dequeue_task(System_Tab.system_que_pt);
        }
        else {
          taskq_pt=System_Tab.realtime_que_pt;
          if (taskq_pt->front!=NULL) {
            task_pt=dequeue_task(System_Tab.realtime_que_pt);
            next_tid=task_pt->tid;
          }
        }
        else {
          taskq_pt=System_Tab.user_que_pt;
          task_pt=dequeue_task(System_Tab.user_que_pt);
        }
        next_tid=task_pt->tid;
        break;
 case RUNNING:
        if(task_tab[current_tid].type==SYSTEM)
          next_tid=current_tid;
        else if (task_tab[current_tid].type==REALTIME){
          taskq_pt=System_Tab.realtime_que_pt;
          if (taskq_pt->front != NULL)
            task_pt=taskq_pt->front;
            if(task_tab[current_tid].priority>task_pt->priority)
              next_tid=current_tid;
              else {
                task_pt=dequeue_task(System_Tab.realtime_que_pt);
                next_tid=task_pt->tid;
              }
        }
        else next_tid=current_tid;
        break;
 }
    current_tid=next_tid;
    current_pt=&(task_tab[current_tid]);
    //restore(current_tid); restore registers and environment
    sem_post(&(task_tab[current_tid].sched_sem));
 }
```

5.3.3　中断处理和时间管理

无论是时间触发还是事件触发，中断都是实时系统运行的关键。中断服务例程（ISR）在中断发生时被调用，用于解除一个阻塞任务，更新某一个变量等。为了能够快速响应，实时系统中的 ISR 可能包含了高、低两个级别。低级别 ISR 在中断时马上执行，而高级别 ISR 通常被延迟到处理器不忙时才被调度执行。为了简单起见，我们在 DRTK 中使用了只有一个级别的 ISR 结构。类似于向量型中断处理方式，ISR 表（ISR_tab）包含了 ISR 的地址，如下所示。

```
//isr.h
/****************************************************************
                        ISR Table
****************************************************************/
typedef struct {
    int (*func_ptr)() [System_Tab.N_INTERRUPT];
}ISR_tab_t;
```

通用的 ISR（ISR_Gen）可以编写成下面的代码。它接收中断号，并从 ISR_tab 激活由中断号索引的 ISR。

```
//isr.c
/****************************************************************
                general interrupt handler
****************************************************************/

int ISR_Gen(ushort int_num){
```

```
    (*ISR_tab[int_num])();
    return(DONE);
}
```

增量队列

实时内核的一个重要功能是在任务的周期性激活过程中根据需要将任务延迟。增量队列
（delta queue）是一个延迟任务队列，队列中的任何一个任务的总延迟时间等于队列中位于该
任务前面的所有任务的延迟时间之和[⊖]。这样，只要减少队列中第一个任务的延迟时间就可以
减少所有各个任务的延迟时间，如图 5.4 所示。

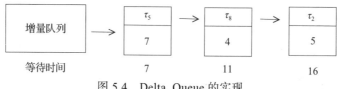

图 5.4   Delta_Queue 的实现

我们采用 Delta_Queue 数据结构来实现这样的任务队列。队列的插入操作通过 insert_
delta_queue(task_id, n_ticks) 函数提供，函数的实现细节见附录 B。调用者的延迟时间可能
小于该队列中第一个任务的延迟时间，在这种情况下，调用者被放置在队列的最前面，原来
的队首任务的延迟值被设置为原延迟值减去调用者的延迟值。调用者的延迟值也可能大于队
列中的第一个任务的延迟值，在这种情况下，我们需要沿着队列向后检索，找到第一个总延
迟大于调用者延迟值的任务[⊖]。

5.3.4   任务状态管理

任务状态管理模块的主要功能是管理任务状态之间的任务转换。现在假设有一个多级调
度程序（下一部分将描述一些适合实时系统的调度程序），所有这些系统调用都在源代码文
件 task_state.c 中描述。

在某些情况下，我们可能想要改变任务的优先级。例如，一个优先级较低的任务占用资源，
导致优先级较高的任务等待并错过其截止期限，这个问题称为**优先级反转**。这个时候我们
需要采取一些调整任务优先级的措施来解决这个问题。第 8 章将详细讨论有关的调度问题。

```
// task_state.c
/***************************************************************
                change priority of a task
***************************************************************/

int change_prio(ushort task_id, ushort prio){

    task_ptr_t task_pt;

    if (task_id < 0 || task_id >= System_Tab.N_TASK)
        return(ERR_RANGE);
    task_pt=&(task_tab[task_id]);
    task_pt->priority=prio;
    return(DONE);
}
```

⊖   增量队列构成一个关于任务的延迟时间的累积增量序列。——译者注

⊖   然后把调用者插入该任务的前面，该任务的延迟值被重新设置为其总延迟减去调用者的延迟值，再把调
     用者的延迟值重新设置为其原值减去调用者现在的直接前趋任务的总延迟时间，从而保持了队列是累积
     增量序列。——译者注

当任务试图获取资源时就可能被阻塞，阻塞过程由系统调用 block_task 实现。在下面的源代码中，一个任务可能被另一个任务阻塞，只有被阻塞的任务是当前正在执行的任务时，才能进入调度程序（即任务只会由于资源不可用而被阻塞）。如前所述，Schedule 函数停止当前任务的执行，并向 Scheduler 正在等待的信号量发出信号，使 Scheduler 可以运行。

```
/*******************************************************
                      block a task
*******************************************************/

int block_task(ushort task_id){

    task_ptr_t task_pt;
    if (task_id < 0 || task_id >= System_Tab.N_TASK)
        return(ERR_RANGE);
    task_pt=&(task_tab[task_id]);
    task_pt->state=BLOCKED;
    if (task_id==current_tid){
        Schedule();
    }
}
```

解除阻塞任务的方法是将其状态更改为**就绪**状态，并根据任务类型将其任务控制块加入或者插入一个就绪队列。我们检查参数 sched 以确定是否应该唤醒 Scheduler。这种方法是可取的，因为调用者可能希望在不必重新调度的情况下继续执行，就像在硬实时任务的情况下一样，由于任务必须满足其截止期限，因此不应该被抢占。

```
/*******************************************************
                      unblock a task
*******************************************************/
int unblock_task(ushort task_id, ushort sched){

    task_ptr_t task_pt;

    if (task_id < 0 || task_id >= System_Tab.N_TASK)
        return(ERR_RANGE);
    task_pt=&(task_tab[task_id]);
    task_pt->state=READY;
    switch task_pt->type {
        case SYSTEM    : enqueue_task(&systask_que, task_pt);
                         break;
        case REALTIME  : insert_task(&realtime_que, task_pt);
                         break;
        case USER      : enqueue_task(&user_que, task_pt);
    }
    if (sched==YES)
        Schedule();
}
```

有的任务可能需要将自身延迟一个指定的时钟节拍数。实现这个操作的系统调用是 delay_task。周期性硬实时任务通常利用这个系统调用将自身延迟以符合其周期。

```
/*******************************************************
                      delay a task
*******************************************************/

int delay_task(ushort task_id, ushort n_ticks){
```

```
    if (task_id < 0 || task_id >= System_Tab.N_TASK)
        return(ERR_RANGE);
    insert_delta_queue(task_id, n_ticks);
    task_tab[task_id].state=DELAYED;
    if (task_id==current_tid)
        Schedule();
}
```

时间中断服务例程

我们把时钟节拍设置为 100 μs，并在每个时钟节拍点调用时间中断服务例程（Time_ISR）。任务的延迟时间被表示为时钟的节拍数，因此 Time_ISR 只需要减少增量队列（Delta Queue）中第一个任务的时钟节拍值就足以减少增量队列中所有等待任务的时钟节拍。然后，它检查第一个任务的延迟值，如果延迟值为零，则将该任务从队列移出，并调用 unblock 例程使其就绪准备执行，如下面的源代码所示。

```
// isr.c
/*****************************************************************
                        Time ISR
*****************************************************************/

int Time_ISR(){

    task_ptr_t task_pt;

    while(TRUE){
        sleep(System_Tab.N_CLOCK);
        task_pt->delay_time--;
        if (task_pt->delay_time==0){
        task_pt=dequeue_task(delta_queue);
        unblock_task(task_pt->tid,YES);
        }
    }
}
```

5.3.5 输入/输出管理

每个输入/输出设备都由一个**设备控制块**数据结构表示，就像在 UNIX 中一样。这个数据结构主要包含指向与输入/输出单元相关联的设备驱动程序的指针。在我们的实现中，有一些函数指针，用于从设备读取或者向设备写入字节块。这里所述的设备由文件 device.h 中的数据结构 dev_cont_block 描述。设备表 dev_tab 以数据结构 dev_cont_block 作为条目。

```
//device.h
/*****************************************************************
                   device data structure
*****************************************************************/

typedef struct dev_block{
   ushort state;
   func_ptr_t (*read_pt)(char* read_addr, ushort n_byte);
   func_ptr_t (*write_pt)(char* write_addr, ushort n_byte);
   dev_block *dev_pt;
}  dev_cont_block_t, *dev_ptr_t;

typedef dev_cont_block_t *dev_cont_block_ptr_t;
typedef dev_cont_block_t dev_tab_t[System_Tab.N_DEVICE];
```

我们通过系统调用 make_dev 构建 dev_cont_block 数据结构，如下面的源代码所示。它从第一个条目开始，在设备表中搜索已分配的设备控制块条目。

```c
// device.c
/*******************************************************************
                          make a device
*******************************************************************/

int make_device(char* read_addr, char* write_addr){

    ushort i;
    for(i=0; i<System_Tab.N_DEVICE; i++)
        if (dev_tab[i].state!=ALLOCATED){
            dev_tab[i].state=ALLOCATED;
            dev_tab[i].read_pt=read_addr;
            dev_tab[i].write_pt=write_addr;
            return(i);
        }
    }
    return(ERR_NO_SPACE);
}
```

系统调用 read_dev 用于从设备读取字节块，它主要通过设备控制块激活设备的读取驱动程序，如下所示；

```c
/*******************************************************************
                        read from a device
*******************************************************************/
int read_dev(ushort dev_id, char *data_pt, ushort n_bytes) {

    dev_cont_block_ptr_t dev_pt;
    if (dev_id < 0 || dev_id >= System_Tab.N_DEVICE)
        return(ERR_RANGE);
    dev_pt=&(dev_tab[dev_id]);
    (*dev_pt->read_pt)(data_pt,n_bytes);
    return(DONE);
}
```

将字节块写入设备的操作 write_dev 与系统调用 read_dev 类似，如下所示：

```c
/*******************************************************************
                        write to a device
*******************************************************************/
int write_dev(ushort dev_id, char *data_pt, ushort n_bytes) {

    dev_cont_block_ptr_t dev_pt;

    if (dev_id < 0 || dev_id >= System_Tab.N_DEVICE)
        return(ERR_RANGE);
    dev_pt=&(dev_tab[dev_id]);
    (*dev_pt->write_pt)(data_pt,n_bytes);
    return(DONE);
}
```

系统调用 delete_dev 用于从系统中删除设备，它解除分配给设备的设备控制块，如下面的代码所示：

```c
/*******************************************************************
                        delete a device
*******************************************************************/
```

```
int delete_dev(ushort dev_id){

    if (dev_id < 0 || dev_id >= System_Tab.N_DEVICE)
        return(ERR_RANGE);
    dev_tab[dev_id].state=NOT_ALLOC;
    return(DONE);
}
```

5.4　高层内核功能

上层内核功能会使用下层的内核功能（即数据管理例程、任务状态管理、中断和时间处理以及设备管理实现）。上层调用可分为任务同步、任务通信、高级内存管理和任务管理，如图 5.5 所示。

任务管理
高级内存管理
任务间通信
任务间同步

图 5.5　示例内核的高层结构

5.4.1　任务同步

信号量是 DRTK 中的基本同步对象。信号量表 semaphore_tab 是在系统初始化时创建的一个信号量数组。系统调用 make_sema 用于分配这个表的元素，init_sem 用于初始化信号量。系统调用 reset_sem 重置信号量并释放等待该信号量的所有任务，如下面的代码所示。

```
// semaphore.h
/******************************************************************
                semaphore data structure
******************************************************************/

typedef struct{
    int state;
    int value;
    task_queue_t task_queue;
} semaphore_t;

typedef semaphore_t  *semaphore_ptr_t;
typedef semaphore_t semaphore_tab_t[N_SEM];
```

我们需要的第一个函数是用于信号量初始化的 init_sem。它将信号量的值设置为给定的输入参数，并重置信号量任务队列的首、尾指针。

```
// sempahore.c
/******************************************************************
                    initialize a semaphore
******************************************************************/

int init_sem(ushort sem_id, int val) {

    if (sem_id < 0 || sem_id >= System_Tab.N_SEM)
        return(ERR_RANGE)
    sem_tab[sem_id].value=val;
    sem_tab[sem_id].task_queue.front=NULL;
    sem_tab[sem_id].task_queue.rear=NULL;
    return(DONE);
}
```

信号量表中信号量的分配由系统调用 make_sem 执行，它也通过调用 init_sem 对信号量进行初始化。注意，init_sem 函数也可以由应用程序引用。

```
/*****************************************************************
                    make a semaphore
*****************************************************************/

int make_sema(int value) {

    ushort i;
    for(i=0; i<System_Tab.N_SEM; i++)
        if (sem_tab[i].state!=ALLOCATED){
            sem_tab[i].state=ALLOCATED;
            init_sem(sem_tab[i],value);
            return(i);
        }
    return(ERR_NO_SPACE);
}
```

在信号量上的等待由系统调用 wait_sema 完成，如下面的代码所示。如果信号量的值递减后小于零，则调用者被阻塞。

```
/*****************************************************************
                  wait on a semaphore
*****************************************************************/
int wait_sema(ushort sem_id){

    semaphore_ptr_t sem_pt;

    if (sem_id < 0 || sem_id >= System_Tab.N_SEM)
        return(ERR_RANGE)
    sem_pt=&(semaphore_tab[sem_id]);
    sem_pt->value--;
    if (sem_pt->value < 0){
        enqueu_task(sem_pt->task_queue);
        block(current_tid);
    }
    return(DONE);
}
```

实时任务可能需要检查资源是否可用。当资源不可用时，它可能需要在没有资源的情况下继续执行以满足其截止期限。为此，我们设计了系统调用 notwait_sema，调用者在任何情况下都不会被阻塞。这种情况下，调用者需要检查返回值以确定下一步的动作。

```
/*****************************************************************
               check a semaphore without waiting
*****************************************************************/
int notwait_sema(ushort sem_id){

    semaphore_ptr_t sem_pt;

    if (sem_id < 0 || sem_id >= System_Tab.N_SEM)
        return(ERR_RANGE)
    sem_pt=&(semaphore_tab[sem_id]);
    if (sem_pt->value < = 0)
      return(ERR_RES_NOTAV);
    else
      sem_pt->value--;
    return(DONE);
}
```

向信号量发送信号由系统调用 signal_sema 执行。如果信号量的值递增后小于或等于零，则释放信号量队列中的第一个等待任务，方法是将该任务移出队列，然后解除该任务的阻塞，使其有资格被调度程序激活。与通常在信号量上执行的 signal 操作有所不同，我们将参数 sched 传递给这个系统调用函数，以确定是否应该调用调度程序。在硬实时任务的截止期限紧迫的情况下，这个特性可能很有用。注意，这种方法有一个缺点，因为给应用程序提供这种工具可能会造成信号量上的等待任务处于饥饿状态而影响系统性能。

```
/*******************************************************************
                   signal a semaphore
*******************************************************************/

int signal_sema(ushort sem_id, int sched){

    semaphore_ptr_t sem_pt;
    task_ptr_t task_pt;

    if (sem_id < 0 || sem_id >= System_Tab.N_SEM)
        return(ERR_RANGE)
    sem_pt=&(semaphore_tab[sem_id]);
    sem_pt->value++;
    if (sem_pt->value <= 0){
        task_pt=dequeu_task(sem_pt->task_queue);
        unblock_task(task_pt->task_id, sched);
    }
}
```

这个模块中的最后一个系统调用是 reset_sema，用于重置信号量。当需要从系统中删除信号量时，也会用到这个系统调用。删除一个信号量只是简单地将信号量的数据结构从信号量表中释放并重置该信号量。

```
/*******************************************************************
                   reset a semaphore
*******************************************************************/

int reset_sema(ushort sem_id, sched){

    semaphore_ptr_t sem_pt;
    task_ptr_t task_pt;

    if (sem_id < 0 || sem_id >= System_Tab.N_SEM)
        return(ERR_RANGE)
    sem_pt=&(semaphore_tab[sem_id]);
    if (sem_pt->value < 0) {
      for(i=sem_pt->value; i<0; i--) {
        task_pt=dequeu_task(sem_pt->task_queue);
        unblock_task(task_pt->task_id,NO);
      }
    }
    sem_pt->state=NOT_ALLOC;
}
```

5.4.2　任务通信

任务通信主要使用 mailbox 对象进行间接处理。邮箱数据结构包括一个数据单元队列、一个状态值、一个发送方信号量（当邮箱满时阻塞调用者）和一个接收方信号量（当邮箱中没有消息时阻塞调用者），如下所示。

```
// mailbox.h
/*******************************************************************
```

```
                        mailbox data structure
****************************************************************/

typedef struct{
    int state;
    ushort next;
    semaphore_t send_sem;
    semaphore_t recv_sem;
    data_unit_que_ptr_t queue;
} mailbox_t;

typedef mailbox_t *mailbox_ptr_t;
typedef mailbox_t mbox_tab_t[System_Tab.N_MBOX];
```

邮箱的分配通常由系统调用 make_mbox 从邮箱表（mailbox_tab）中获取一个空闲条目来实现。发送方信号量被初始化为邮箱中可以存储的最大消息数量。初始化时邮箱中还没有消息，因此接收方信号量被重置。

```
// mailbox.c
/****************************************************************
                       make a mailbox
****************************************************************/

int make_mailbox() {

    ushort i;
    for(i=0; i<system_tab.N_MBOX; i++)
      if (mailbox_tab[i].state!=ALLOCATED){
        mailbox_tab[i].state=ALLOCATED;
        sem_id=make_sema(System_Tab.N_MBOX_MSG);
        mailbox_tab[i].send_sem=sem_id;
        sem_id=make_sema(0);
        mailbox_tab[i].recv_sem=sem_id;
        mailbox_tab[i].queue->front=NULL;
        mailbox_tab[i].queue->rear=NULL;
        return(i);
      }
    return(ERR_NO_SPACE);
}
```

当发送方不想等待回复（回复可以确保消息被接收方接收）时，可以通过系统调用 send_mbox_notwait 将消息发送到邮箱。不过，调用者必须在邮箱的发送方信号量上执行 wait，以确保邮箱中有空闲空间可以存放消息。

```
/****************************************************************
                 send a message to a mailbox
****************************************************************/

int send_mailbox_notwait(ushort mbox_id, data_unit_ptr_t data_pt){

    mailbox_ptr_t mbox_pt;

    if (mbox_id < 0 || mbox_id >= System_Tab.N_MBOX)
        return(ERR_RANGE)
    else mbox_pt=&(mailbox_tab[mbox_id]);
    wait_sema(mbox_pt->send_sem);
    enqueue_data(mbox_pt->queue, data_pt);
    signal_sema(mbox_pt->recv_sem);
    return(DONE);
}
```

从邮箱接收消息是通过在接收方信号量上等待，然后检索消息来实现的，如以下代码所示。

```
/*******************************************************************
            receive a message from a mailbox by waiting
*******************************************************************/

data_unit_ptr_t recv_mailbox_wait( ushort mbox_id){

    mailboxptr_t mbox_pt;
    data_unit_ptr_t data_pt;

    if (mbox_id < 0 || mbox_id >= System_Tab.N_MBOX)
      return(ERR_RANGE)
    else mbox_pt=&(mailbox_tab[mbox_id]);
    wait_sema(mbox_pt->recv_sem);
    data_pt=deque_data_unit(mbox_pt->queue);
    signal_sema(mbox_pt->send_sem);
    return(DONE);
}
```

实时应用程序可能希望在邮箱中检查消息，在邮箱中没有消息的情况下不阻塞而继续执行。为此，DRTK 提供了一个系统调用 recv_mbox_notwait，如以下代码所示。如果邮箱中没有可用的消息，则调用返回空指针。

```
/*******************************************************************
            receive a message from a mailbox without waiting
*******************************************************************/

data_unit_ptr_t recv_mailbox_notwait( ushort mbox_id){

    mailbox_ptr_t mbox_pt;
    data_unit_ptr_t data_pt;

    if (mbox_id < 0 || mbox_id >= System_Tab.N_MBOX)
      return(ERR_RANGE)
    else mbox_pt=&(mailbox_tab[mbox_id]);
    if(mbox_pt->recv_sem.value > 0) {
      wait_sema(mbox_pt->recv_sem);
      data_pt=deque_data_unit(mbox_pt->queue);
      signal_sema(mbox_pt->send_sem);
      return(data_pt);
    }
    return(NULL);
}
```

实时系统中通常需要带超时的接收例程。为此，我们设计了系统调用 recv_mbox_timeout。这个系统调用首先检查调用者的邮箱，如果邮箱中没有任何消息，则延迟一定的时钟节拍后再次检查邮箱。

```
/*******************************************************************
            receive a message from a mailbox with timeout
*******************************************************************/

data_unit_ptr_t recv_mailbox_timeout( ushort mbox_id){

    mailbox_ptr_t mbox_pt;
    data_unit_ptr_t data_pt;
```

```
if (mbox_id < 0 || mbox_id >= System_Tab.N_MBOX)
    return(ERR_RANGE)
else mbox_pt=&(mailbox_tab[mbox_id]);
if(mbox_pt->recv_sem.value >0){
   wait_sema(mbox_pt->recv_sem);
   data_pt=deque_data_unit(mbox_pt->queue);
   return(data_pt);
}
else delay_task(current_tid, System_Tab.N_DELAY);
if(mbox_pt->recv_sem.value >0){
   wait_sema(mbox_pt->recv_sem);
   data_pt=dequeue_data_unit(mbox_pt->queue);
   return(data_pt);
}
return(ERR_NO_MSG);
}
```

5.4.3　使用缓冲池的高级内存管理

DRTK 通过**数据单元池**来实现更高级别的内存管理。假设一个任务需要将数据传输到另一个任务。发送方从缓冲池中获取空闲数据单元，在其中插入要发送的数据，并将该数据单元传递到接收方的邮箱。接收方提取接收到的消息中的数据后，一般情况下会将数据单元返回给缓冲池。这样，内存空间得到回收，避免了内存被耗尽。我们首先在头文件 pool.h 中定义缓冲池结构 pool_t。这个结构带有一个用于检查缓冲池中是否存在可用数据单元的信号量，以及一个数据单元数组。缓冲池表类型 pool_tab_t 是在编译时分配的一个数组，这和我们为了保证系统运行时行为的确定性而采用静态分配存储的策略一致。

```
/***************************************************************
                 data unit pool structure
***************************************************************/
// pool.h

typedef struct{
   int state;
   semaphore_t sem;
   unsigned int next;
   data_unit_t queue[System_Tab.N_POOL_MSG];
} pool_t;

typedef pool_t *pool_ptr_t;
typedef pool_t pool_tab_t[System_Tab.N_POOL];
```

我们在文件 pool.c 中描述的缓冲池表 pool_tab 中搜索空闲的缓冲池条目，实现缓冲池的分配，如下面的源代码所示。被分配的空闲缓冲池条目的写信号量被初始化为系统表中指定的值，而读信号量被指定为 0 值。

```
// pool.c
/***************************************************************
                 allocate a pool
***************************************************************/

int make_pool(){

   ushort i, sem_id;

   for(i=0; i<System_Tab.N_POOL; i++)
      if (pool_tab[i].state!=ALLOCATED){
          pool_tab[i].state=ALLOCATED;
```

```
            if(sem_id=make_sem(System_Tab.N_POOL_MSG)<0)
              return(ERR_NO_SPACE);
            pool_tab[i].sem=sem_id;
            return(i);
        }
    return(ERR_NO_SPACE);
}
```

函数 get_data_unit 用于从指定的缓冲池中获取空闲数据单元。如果没有可用的数据单元，则调用者在缓冲池发送信号量上被阻塞。

```
/*******************************************************************
             get a data_unit from a pool
*******************************************************************/

data_unit_ptr_t get_data_unit_(ushort pool_id) {

    pool_ptr_t pool_pt;
    data_unit_ptr_t data_pt;

    if (pool_id < 0 || pool_id >= System_Tab.N_POOL)
        return(ERR_RANGE)
    else pool_pt=&(pool_tab[pool_id]);
    wait_sema(pool_pt->sem);
    data_pt=dequeue_data_unit(pool_pt->queue);
    return(data_pt);
}
```

函数 put_data_unit 用于将不再使用的数据单元返回到指定的缓冲池中。如果缓冲池的信号量上有正在等待空闲缓冲区的任务，该任务将会得到解除阻塞的信号。

```
/*******************************************************************
             put a data_unit to a pool
*******************************************************************/

int put_data_unit( ushort pool_id, data_unit_ptr_t data_unit_pt){

    pool_ptr_t pool_pt;
    data_unit_ptr_t data_pt;

    if (pool_id < 0 || pool_id >= System_Tab.N_POOL)
        return(ERR_RANGE)
    else pool_pt=&(pool_tab[pool_id]);
    enqueue_data_unit(pool_pt->queue, data_pt);
    signal_sema(pool_pt->sem);
    return(DONE);
}
```

5.4.4 任务管理

我们需要做的第一件事情是创建任务，初始化它的变量，给它指定**就绪**状态，并通过系统调用 make_task 将它插入相关队列中。make_task 函数有一个输入参数 sched，该参数用于确定在建立任务后是否应该进入调度程序。

```
// task.c
/*******************************************************************
                 make a task
*******************************************************************/
```

```
int make_task(task_addr_t task_addr, ushort type, int priority,
ushort sched) {

    task_ptr_t task_pt, ushort i;
    for(i=0; i<System_Tab.N_TASK; i++)
      if (task_tab[i].state!=ALLOCATED){
        task_tab[i].state=ALLOCATED;
        task_pt=&(task_tab[i]);
        task_pt->address=task_addr;
        task_pt->type=type;
        task_pt->priority=priority;
        task_pt->state=READY;
        switch (task_pt->type) {
          case SYSTEM    : enqueue_task(&system_queue, task_pt);
                             break;
          case REALTIME  : insert_task(&realtime_queue, task_pt);
                             break;
          case USER      : enqueue_task(&user_queue, task_pt);
          }
        pthread_create(NULL, NULL, task_addr,NULL);
        if (sched) Schedule();
        return(i);
      }
    return(ERR_NO_SPACE);
}
```

删除任务时，只需要释放其任务控制块即可将其从 DRTK 中移除。任务所拥有的资源也必须被释放，以便用于其他任务（为简单起见我们没有展示这一部分）。

```
/*****************************************************************
                      delete a task
*****************************************************************/
int delete_task( ushort task_id ){

    task_ptr_t task_pt;
    if (task_id < 0 || task_id >= System_Tab.N_TASK)
      return(ERR_RANGE);
    task_pt=&(task_tab[task_id]);
    task_pt->allocation=NOT_ALLOC;
    // free its resources
    return(DONE);
}
```

5.5　初始化

头文件 global_data.h 中的全局数据主要用于说明应用程序任务需要的参数，而系统表通常包含用于系统任务的数据。global_data.h 文件包括了所有需要的队列、表以及错误代码的声明，因此包含这个头文件就可以提供应用程序任务可见的所有必要的数据结构。

```
// global_data.h
/*****************************************************************
                      global data
*****************************************************************/
#define    DONE            1
#define    YES             1
#define    NO              0
#define    ERR_RANGE       -1    // range error
#define    ERR_NO_SPACE    -2    // no space in table
#define    ERR_RES_NOTAV   -3    // resource not available
```

```
#define      ERR_NO_MSG    -4    // no messages in mailbox
#define      ERR_INIT      -5    // initialization error
#define      ERR_NOTAV     -6    // not available


#define      UNICAST       0x00 // message types in the network
#define      MULTICAST     0x10
#define      BROADCAST     0x20
system_tab_t System_Tab; // allocation of system table
task_control_block_t task_tab[system_tab.N_TASK]; // task table

task_queue_t system_queue;    // scheduling queues
task_queue_t realtime_queue;
task_queue_t user_queue;
task_queue_t delta_queue;     // delayed task queue

device_tab_t dev_tab;         // device table
semaphore_tab_t sem_tab;      // semaphore table
mailbox_tab_t mailbox_tab;    // mailbox table
pool_tab_t pool_tab;          // pool table

ushort current_tid;      // current task id
task_ptr_t current_pt;   // current task pointer
```

文件 init.c 中的初始化例程 init_system 分配主数据单元缓冲池，并建立系统任务和应用程序任务。

```
// init.c
/****************************************************************
                 system initialization
****************************************************************/

int init_system(){
    int pool_id;
    int task_id;
    if(pool_id=make_pool() < 0) // make network pool
      return(ERR_INIT);
    System_Tab.network_pool_id=pool_id;
    if(pool_id=make_pool() < 0) // make user pool
      return(ERR_INIT);
    System_Tab.userpool1=pool_id; //

    if(task_id=make_task(DL_Out, SYSTEM, 0, NO)<0)
      return(ERR_INIT);
    System_Tab.DL_Out_id=task_id;
    /* make all other needed system tasks such as Timer_ISR,
       Clock_Synch, Leader_Elect etc. */
    if(task_id=make_task(Scheduler, SYSTEM, 0, YES)<0)
      return(ERR_INIT);
}
```

为简单起见，所有头文件都包含在主头文件 drtk.h 中，如下所示。

```
//drtk.h
/****************************************************************
                    DRTK modules
****************************************************************/
#include    "system_data.h"
#include    "global.h"
#include    "data_unit.h"
#include    "task.h"
```

```
#include    "isr.h"
#include    "device.h"
#include    "semaphore.h"
#include    "mailbox.h"
#include    "pool.h"
#include    "global_data.h"
```

到目前为止所描述的模块以 C 源代码的形式包含在 drtk.c 文件中，如下所示。任何实时应用程序都简单地包含了这个文件以运行 DRTK。

```
/*************************************************************
                    DRTK modules
**************************************************************/
#include    "data_unit_queue.c"
#include    "task_queue.c"
#include    "schedule.c"
#include    "isr.c"
#include    "task_state.c"
#include    "device_man.c"
#include    "semaphore.c"
#include    "mailbox.c"
#include    "task.c"
#include    "pool.c"
#include    "init.c"
```

5.6　测试 DRTK

我们在 UNIX 环境中运行 DRTK 模拟器，其中每个任务都由一个 POSIX 线程模拟。为了使模拟尽可能地符合实际情况，DRTK 启动的 POSIX 线程被设置为**就绪**，并被放入就绪队列，等待调度程序的调度。调度程序 Scheduler 本身是一个 POSIX 线程，它一直运行而且只能由其信号量激活。另外，我们必须让任务（任务本身也是 POSIX 线程）根据 Scheduler 的决策来执行，而不是由底层的 UNIX 操作系统把它们当作线程随机执行。为了实现这个功能，我们让每个线程从一开始被激活时就在该线程的 POSIX 信号量上等待。当某一个线程被调度时，Scheduler 将在该线程的信号量上执行 signal 操作。下面给出了生产者 / 消费者问题的示例代码。

```
// test.c
#include <stdio.h>
#include <pthread.h>
#include <synch.h>
#include "drtk.h"
#include "drtk.c"


/*************************************************************
                    Producer
**************************************************************/

char c;
semaphore_t sem_prod,sem_cons;

TASK Producer(int *me){
    sem_wait(&(task_tab[me].sched_sem));

    do {
      c=getc();
      signal_sema(sem_cons);
      wait_sema(sem_prod);
```

```
      } while (c!=EOL)
   }


   /****************************************************************
                     Consumer
   ****************************************************************/

   TASK Producer(void *me){
       sem_wait(&(task_tab[me].sched_sem));

      do {
        wait_sema(sem_cons);
        putc(c);
        signal_sema(sem_prod);
      } while (c!=EOL)
   }

   void main(){
      init_system();
      if((sem_prod=make_sema() < 0)||(sem_cons=make_sem() < 0))
         return(ERR_SYS);
      make_task(Producer, USER, 2, NO);
      make_task(Consumer, USER, 1, YES);
   }
```

分开编译时，我们需要先编译 DRTK 代码（drtk.c）和测试代码（test.c），然后生成一个可执行文件 test，如下所示。最后，运行这个可执行文件。

```
gcc -c  drtk.c
gcc -c  test.c
gcc -o  test drtk.o test.o -lpthread
```

5.7   复习题

1. DRTK 的哪些主要特性使得它可以实时化？
2. 在实际应用中，任务控制块还需要哪些字段？
3. DRTK 的数据结构中 state 字段的功能是什么？
4. 为什么需要一个真正的 POSIX 信号量来使 DRTK 的调度程序正确运行？
5. DRTK 中的实时应用程序可能需要的用于任务同步的系统调用是什么？
6. DRTK 中的实时应用程序可能需要的用于任务通信的系统调用是什么？
7. 为什么 DRTK 中需要带超时的系统调用？

5.8   本章提要

本章描述了分布式实时内核模拟器的设计与实现。DRTK 的分层结构几乎是通用的，类似于各种操作系统内核：Scheduler 调度程序处于底层，用于任务状态管理的系统调用在需要时激活 Scheduler，信号量上的任务同步例程调用任务状态管理例程，任务间通信例程通过调用信号量例程并使用邮箱发送或接收消息。数据结构的设计方法与 UNIX 类似，每个对象由一个整数标识，这个整数也是对象在静态分配表中的索引。设备访问（包括全局读写操作）通过相应的设备控制块实现——执行这些操作的设备驱动程序的地址存储在设备控制块数据结构中，类似于 UNIX 的内部结构。

此外，系统调用是针对实时应用程序的。例如，Scheduler 的目的是使用实时队列实现实时性，与信号量和邮箱有关的系统调用可以在不被阻塞和带超时的情况下返回。第 6 章将在这个内核的基础上实现网络通信和各种中间件功能，使之适用于分布式实时环境。

5.9　编程练习题

1. 数据单元和任务控制块上的入队（enqueue）和出队（dequeue）操作相似。演示如何为这两种数据类型实现单个 enqueue 和单个 dequeue 函数。
2. 编写一个生产者 – 消费者测试程序，使用邮箱通过消息交换数据。
3. 使用 DRTK 实现三个独立的周期硬实时任务，任务特性如表 5.1 所示。使用所需的 DRTK 系统调用，用 C 语言编写应用程序。

表 5.1　示例任务集

τ_i	C_i	T_i
1	3	18
2	8	36
3	5	24

4. 图 5.6 的任务图中显示了四个相关的非周期实时任务。任务 τ_1 和 τ_2 从用户处取得 20 个字符，τ_1 将前 10 个字符发送给任务 τ_3，将后 10 个字符发送给任务 τ_4。任务 τ_2 将 20 个字符发送给任务 τ_4，任务 τ_4 打印它接收到的所有数据。用 C 语言编写这些任务程序和主程序，使用 DRTK 实现，通过邮箱实现基本通信。

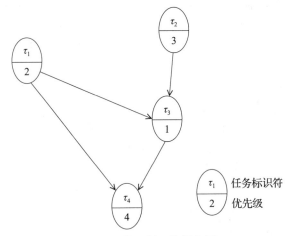

图 5.6　练习题 4 的任务图

参考文献

[1] Comer D (2015) Operating system design: the XINU approach, 2nd edn. Chapman and Hall/CRC
[2] Erciyes K (1989) Design and realization of a real-time multitasking kernel for a distributed operating system. PhD thesis, Ege University

第 6 章

Distributed Real-Time Systems: Theory and Practice

分布式实时操作系统和中间件

6.1 引言

分布式操作系统（Distributed Operating System，DOS）的一个基本要求是通过网络进行资源管理，而网络本身就是一种需要管理的资源。在考虑分布式实时操作系统（DRTOS）时，我们需要添加"**及时**"这个词。分布式实时系统（DRTS）的折叠 OSI 模型通常只包括数据链路层和物理层，以及可能比较简单的传输层。DRTOS 应该在数据链路层的介质访问控制（MAC）子层和逻辑链路控制（LLC）子层为数据链路层功能提供有效的接口。如果可以做到这些，DRTOS 应该能够在应用程序中反映网络的实时特性。例如，当一个实时应用程序任务向驻留在网络的不同节点上的另一个任务发送一个带超时的消息时，这个功能应该转换为实时执行所要求操作的相关数据链路功能。在 DRTS 的许多应用程序中，只有一部分任务参与协作来完成一项共同的作业。这种操作需要多播通信的支持，而**任务组**（或**进程组**）是实现这种通信的有效方法。此外，任务组常用于任务复制以实现容错。一个任务的所有副本放在一个组中，它们执行相同的代码。如果主任务失败，则选择一个副本作为主任务继续运行。但是，发送到所有副本的消息的顺序应该相同以保持组的状态的一致性，如何实现这个功能需要进行仔细的分析。一般情况下，任务组的管理由 DRTOS 处理，但有时候也可以由中间件处理。处理器是 DRTOS 管理的主要资源。任务到处理器的静态调度可以离线实现，而动态负载均衡要求在运行时公平分配负载。本书的第三部分将详细研究 DRTS 中的调度问题，届时我们再对上述方法进行讨论。

中间件是位于应用程序和操作系统之间的一组软件模块。这个定义范围包括了单个计算节点和更常见的分布式系统。一般情况下，应用程序向中间件请求服务，再由中间件调用操作系统功能实现请求。实现这样一个软件层的根本原因是为了提供可重用性。许多不同的应用程序需要一些类似的功能，而常见的操作系统任务（比如处理器、内存、输入 / 输出和进程管理）并不包括这些功能。在大多数情况下，没必要针对每一个应用程序都设计和实现这些类似的任务。实时中间件的工作原理与一般的中间件类似，只是增加了实时执行的功能。DRTS 中有一些明确需要的中间件模块。本章将回顾大多数的 DRTS 需要的一些典型中间件模块，例如 DRTS 节点之间、任务组之间以及领导者选举都需要的时钟同步模块。最后，实现了示例分布式实时内核（DRTK）的网络接口、任务组、时钟同步和领导者选举。

6.2 分布式实时操作系统

OSI（开放系统互连）7 层模型的折叠模型通常具有数据链路层、物理层和到应用程序的传输层接口。注意，我们假设实时网络是本地化的，它们不需要明显的路由过程，因此可以放弃网络层。DRTOS 的一个重要需求是管理数据链路层功能并将其与操作系统连接。然而，应用软件通常不会意识到、也不应该意识到数据链路功能，这意味着我们需要一个在数据链路层之上的高层机制来提供面向 DRTOS 的接入点。这个高层机制通常具有 OSI 模型的传输层的特征。用于 DRTS 的修改后的 OSI 模型可以看成如图 6.1 所示的层次结构。

可以看到,处于物理层的实际的实时网络接口是由设备驱动程序处理的,DRTOS 将网络视为设备。注意,由 DRTOS 和数据链路层协议实现的数据链路层功能有可能会重叠。DRTOS 主要执行的功能是实现数据链路层的管理以及充当应用程序任务和数据链路层功能之间的接口。

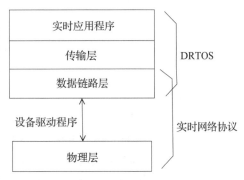

6.2.1 传输层接口

在传输层执行的主要服务是与另一台主机上的应用程序直接连接并通信。注意,传输层的下层(网络层和数据链路层)都不区分应用程序消息。

图 6.1 用于实时网络的折叠 OSI 模型

两个应用程序任务通过传输层进行逻辑连接,实现端到端的应用程序连接和通信(例如,一台主机上的 Web 客户端使用传输层直接与另一个主机上的 Web 服务器通信)。由于一台主机上可以运行许多应用程序,传输层的一个重要功能是在应用程序任务之间提供多路复用和解多路复用功能。为此,应用层消息被划分为更小的协议数据单元(Protocol Data Unit,PDU)并添加传输层报头,然后作为第 4 层 PDU 被传递到网络层。接收端主机的传输层在收到报文后,删除 PDU 报头,将重新组装后的消息传递给应用程序。因特网的两种主要传输协议是传输控制协议(Transmission Control Protocol,TCP)和用户数据报协议(UDP)。TCP 通过流量控制提供可靠的、面向连接的数据传输,而 UDP 是一种没有任何流量控制的无连接服务。

我们可以考虑对这些在传输层实现的通用功能进行适当调整以适应 DRTS 的需求。假设 DRTS 的节点在物理上彼此靠近,就像在大多数 DRTS 应用中一样。因此,我们可以假设网络层几乎不存在,传输层可以与数据链路层直接连接。于是 DRTOS 传输层的主要任务是将应用程序消息划分为 PDU 并在接收端重新组装它们。相应地,作为传输层实时任务的 API 的两个基本例程如下所示:

- send_message(message, task_id):将消息发送到另一个可能驻留在另一台主机上的任务。
- receive_message(message):从任何任务接收消息。

我们需要考虑实时任务的情况,这意味着我们需要对**发送**(send)例程和**接收**(receive)例程做出一些改变,例如改为**带超时发送**以及**带超时接收**。**发送**例程还应该区分本地任务和远程任务,如果接收任务与发送端在同一主机,发送例程应该在本地传递消息块。这个功能可以通过**命名**机制实现。最简单的办法是为本地任务保留一定取值范围的任务标识符,任何标识符超过取值范围的任务都是远程任务。另一个关键问题是要将应用程序的及时性请求一路转达给网络协议。我们将在下一节看到如何处理这些问题。

6.2.2 数据链路层接口

数据链路层要求的通用功能是在网络中的两台主机之间或者一台主机与一台网络设备之间进行点对点的流量控制,并在数据链路层提供无差错传输。在这一层交换的数据单位称为**帧**。数据链路层的典型数据帧结构如图 6.2 所示,它带有介质访问控制(MAC)字段和逻辑链路控制(LLC)字段。MAC Header(MAC 报头)用来保存 MAC 地址和标志,LLC Header(LLC 报头)说明帧的序列号和类型,Data(数据)是与网络层通信的基本数据报单元。MAC Trailer 用于错误检测和纠正,循环冗余校验(Cyclic Redundancy Check,CRC)

是最常用的错误检测方法之一。

MAC Header	LLC Header	Data	MAC Trailer

图 6.2   数据链路层的数据帧

假设有一个实时网络协议（比如 CAN、TTP 或 IEEE 802.11e），我们需要一个在协议支持的数据链路驱动程序和 DRTOS 之间的接口。在 DRTK 实现中，我们将网络视为操作系统中的任何一台其他设备。与实时网络相关联的设备控制块数据结构（即网络控制块）现在包含了执行网络要求的通信模式所需的所有驱动程序的启动码。实现接口的下一步是从 DRTOS 的角度构造基本数据链路层功能，达成这一目标的一个实用方法是在数据链路层接口处明确规定下面所述的实时系统任务。这些任务使用邮箱（作为异步存放消息的数据结构）与上层的传输层进行通信（请参见 4.3.3 节）。

- DL_Output：该任务在它的邮箱持续等待。当有消息需要传输时，它接收消息并通过网络控制块启动网络驱动程序。当应用程序任务需要在一个特定时间内等待答复时，这个任务将休眠一个预定的时间段，然后唤醒以查看是否收到响应。

- DL_Input：该任务使用网络控制块驱动程序从网络读取数据帧并检查是否有错误。如果出现错误，它会向发送者发送否定应答。注意，通过这种方式，我们实现了错误检查和流量控制。如果网络协议已经提供了相应功能，这个任务的工作就只是从网络读取消息并将其发送到接收者的邮箱。在**带超时接收**的情况下，这个任务启动输入驱动程序从网络读取数据。如果没有消息，它将休眠一个预定的时间段。

图 6.3 说明了这些任务在数据链路层接口是如何关联的，以及传输层与它们连接的方式。当 DL_In 任务发现有消息要发送到另一个节点时，它只需简单地将消息存放在邮箱 out_mbox 中，以便 DL_Out 任务从中获取消息并将消息发送到网络。将邮箱用于这个目的看来切实可行，在这种情况下不需要数据链接报头和错误检查。传输层管理器（TL_Man）是一个任务，它用于将传入的应用程序消息切换给接收方任务。

6.3   实时中间件

中间件设计的主要方法是判断 DRTS 中需要的通用软件模块，并将它们提供给各种不同的应用程序。DRTS 中使用的三个通用的中间件是任务组、时钟同步和领导者选举。

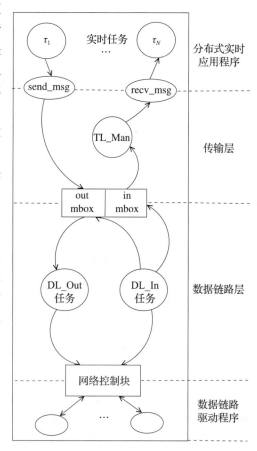

图 6.3   DRTOS 网络接口（修改自文献 [3]）

6.3.1　实时任务组

在 DRTS 中实现某一项功能时，参与的可能只是一部分任务。**任务组**（或进程组）是由一些需要频繁协作和沟通的任务形成的子集。任务组需要一些特殊的通信原语来有效地协作以完成一个共同的作业（job）。任务组有两种主要的结构：**扁平结构任务组**和**层次结构任务组**，如图 6.4 所示。扁平结构任务组中所有成员任务具有同等地位，而层次结构任务组中有一个任务作为任务组的领导者（组长），任务组的活动在组长的协调下进行。一个任务可以是多个任务组的成员。

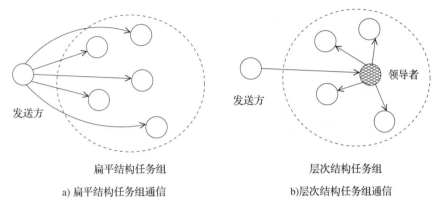

a) 扁平结构任务组通信　　　　　b)层次结构任务组通信

图 6.4　通信的任务组结构

任务组管理中需要解决的主要问题是任务组成员资格认定、任务组通信以及任务组成员之间的同步。任务组由唯一的组标识符标识。典型的任务组管理模块包含以下原语[1]：

- group-id = CreateGroup(initial task id, type)：调用任务创建一个具有唯一标识符的任务组，并成为该组的成员和组长（如果这个任务组是层次结构的）。
- JoinGroup(group-id, task-id)：根据访问权限，调用任务成为指定任务组的成员。
- LeaveGroup(group-id, task-id)：调用任务将自身从指定任务组中移除。如果任务组是层次结构的而且调用任务是组长，则需要为这个组重新选举一个新的组长。

向任务组发送消息时，可以根据组的结构使用不同的方法。选举的组长可以简化组内通信和其他组管理例程的实施。如果任务组是扁平结构的，消息通过传输层例程被传递给组的所有成员，准备接收消息的成员可以在它们的本地邮箱或在专门用于多播通信的组邮箱处等待。对于层次结构任务组，消息被传递给组长，由组长将消息存放到所有成员的邮箱或组邮箱。这些操作如图 6.4 所示。基本的任务组通信过程如下：

- SendMcast(message, group-id)：将消息发送到组的所有成员。这可以通过将消息发送给组长，再由组长转发给组中的所有成员来实现。
- RecvMcast(group-id, task-id)：从组邮箱、组长或私人邮箱处接收多播消息。

在容错的 DRTS 中，任务组通常用于冗余的目的。将一个关键硬实时任务的多个副本组成一个组，这些任务与前台任务（主任务）并行执行。如果主任务失败，则选择组中的一个辅助任务（后台任务）作为主任务运行。这种容错操作需要仔细考虑在主任务失败的时候应该如何启动辅助任务。我们将在第 12 章中看到，以相同顺序接收所有多播消息对于操作的正确性至关重要。考虑下面的情况：所有辅助任务都在运行相同的 FSM，当消息以不同的顺序被各个任务接收时，将导致各副本处于不同状态，从而使故障恢复时出错。并行处理编程工具 MPI（Message Passing Interface，消息传递接口）为组的管理和组与应用程序之间的通信提供了方便的接口[11]。

6.3.2 时钟同步

由于各种原因，在 DRTS 和非实时分布式系统中，公共时间的一致性至关重要。时间无法达成一致可能会导致节点处于错误状态，从而导致整个系统崩溃。例如，由于节点的时钟值不同，分布在网络上的任务将不可避免地错过截止期限。在 DRTS 中，通常的要求是让时钟在允许的范围内与外部实时时钟或参考时钟同步。世界协调时（Universal Time Coordinated，UTC）以原子钟为基础保持标准时间，并且根据地球自转的变化进行了必要的修正。UTC 时钟值可以通过不间断的卫星传播获得。全球定位系统（Global Positioning System，GPS）可以确定实体的地理位置[14]，GPS 卫星广播位置时带有时间戳，因此 GPS 接收机可以接收到准确时间。

DRTS 的每个计算单元都配备了一个由晶体管振荡器提供信号的硬件时钟。虽然单个晶体的频率是稳定的，但是各个节点处的不同晶体可能具有不同的频率，这导致它们的时钟值在时间上彼此偏离。节点上的时间的维持由一个定时器实现。定时器的值以每秒特定的速率递减，当这个值归零时，产生一个定时器中断。定时器中断处理程序增加节点的时钟值，从而反映当前时间。DRTS 中的时钟同步算法用于纠正节点的时钟漂移，有两种情况需要考虑。一种情况是让 DRTS 中的一个或多个节点与 GPS 保持时间同步，所有其他节点与这些节点同步；另一种情况是所有节点都没有 GPS 接收机，它们将在允许的范围内彼此同步。

6.3.2.1 逻辑时钟

事件的顺序可以由**逻辑时钟**提供，而不需要进行物理时钟同步。在这种情况下，我们在时钟同步方面主要关注分布式系统的各个节点上发生的事件的顺序。**事前关系**（*happened-before relation*，记为 →）可以用来描述事件的因果次序，规则如下：

- 如果 a 和 b 是分布式系统某节点的同一个任务上的事件，而且 a 发生在 b 之前，则 $a \rightarrow b$。
- 如果 a 是某一个任务发送消息 m 的事件，b 是其他任务接收该消息的事件，则 $a \rightarrow b$。
- 如果 $a \rightarrow b$ 且 $b \rightarrow c$，则 $a \rightarrow c$。

对于两个事件 a 和 b，如果 $a \rightarrow b$ 和 $b \rightarrow a$ 都不成立，则称 a 和 b 是并发的（记为 $\parallel$）。在下面的假设下，我们可以实现上述规则来同步分布式实时系统中的逻辑时钟：

- 任务 τ_i 具有逻辑时钟 C_i。
- 时钟 C_i 将值 $C_i(a)$ 分配给任务 τ_i 中发生的事件 a。
- 时钟 C_i 分配的值单调增加。

为了提供逻辑时钟的同步，以下条件必须得到满足：

- 如果两个事件 a 和 b 发生在同一个任务 τ_i 中，而且 a 在 b 之前发生，则 $C_i(a) < C_i(b)$。
- 如果 a 是任务 τ_i 发送消息 m 的事件，b 是任务 τ_j 接收此消息的事件，则 $C_i(a) < C_i(b)$。

最后，为了使上述条件保持不变，必须遵守以下使用逻辑时钟进行时间同步的实现规则：

- 时钟 C_i 在任务 τ_i 的任意两个连续事件之间递增。
- 如果 a 是任务 τ_i 发送消息 m 的事件，则给 m 加上时间戳 $t_m = C_i(a)$。
- 如果 b 是任务 τ_j 接收消息 m 的事件，则任务 τ_j 的时钟 C_j 设置如下：

$$C_j \leftarrow \max(C_j, t_m + 1)$$

两个任务 τ_1 和 τ_2 之间的逻辑时钟同步如图 6.5 所示。时钟值单调增加，当 τ_2 接收到消

息 m_1 时，其时钟值没有变化。但是，当执行上述规则时，消息 m_2、m_3 和 m_4 会引起本地时钟值的变化。

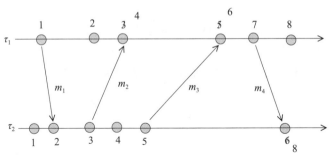

图 6.5 两个任务之间的逻辑时间同步

6.3.2.2 向量时钟

逻辑时钟的主要问题是，我们无法根据 $C(a) < C(b)$ 确定 $a \rightarrow b$。**向量时钟**是对逻辑时钟的一种改进，它在每个任务 τ_i 上使用时钟向量 $C_i[1, 2, \cdots, n]$，其中 $C_i[i]$ 是任务 τ_i 的逻辑时钟值，$C_i[j]$ 是任务 τ_i 对任务 τ_j 的时钟的估计。现在，我们给出以下向量时钟的实现规则：

- 时钟 C_i 在任务 τ_i 的任意两个连续事件之间递增。

$$C_i[i] \leftarrow C_i[i] + 1$$

- 如果 a 是任务 τ_i 发送消息 m 的事件，则给 m 加上时间戳 $t_m = C_i(a)$，其中 t_m 是消息中存储的向量时钟。
- 如果 b 是任务 τ_j 接收消息 m 的事件，则任务 τ_j 的时钟 C_j 设置如下：

$$\forall k, C_j[k] \leftarrow \max(C_j[k], t_m[k])$$

当且仅当 $\forall i, t^a[i] = t^b[i]$ 时，事件 a 和 b 的向量时间戳 $t(a)$ 和 $t(b)$ 相等。当且仅当 $\forall i$，$t^a[i] \leqslant t^b[i]$ 时，$t(a)$ 和 $t(b)$ 之间才是小于或等于关系，即 $t^a \leqslant t^b$。根据上述规则，当且仅当 $t^a < t^b$ 时，我们可以确定 $a \rightarrow b$，这是关于逻辑时钟问题的一个解决方案。图 6.6 中的三个任务通过使用这些实现规则的向量时钟进行同步。

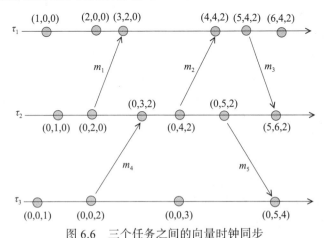

图 6.6 三个任务之间的向量时钟同步

6.3.2.3 网络时间协议

网络时间协议（Network Time Protocol，NTP）假设分布式系统中存在一台服务器，该服务器通过 UTC 广播接收准确的时钟值[9]，节点定期从服务器获取时间，从而实现时钟同步。但是，在校正节点时钟值时，必须考虑由网络引入的延迟。NTP 使用 64 位时间戳：32 位表示秒，另 32 位表示秒的小数部分。最新的 NPv4 将这些字段的长度增加一倍，提供 128 位的时间戳 [10]。

同步所需要的两个参数是**时间偏移**和**往返延迟**。考虑这样一种情况，即节点试图通过向服务器发送一条加上时间戳 t_1 的消息来纠正其时钟，如图 6.7 所示。这条消息在时间 t_2 由服务器接收并加上时间戳，服务器在时间 t_3 响应并再次加上时间戳，最后发送节点在时间 t_4 接收到服务器的响应。

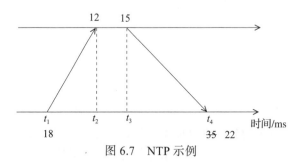

图 6.7 NTP 示例

发送节点具有所有这些时间值，并且可以如下计算时间偏移 Θ：

$$\Theta = \frac{(t_2 - t_1) + (t_4 - t_3)}{2} \tag{6.1}$$

由发送方观察到的往返延迟 δ 是消息的往返时间和在服务器上的处理时间之差，如下所示：

$$\delta = (t_4 - t_1) - (t_3 - t_2) \tag{6.2}$$

假设网络中反向传播的时延是相同的，换句话说，网络是对称的。在对获得的值进行统计分析之后，选择最小值并使用这个值校正本地节点时间。例如，图 6.7 中的瞬时 Θ 值和 δ 值分别为 7 和 14。接收器将把往返延迟的一半加到服务器的时钟值上，将其时钟修正为 22。当一组服务器拥有比其他服务器更精确的时钟时，使用分类方案可以给它们更高的优先级。一些嵌入式应用程序中使用了一种不太复杂的 NTP——简单网络时间协议（Simple Network Time Protocol，SNTP）。

6.3.2.4 Berkeley 算法

Cristian 时钟同步算法假设存在一个从 UTC 接收时间值的精确时间服务器 [2]。节点向服务器请求时间，将往返时间（Round-Trip Time，RTT）的一半加到应答消息的时间戳中，从而确定节点的时钟值。它还假设网络的两个方向的延迟相等，这对于短 RTT 是合理的。

Berkeley 算法使用了类似的 RTT 估计，主要用于内联网。算法在没有 UTC 信息的情况下工作，不必进行外部时钟值的读取和调整，从而简化了实现。从根本上讲，同步的目的是实现节点间的相对同步，而不是与真正的实时时钟同步。Berkeley 算法依赖于一个定期轮询**工作节点**的**监督节点**。工作节点以其当前的时间值对轮询做出响应，监督节点根据 RTT 对工作节点的当前时间进行估计，丢弃异常值后计算节点时钟值的平均值，并以正调整和负调整的形式将校正值发送到每个节点。监督节点可能会失效，这种情况下可以使用**选举算法**选举一个新的监督节点。

6.3.2.5 无线传感器网络中的时钟同步

无线传感器网络（WSN）由大量使用无线电频率进行通信的传感器节点组成。在 WSN 中，称为**汇聚节点**的中心节点比其他普通节点具有更强的计算能力和装置。汇聚节点从各个节点收集数据并进行分析，还可能将这些信息中继到远程计算机以进行更加精细的分析。

WSN 的节点以电池作为主要能源，因此其使用时间有限。此外，无线介质上的通信会消耗大量能量，这就要求在这类网络中使用与众不同的、更简单的时钟同步算法。我们将讨论两个这样的协议：参考广播同步协议和定时同步协议。

参考广播同步协议

参考广播同步（Reference Broadcast Synchronization，RBS）协议不同于传统的同步协议，因为 RBS 的接收方彼此同步，而不是发送方和接收方同步[4]。RBS 协议最简单的形式是一个 WSN 节点把不含定时信息的消息 m 向两个接收器广播，每个接收器各自记录其接收到消息 m 的时间，然后彼此交换信息以了解它们之间的时差，并提供必要的校正。RBS 的主要优点是在时间偏移计算中排除了发送方因素。传播延迟和接收器的时间值都会引起时间偏移。当网络中两个相距最远的节点之间的跳数很少（即网络图的直径很小）时，可以假设 WSN 的所有节点能够同时接收到广播消息，这时候可以忽略传播延迟。

定时同步协议

传感器网络定时同步协议（Timing-synch Protocol for Sensor Networks，TPSN）考虑了同步过程中发送方和接收方的时间[6,12]。同步过程分为两个阶段：级别发现阶段和同步阶段。第一阶段在部署网络时运行一次。汇聚节点通过向邻居发送一个包含了 0 作为其级别和其标识符的**级别发现**（level_discovery）广播数据包来启动算法。首次接收到这个消息的节点将消息中的级别加 1 作为自己的级别，在消息中插入本节点的级别及标识符，然后进行广播。用这种方法可以构造一棵以汇聚节点为根节点的生成树。算法 6.1 给出了级别发现阶段可能的实现代码。

算法 6.1 级别发现算法

```
1:
2: procedure LEVEL_DISCOVERY
3:    int my_id, my_parent, my_level= 0, flag = 0;
4:    message msg;
5:    if my_id= sink then
6:        my_parent ← my_id
7:        msg.id ← my_id
8:        msg.level ← 0
9:        发送广播 msg
10:   else
11:       接收 msg;
12:       if flag = 0 then
13:           my_level ← msg.level+ 1
14:           my_parent ← msg.id
15:           msg.id ← my_id
16:           msg.level ← my_level
17:           flag ← 1
18:           发送广播 msg
19:       end if
20:   end if
21: end procedure
22:
```

同步阶段由根节点通过广播同步消息 time_synch 周期性地执行。接收到此消息的每个第 1 级节点随机等待一段时间以避免冲突，然后启动与根节点的双向消息交换。获知第 1 级节点与根节点正在通信的第 2 级节点将启动与第 1 级节点的双向通信，依此类推，直到所有级别的所有节点同步。双向通信如图 6.7 所示，时间点为 t_1、t_2、t_3 和 t_4。处于第 i 级的发起节点 A 在消息中插入其级别，并加上时间戳，在时间 t_1 将其发送到级别为 $i+1$ 的节点 B。节点 B 在时间 $t_2 = t_1 + \Delta + d$ 时接收到消息，其中 Δ 是节点之间的相对时钟漂移，d 是消息的传播延迟。节点 B 在时刻 t_3 发送的响应包含其级别和时刻 t_1、t_2 和 t_3，该响应消息在时刻 t_4 被 A 接收。节点 A 现在可以如下计算 Δ 和 d，并根据节点 B 调整其时钟。

$$\Delta = \frac{(t_2 - t_1) - (t_4 - t_3)}{2}, d = \frac{(t_2 - t_1) + (t_4 - t_3)}{2} \tag{6.3}$$

假设网络在每个方向上的传播延迟是恒定的，则可以准确确定两个节点之间的时钟漂移和传播延迟。有研究表明，TPSN 的精度是 RBS 的两倍[6]。当 WSN 中不存在这样的根节点时，根节点的角色可以由其他传感器节点轮流通过领导者选举算法来接管。

6.3.3 选举算法

把任务（节点）组中的一些主要功能交由**领导者（组长）**处理，可以更简单、更有效地实现 DRTS 中的各种中间件功能。例如，在无线传感器网络中，让一些节点组成一个簇，并选择其中一个节点作为簇的领导者（簇头），是一种用于路由选择的有效方法。我们还看到了如何由组的协调者（组长）发送组消息。一个组的组长可能会失效，在这种情况下有必要选举新的组长。**领导者选举**算法解决了这个问题。

6.3.3.1 单向环中的选举

设每个节点都有一个唯一的标识符，则考虑在单向环中实现使用 FSM 的选举算法。这个算法的总体思想是，当一个普通节点（假设节点标识符为 j）检测到领导者节点失效时，该节点发送一条**选举消息** $m(j)$ 在运行中的节点之间发起选举。发起节点在选举消息中插入其标识符，并将自身状态更改为 ELECT（选举）。任何节点接收到这条消息后，检查消息的内容并执行以下操作之一（假设接收节点的标识符为 i）：

- $i > j$：节点 i 在选举消息中用 i 替换 j，然后将消息传递给下一个节点，并将自身状态更改为 ELECT。
- $i < j$：节点 i 不改变选举消息内容，将消息传递给下一个节点，并将自身状态更改为 ELECT。
- $i = j$：**选举消息**已经对单向环进行了一次完整的遍历，节点 i 在运行节点中具有最高的标识符，因而成为领导者。它向它的下一个邻居发送**领导者消息**。

这样确保了具有最高标识符的任务就是领导者。节点状态如图 6.8 所示。注意，只有领导者可以处于 LDR 状态，当领导者出现时，任何其他节点都处于 IDLE（空闲）状态。

另一个领导者选举算法是 **Bully** 算法。在该算法中，检测到领导者节点失效的节点 P_i 向所有具有比 P_i 更高的标识符的节点发送选举消息。如果在预定的时间间隔内得不到响应，P_i 将成为领导者，并向所有节点发送**领导者消息**，声明自己为领导者。任何接收到**选举消息**而且其标识符大于发送方标识符的节点，都会发回一条回复消息，并自行开始选举。发出选举消息的节点接收到回复时退出选举进程，并等待领导者消息以确认哪个节点是新的领导者。

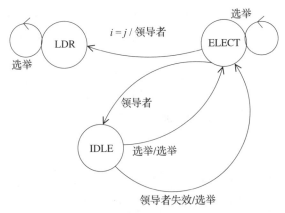

图 6.8 在环中选举领导者的算法的 FSM

6.3.3.2 无线传感器网络和移动 Ad hoc 网络中的选举

WSN 是一种具有许多硬实时任务的大规模 DRTS。WSN 中通常需要领导节点，主要用于路由选择。WSN 可以被划分成一些节点的组（称为**簇**）。簇可以使 WSN 的拓扑管理更为简单，还可以最小化存储在各个节点上的路由表。广播消息可以被中继到 WSN 节点的簇的领导节点——簇头（Cluster Head，CH），由簇头将消息转发给簇中各个节点。另外，当其他节点使用 GPS 接收机定位自己的地理位置并同步时钟时，簇头可以与它们形成锚定点。当簇头的能量水平低于预定值时，就要选举新的簇头。移动 Ad hoc 网络（Mobile Ad hoc Network，MANET）由具备无线通信设施的移动节点组成，多跳通信是这类网络进行消息交换的基本手段。如同 WSN 一样，MANET 将网络节点分成簇，为每个簇选择一个簇头，从而为路由选择提供了一种简单而有效的方法。图 6.9 展示了一个被划分为四个簇 C_1、C_2、C_3 和 C_4 的 MANET，其中节点 a 通过簇头向节点 b 发送消息。节点 a 只知道其簇头并向其簇头发送消息，该簇头将消息广播到簇头之间的更高级别的连接。每个簇头知道本簇中所有节点的标识符，如果目的节点在本簇中，簇头会将消息中继到目的节点并停止向其他簇头广播消息。这样，可以在每个节点和簇头处保持最小的路由表。

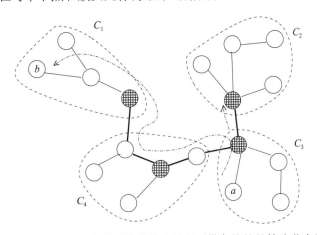

图 6.9 MANET 中基于簇的路由选择（带条纹的是簇头节点）

WSN 中的簇头是基于能量水平、可连接性和移动性之类的标准来选择的。WSN 常用的两类簇头选举协议是随机算法和最小值搜索算法。低能耗自适应聚类层次（Low-Energy

Adaptive Clustering Hierarchy，LEACH）是一种用于无线传感器网络的聚类算法[7]。LEACH中的每个节点选择一个介于 0 和 1 之间的随机数，如果这个数小于阈值，则该节点成为当前轮次的簇头。当选的簇头向本簇成员广播选举结果。在这个算法中，簇头的主要作用是构造时分多址（TDMA）来协调成员对网络的使用，并通知成员何时可以进行消息传送。簇头还聚合来自成员的数据并将该数据上传到汇聚节点。LEACH-C 在选择簇头时考虑节点的位置及其能量水平[8]。HEED 是一个基于节点剩余能量和簇内通信代价选择簇头的层次聚类方法[5]。

6.4   DRTK 的实现

下面将描述如何在 DRTK 中实现传输层和数据链路层接口以及时钟同步、组管理和领导者选举的中间件模块。我们假定站点以单向环的形式连接，消息通过从一个站点转发到其后继站点实现传输。发送节点在接收到自己发送的消息时丢弃该消息。我们的实现中假设只有物理层而没有数据链路层通信协议。

6.4.1   初始化网络

假设网络的三个节点以单向环形结构连接，如图 6.10 所示。网络的每个节点都是一个 UNIX 进程，可以作为一个单独的程序进行编码。节点之间的网络通信通过 UNIX 消息队列实现。

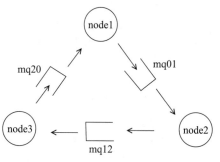

我们将这个分布式实时系统的节点称为 node1、node2 和 node3。例如，node1 的代码将包括用于 DRTK 初始化的代码文件 drtk.h 和 drtk.c，以及另一个用于创建消息队列的网络初始化例程 init_network（由下面的代码文件 network.c 描述）。我们需要建立网

图 6.10   DRTK 网络结构

络设备控制块，构造设备驱动程序并将它们的地址存储在设备控制块数据结构中，以便数据链接任务能够调用它们。为了简单起见，我们省略了错误处理例程。

```c
// network.c
#include <stdio.h>
#include <pthread.h>
#include <synch.h>
#include <drtk.h>
#include <drtk.c>

long int keys[3]={1234L,2345L,3456L}, my_key_in, my_key_out;
int msgq_id;

int read_net(int *address, int n_bytes) {
  msgrecv(address, n_bytes, 0, IPC_WAIT);
}

int write_net(int *address, int n_bytes) {
  msgsnd(msgq_id_out, address, n_bytes, IPC_NOWAIT);
}

void init_network() {
  my_key_in=keys[Sys_Tab.this_node];
  msgq_id_in=msgget(my_key_in, IPC_CREAT | 0660);
  my_key_out=keys[(Sys_Tab.this_node+1) MOD 3];
  msgq_id_out=msgget(my_key_out, IPC_CREAT | 0660);
```

```
    net_dev=make_dev();
    net_dev.read_addr=read_net;
    net_dev.write_addr=write_net;
}
```

我们需要根据系统表中三个不同的节点标识符（System_Tab.this_node）编写三个程序并分别编译每个节点对应的程序 ◯，然后运行这些程序 ◯，命令行如下所示：

```
> gcc -o node1 node1.c -lpthread
> gcc -o node2 node2.c -lpthread
> gcc -o node3 node3.c -lpthread
> node1 &
> node2 &
> node3 &
```

6.4.2　传输层接口

传输层（Transport Layer，TL）的消息结构如图 6.11 所示。传输层是面向应用程序的主要接口，其基本要求是应用程序由全局任务标识符表示，而无须知道任务的位置。传输层需要了解数据传输是本地的还是远程的，或者有时两者皆有（多播消息的情况下）。消息结构中的 form 字段指定消息是单播、多播还是广播，type 字段是关于应用程序的更详细的类型说明。

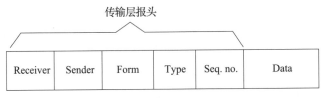

图 6.11　DRTK 传输层数据包格式

传输层报头在文件 data_unit.h 中说明，如下面的代码所示。对于应用程序或者中间件的特定信息，我们将使用 C 语言的**联合数据类型**声明对 PDU 的 Data 字段进行解析。

```
// data_unit.h
/****************************************************************
                 Transport Layer Header
****************************************************************/
typedef struct {
    ushort sender_id;
    ushort receiver_id;
    ushort form;
    ushort type;
    ushort seq_num;
}TL_header_t;
```

传输层的主要系统调用是 send_not_wait 和 recv_wait 例程，分别用于发送和接收消息。这两个例程既用于单播，也用于多播消息传输。需要处理的一个重要问题是确定接收方是本地的、远程的还是本地和远程皆有。我们采用一种简单的命名方案：每个任务都有一个16 位的全局唯一标识符，该标识符由唯一的主机标识符和本地任务标识符组合而成。例如，0x1206 表示编号为 18 ◯ 的主机上的 tid = 0x06 的本地任务。假设消息的发送方知道接收方任

◯　通过命令行选项 & 在后台运行。——译者注
◯　即十六进制 0x12。——译者注

务的全局标识符。**发送**例程在必要时应该将消息分解成若干固定大小的数据包，如下面的文件 transport.c 中的代码所示。发送例程从缓冲池中获取一个空闲数据单元，用消息内容填充并使用**非等待发送**将此数据存放在接收方的邮箱中。如果调用任务要求消息多播发送，发送例程将搜索本地组标识符并将消息存放在本地组邮箱中，同时将消息存储在数据链路输出任务的邮箱中，如下面的代码所示。假设一个任务只能是某一个组的成员，该组的标识符存储在其控制块中。类似地，广播类型的消息在本地传递给所有活动任务，并作为广播消息通过网络发送。注意，我们没有设计单独的多播发送例程，而是由应用程序将消息类型指定为单播、多播或者广播。send_net 例程为网络准备 MAC 报头，并将数据单元放置在数据链路输出任务的邮箱中。

```c
/*  transport.c  */
/****************************************************************
                send message without waiting
****************************************************************/
int send_net(data_ptr_t data_pt, ushort tid, ushort f) {

    ushort mbox_id=task_tab[System_Tab.DL_Out_id].mailbox_id;
    data_pt->TL_header.form=f;
    data_pt->TL_header.sender_id=current_tid;
    data_pt->TL_header.receiver_id=tid & 0x00FF
    data_pt->MAC_header.sender_id=System_Tab.this_node;
    data_pt->MAC_header.receiver_id=(tid & 0xFF00)>>8;
    send_mailbox_notwait(mbox_id,data_pt);
}

int send_msg_notwait(ushort tid, char* msg_pt, ushort len,
                ushort type) {

    task_ptr_t task_pt;
    mailbox_ptr_t mbox_pt;
    data_unit_ptr_t data_pt1, data_pt2;
    ushort node_id, mbox_id, group_id, tid;

    if (tid < 0 || tid >= System_Tab.N_TASK)
        return(ERR_RANGE);
    if (type == UNICAST) {  // send unicast
      node_id=(tid & 0xFF00)>>8;
      if (node_id == System_Tab.this_node) //check remote
        mbox_id==task_tab[tid & 0x00FF].mailbox_id;
      while(len>0) {//do for local and remote
        data_pt1=get_data_unit(System_Tab.Net_Pool);
        memcpy(data_pt1, &(msg_pt.data), N_DATA_UNIT);
        if(node_id == System_Tab.this_node)
          send_mailbox_notwait(mbox_id, data_pt1);
        else
          send_net(data_pt1, tid, UNICAST);
        len=len-System_Tab.N_DATA_UNIT;
        msg_pt=msg_pt+len;
      }
    }
    else { // MULTICAST or BROADCAST
      while(len>0) {
        data_pt1=get_data_unit(System_Tab.Net_Pool);
        data_pt2=get_data_unit(System_Tab.Net_Pool);
      memcpy(&(msg_pt.data), data_pt1, System_Tab.N_DATA_UNIT);
      memcpy(&(msg_pt.data), data_pt2, System_Tab.N_DATA_UNIT);
      if (type == MULTICAST) {
        group_id=task_tab[current_tid].group_id;
        mbox_id=group_tab[group_id].mailbox_id;
        send_mailbox_notwait(mbox_id,data_pt1);
      }
      if (type == BROADCAST)
        for(i=0;i<System_Tab.N_TASK;i++)
          if (task_tab[i].state=ALLOCATED) {
            data_pt=get_data_unit(System_Tab.Net_Pool);
            memcpy(data_pt, &(msg_pt.data), N_DATA_UNIT);
            send_mailbox_notwait(task_tab[i].mailbox_id,data_pt);
          }
         send_net(data_pt2, tid, type);
        len=len-System_Tab.N_DATA_UNIT;
        msgpt=msgpt+len;
      }
    }
  return(DONE);
}
```

我们有一个从数据链路层的输入邮箱接收消息的传输层管理任务（TL_Man）。它检查传输层报头以确定传入消息是单播、多播还是广播消息，并将消息存放在单个任务邮箱、组邮箱或者所有任务的邮箱中，如下面的代码所示。它充当数据链路层和应用程序之间的接口，同时还为组提供服务。

```
/***************************************************************
                Transport Layer Manager
***************************************************************/
TASK TL_Man() {

    data_unit_ptr_t data_pt;
    task_ptr_t task_pt;
    ushort tid, mbox_id3;
    ushort mbox_id1=task_tab[current_tid].mailbox_id;
    ushort mbox_id2=task_tab[System_Tab.DL_Out_id].mailbox_id;

    while(TRUE) {
      data_pt=recv_mailbox_wait(mbox_id1);
      if (data_pt->TL_header.form==UNICAST){
        tid=(data_pt->TL_header.receiver_id) & 0x00FF;
        mbox_id3=task_tab[tid].mailbox_id;
        send_mailbox_notwait(mbox_id3,data_pt);
      }
      else if (data_pt->TL_header.form==MULTICAST) {
        group_id=data_pt->TL_header.receiver_id;
        mbox_id2=group_tab[group_id].mailbox_id;
        send_mailbox_notwait(mbox_id2,data_pt);
      }
      else if (data_pt->TL_header.form==BROADCAST) {
        for(i=0;i<System_Tab.N_TASK;i++)
          if (task_tab[i].state=ALLOCATED) {
            data_pt2=get_data_unit(System_Tab.Net_Pool);
            memcpy(data_pt2, data_pt1, sizeof(data_unit_t));
            send_mailbox_notwait(task_tab[i].mailbox_id,data_pt);
          }
      }
    }
}
```

接收到的块最后被装配成消息，完成消息接收。我们有一个单独的阻塞接收例程用于单播和多播接收，消息的类型作为调用参数被传递给例程，如下面的代码所示。

```
/***************************************************************
                receive  message by blocking
***************************************************************/

int recv_wait(char* msg_pt, ushort len, int type) {
    task_ptr_t task_pt;
    data_unit_ptr_t data_pt;
    ushort node_id, mbox_id, group_id;

    if (type == MULTICAST) {  // receive multicast
      group_id=task_tab[current_tid].group_id;
      mbox_id=group_tab[group_id].mailbox_id;
    }
    else mbox_id=task_tab[current_tid].mailbox_id;

    while(len>0) {
      data_pt=recv_mailbox_wait(mbox_id);
      memcpy(msg_pt, data_pt->data.data, N_DATA_UNIT);
      len=len-N_DATA_UNIT;
```

```
        msg_pt=msg_pt+len;
        put_data_unit(Sys_Tab.Net_Pool,data_pt);
    }
    return(DONE);
}
```

6.4.3 数据链路层接口任务

用于实现数据链路层接口的任务有两个：DL_Out 和 DL_In。它们与 6.2.2 节中的描述一致。此外，我们假设基本的错误处理和流量控制功能由数据链路层任务实现，实时网络协议只处理物理层的网络通信。下面实现的简单协议称为 Stop-and-Wait 协议，协议要求发送方对它所发送的每一帧都要等待确认。协议的 FSM 如图 6.12 所示。

发送方 FSM 有两种状态：IDLE 和 WAIT。发送方没有要传送的数据时处于 IDLE 状态；当发送帧已经发出，正在等待 ACK 消息时，发送方处于 WAIT 状态。如果返回 NACK 消息，意味着发送帧接收错误或者超时，这时候需要重新传送该数据帧并等待回复。发送过程在被中止之前将重复预定的次数。发送方的 FSM 表如表 6.1 所示。注意，一些动作是不适用的（标记为 NA，Not Applicable）。为简单起见，我们假设在当前帧被正确传送之前，传输层不会通过 TR_REQ 命令请求发送下一帧。例程 CRC_check 和 set_timer 的实现比较简单，这里不展示它们的代码。

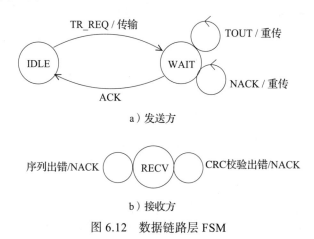

a）发送方

b）接收方

图 6.12　数据链路层 FSM

表 6.1　数据链路层发送方的 FSM 表

状态	输入			
	TR_REQ	ACK	NACK	TOUT
IDLE	act_00	NA	NA	NA
WAIT	NA	act_11	act_12	act_13

这个 FSM 由 DL_Out 任务实现，如下面的代码所示。文件 datalink.c 中描述了所有的数据链路任务。

```
/***********************************************************
                    Data Link Output Task
***********************************************************/
// datalink.c
#define IDLE        0  // states
#define WAIT        1
```

```
#define DATA_MSG     0 // message types
#define ACK          1
#define NACK         2
#define TOUT         3
#define N_TRIES_MAX  5

  fsm_table_t sender_FSM[2][4];
  data_unit_ptr_t data_pt;
  ushort dev_id, mbox_id, seq_no=0, crc_code, n_tries=0;

void act_00(){
  data_pt->MAC_header.type=DATA_MSG;
  data_pt->MAC_header.seq_num=seq_no;
  CRC_generate(data_pt1, &crc_code);
  MAC_trailer=crc_code;
  write_dev(dev_id,data_pt,N_DATA_LEN);}

void act_11(){
  daat_ptr_t data_pt2=get_data_unit(System_Tab.Net_Pool);
  data_pt2->type=ACK;
  seq_no=(seq_no+1) MOD 2;
  write_dev(System_Tab.Net_Dev,data_pt,N_DATA_LEN);}

void act_12(){
 if (++n_tries< N_TRIES_MAX) {
  write_dev(System_Tab.Net_Dev,data_pt,N_DATA_LEN);
  set_timer();
 else // error log
 } }

TASK DL_Out() {

    sender_FSM[0][0]=act_00;
    sender_FSM[1][1]=act_11;
    sender_FSM[1][2]=act_12;
    sender_FSM[1][3]=act_12;
    dev_id=Sys_Tab.Net_Dev;
    mbox_id=&(task_tab[current_pid])->mailbox_id);
    current_state=IDLE;

    while(TRUE)
    { data_pt=recv_mailbox_wait(mbox_id);
        (*sender_FSM[current_state][data_pt->MAC_header.type])();
    }
}
```

DL_In 任务负责从网络接收消息。DL_In 任务只有 RECV 状态，它总是等待来自物理层的帧，在接收时检查错误并相应地发送确认消息或否定确认消息。

```
/***********************************************************
                 Data Link Input Task
***********************************************************/

TASK DL_In() {

    data_unit_ptr_t data_pt1, data_pt2;
    ushort dev_id, mbox_id, crc_code, seq_no=0;
    dev_id=System_Tab.Net_Dev;
    mbox_id=task_tab[current_pid].mailbox_id;
    while(TRUE)
    { data_pt=read_device(dev_id,System_Tab.DUNIT_LEN);
        CRC_generate(data_pt, &crc_code);
        if ((data_pt->MAC_header.seq_num != seq_no) ||
```

```
                    (crc_code != data_pt->MAC_trailer))
          data_pt-> MAC_header.type= NACK;
        else {
          data_pt1->MAC_header.type= ACK;
          mbox_id=task_tab[System_Tab.TL_Man_id].mailbox_id;
          send_mbox_notwait(mbox_id,data_pt);
          type=data_pt1->TL_header.form;
          if (type==MULTICAST||type==BROADCAST) { // forward
            data_pt2=get_data_unit(System_Tab.Net_Pool);
            memcpy(data_pt2, data_pt1, System_Tab.N_DATA_UNIT);
            mbox_id=task_tab[System_Tab.DL_Out_id].mailbox_id;
            send_mbox_notwait(mbox_id,data_pt2)
          }
        }
        write_device(dev_id,data_pt,N_DATA_UNIT);
        seqno=(seqno+1) MOD 2;
    }
}
```

6.4.4 组管理

我们首先在下面的文件 group.h 中为组管理定义**组控制块**（gcb）。组管理的基本例程用于创建组、加入组和离开组。向组成员发送多播消息是通过传输层接口中的通用**发送**例程实现的。每个任务依次从组邮箱接收消息，这个过程同样由通用**接收**函数实现。

```
/**************************************************************
                    group data structure
**************************************************************/
/* group.h */
 #define ERR_GR_NONE    -2
 #define N_MEMBERS      30

typedef struct group   { ushort id;
                          ushort state;
                          ushort mailbox_id;
                          ushort n_members;
                          ushort local_members[N_MEMBERS];
                        }group_t;
typedef group_t* group_ptr_t;
```

组结构首先由系统调用 allocate_group 进行分配，如下面的代码所示。

```
/**************************************************************
                    allocate a group
**************************************************************/

int allocate_group() {
    int i;

    for(i=0; i< System_Tab.N_GROUP; i++)
        if (group_tab[i].state != ALLOCATED) {
          group_tab[i].state= ALLOCATED;
          group_tab[i].id= i;
          group_tab[i].mailbox_id=make_mailbox();
          group_tab[i].n_members=1;
          group_tab[i].local_members[0]=current_tid;
          return(i);
        }
    }
    return(ERR_NOT_ALLOC);
}
```

任务可以加入已分配的组，如下面的代码所示。

```
/*****************************************************************
                        join a group
*****************************************************************/

int join_group(ushort group_id) {
    group_ptr_t group_pt=&group_tab[group_id];

    if (  group_pt->state == ALLOCATED) {
            group_pt->n_members++;
            group_pt->local_members[n_members]=current_tid;
            return(DONE);
        }
    else return(ERR_GR_NONE);
}
```

任务离开组由系统调用 leave_group 实现。

```
/*****************************************************************
                        leave a group
*****************************************************************/

int leave_group(ushort group_id) {
    group_ptr_t group_pt=&group_tab[group_id];

    if (group_pt->state == ALLOCATED) {
        for(i=0;i<n_members;i++)
          if(group_pt->local_members[i]=current_pid)
            group_pt->local_members[i]=NOT_ALLOC;
          group_tab[i].n_members--;
          return(DONE);
        }
    else return(ERR_GR_NONE);
}
```

6.4.5 时钟同步算法

我们将为 DRTK 的分布式时钟同步中间件实现 NTP。NTP 任务在一个循环中运行，它首先将自身延迟 10 s，然后生成一条向 NTP 服务器询问时间的消息，记录发送询问消息的时间和接收到服务器应答消息的时间。时间偏移可以基于这些值和由服务器存储在消息中的时间戳（t_2 和 t_3）计算得到。服务器和各个客户端都有单独的编码。为了简单起见，NTP 任务只对一台服务器执行一次读取，而不是计算从多个服务器进行多次读取的平均值。我们的模拟环境是 UNIX，所以使用 UNIX 函数 gettimeofday 来读取当前时间。假设原始算法中的时间 t_2 和 t_3 相等。我们并不想设置 UNIX 的时钟，所以将 set_my_clock 例程留给实际应用程序使用。

```
/*****************************************************************
                        NTP Task
*****************************************************************/
/* clocksynch.c */
#include <time.h>
#include <sys/time.h>

#define CLOCK_READ     12

TASK NTP() {

    data_unit_ptr_t data_pt;
    ushort dest_id;
```

```
        struct timeval t1, t2, t4;
        long int t_offset;

    while(TRUE) {
     if(System_Tab.this_node=System_Tab.NTP_id) {
      data_pt=recv_mbox_wait(task_tab[current_tid].mailbox_id);
      dest_id=data_pt.TL_header.sender_id;
      data_pt->TL_header.sender_id=current_tid;
      data_pt->TL_header.receiver_id=dest_id;
      gettimeofday(&t2,NULL);
      data_pt->data.timestamp=t2;
      send_mbox_notwait(Sys_Tab.DL_Out_mbox,data_pt);
     }

     else {
      delay_task(current_tid, 10000);
      data_pt=get_data_unit(Sys_Tab.Net_Pool);
      data_pt->TL_header.type=CLOCK_READ;
      gettimeofday(&t1,NULL);
      data_pt->data.timestamp=t1;
      send_mbox_notwait(Sys_Tab.DL_Out_mbox,data_pt);
      data_pt=recv_mbox_wait(task_tab[current_tid].mailbox_id);
      gettimeofday(&t4,NULL);
      t2=data_pt->data.timestamp;
      t_offset=((t2.tv_sec*1e6 + t2.tv_usec)-(t1.tv_sec*1e6
           + t1.tv_usec)+(t4.tv_sec*1e6 + t4.tv_usec)-
           (t2.tv_sec*1e6 + t2.tv_usec))/2;
      set_my_clock(t2+t_offset);
     }
    }
  }
```

6.4.6 环形结构的领导者选举

我们将在环形结构中实现 6.3.3.1 节中描述的领导者选举算法。所描述算法的 FSM 如表 6.2 所示。

表 6.2 数据链路层发送方的 FSM 表

状态	输入		
	TOUT	ELECTION	LEADER
IDLE	act_00	act_01	NA
ELECT	NA	act_11	act_12
LDR	NA	NA	NA

注意，我们在 LDR 状态下没有任何操作，因为这是一个只有新的领导者才能到达的终结状态。下面的代码可以用来实现这个 FSM。每个节点上的领导者选举任务（Leader_Elect）都会被其邮箱收到的消息唤醒并完成指定动作。我们没有明确指定用于检测当前领导者失效的超时机制，因为它取决于具体的应用程序。注意，act_11 与 act_01 的代码相同，因为无论节点从 IDLE 状态还是从 ELECT 状态接收到选举消息都会导致相同的执行序列。我们假设数据单元的数据域是新的 winner_id 字段和其他数据结构的合并，这个新字段保存了选举消息遍历网络得到的最高节点标识符。

```
/************************************************************
                 Leader Election Task
************************************************************/
/* datalink.c */

#define IDLE      0 // states
```

```
#define ELECT      1
#define LDR        2
#define TOUT       0  // inputs
#define ELECTION   1
#define LEADER     2

fsm_table_t leader_FSM[3][2];

ushort recvd_id, my_leader, winner_id;
data_unit_ptr_t data_pt;

void act_00(){
    current_state=ELECT;
    data_pt=get_data_unit(System_Tab.Net_Pool);
    data_pt->TL_header.type=ELECTION;
    data_pt->TL_header.data.winner_id=System_Tab.this_node;
    send_net(data_pt, 0, BROADCAST);
}

void act_01(){
    current_state=ELECT;
    recvd_id=data_pt->data.winner_id;
    if (recvd_id < System_Tab.this_node)
      data_pt->data.winner_id=System_Tab.this_node;
    else if (recvd_id == System_Tab.this_node) {
      current_state=LDR;
      data_pt->data.TL_header.type=LEADER;
    }
    send_net(data_pt, 0, BROADCAST);
}

void act_12(){
    current_state=IDLE;
    my_leader=data_pt->data.winner_id
}

TASK Leader_Elect() {
    current_state=IDLE;
    sender_FSM[0][0]=act_00;
    sender_FSM[0][1]=act_01;
    sender_FSM[1][1]=act_01;
    sender_FSM[1][2]=act_12;

    while(TRUE)
    { data_pt=recv_mbox_wait();
      (*leader_FSM[current_state][data_pt->TL_header.type])();
    }
}
```

6.5　复习题

1. DRTOS 的主要功能是什么？
2. 描述 DRTOS 传输层的主要功能。
3. 数据链路层的目的是什么？
4. 什么是中间件，DRTS 中间件实现的主要功能是什么？给出 DRTS 中常见中间件模块的示例。
5. 实时任务组的主要应用领域是什么？
6. 为什么 DRTS 或非实时分布式系统都需要时钟同步？
7. Cristian 算法和 Berkeley 算法有什么区别？
8. 比较 WSN 中使用的 RBS 和 TPSN 时钟同步方法。
9. WSN 中领导者的主要用途是什么？
10. WSN 中领导者选举的常用程序是什么？

6.6　本章提要

　　本章回顾了 DRTOS 的基本功能和实时中间件。DRTOS 执行的一项基本任务是网络接口，这通常在传输层和数据链路层实现。传输层例程主要在发送端把用户消息划分为若干数据链路层协议单元，并且在接收端进行消息的组装。数据链路层的部分或全部功能可以通过实时协议来实现。我们假设实时协议只提供物理层的功能，并且在数据链路层提供数据链路任务作为 DRTOS 任务来处理网络过程。这些任务与操作系统的任何其他任务一样进行通信和同步，但是具有比其他任务更高的优先级，因为延迟这些任务可能会导致错过实时应用程序任务的截止期限。本章也展示了基于示例 DRTK 实现数据链路层任务的源代码。

实时中间件由软件模块组成，这些模块通常不是 DRTOS 的组成部分，但又是许多不同应用程序所需要的。本章回顾了三个这样的中间件模块，包括任务组管理、时钟同步和领导者选举。这些中间件中的时钟同步是许多系统（无论是实时的还是非实时的）都需要的。任务组在组中并行运行某一个任务的所有副本，当主任务失败时激活其中一个副本，这是一种在 DRTS 中实现容错的简单方法，我们将在第 12 章看到，在顾及 DRTS 的容错性的同时，如何才能实现消息排序。当任务集被划分为多个子集时，需要在子集中选举领导者。选举出来的领导者可以使一些子集中的功能变得容易实现，这和任务组的情形一样。

6.7   编程练习题

1. 用 C 语言设计并实现传输层的发送并等待接收方回复的例程的算法。实现与 DRTK 接口的传输层的相应**接收**例程。

2. 用 C 语言编写用于主节点和工作节点时钟同步的 Berkeley 算法，实现与 DRTK 的接口。

3. 编制 6.3.3.1 节 Bully 算法的 FSM，并用 C 语言实现与 DRTK 接口的代码。

4. 用 C 语言设计并实现基于 FSM 的 TPSN 任务的代码，实现与 DRTK 的接口。写出网络的汇聚节点和普通节点的级别发现阶段和同步阶段。

参考文献

[1]   Cheriton DR, Zwaenepoel W (1985) Distributed process groups in the V kernel. ACM Trans Comput Syst 3(2):77–107

[2]   Cristian F (1989) Probabilistic clock synchronization. Distrib Comput 3(3):146–158 (Springer)

[3]   Erciyes K (1989) Design and implementation of a real-time multi-tasking kernel for a distributed operating system. PhD thesis, Computer Eng. Dept, Ege University

[4]   Elson, J, Estrin D (2002) Fine-grained network time synchronization using reference broadcast. In: The fifth symposium on operating systems design and implementation (OSDI), pp 147–163

[5]   Fahmy S, Younis O (2004) Distributed clustering in ad-hoc sensor networks: a hybrid, energy-efficient approach. In: Proceedings of the IEEE conference on computer communications (INFOCOM), Hong Kong, China

[6]   Ganeriwal S, Kumar R, Srivastava M (2003) Timing-Sync protocol for sensor networks. In: The first ACM conference on embedded networked sensor systems (SenSys), pp 138–149

[7]   Heinzelman WR, Chandrakasan A, Balakrishnan H (2000) Energy-efficient communication protocol for wireless microsensor networks. In: Proceedings of the 33rd annual Hawaii international conference on system sciences, vol 2, p 10

[8]   Heinzelman WR, Chandrakasan A, Balakrishnan H (2002) An application-specific protocol architecture for wireless microsensor networks. IEEE Trans Commun 1(4):660–670

[9]   Mills DL (1992) Network time protocol (version 3): specification, implementation, and analysis. RFC 1305

[10]   Mills DL (2010) Computer network time synchronization: the network time protocol. Taylor & Francis, p 12. ISBN 978-0-8493-5805-0

[11]   Gropp W, Lusk E, Skjellum A (1999) Using MPI: portable parallel programming with the message passing interface, 2nd edn. MIT Press

[12]   Sivrikaya F, Yener B (2004) Time synchronization in sensor networks: a survey. IEEE Netw 18(4):45–50

[13]   Simple Network Time Protocol (SNTP) Version 4 for IPv4, IPv6 and OSI. RFC 4330

[14]   Zogg J-M (2002) GPS basics. Technical Report GPS-X-02007, UBlox, Mar 2002

|第三部分|

Distributed Real-Time Systems: Theory and Practice

调度和资源共享

第 7 章　单处理器独立任务调度

第 8 章　单处理器非独立任务调度

第 9 章　多处理器与分布式实时调度

单处理器独立任务调度

7.1　引言

调度是一个任务分配过程，它将任务分配给一个处理器，或者分配给一组处理器（多处理器系统），或者分配给计算单元网络（分布式实时系统）。实时任务具有发布时间、执行时间、截止期限和资源需求等属性。周期性任务以固定的时间间隔激活，非周期性任务可能随时激活，而偶发任务在它的连续两次激活之间有一个最小时间间隔。不同任务之间可能存在优先关系，这意味着有的任务不能在其前趋任务完成之前启动。此外，任务还可能共享资源，从而影响调度决策。实时任务调度的主要目标是保证任务在截止期限前完成，并提供公平的资源共享。

我们将调度对象区分为独立任务、不共享资源的非独立任务、共享资源的非独立任务、多处理器环境下的独立任务和非独立任务，以及分布式环境下的独立任务和非独立任务。不同的应用分别需要不同的调度方法，我们将这些方法划分为单处理器独立任务调度，单处理器非独立和资源共享任务调度，以及多处理器和分布式任务调度。上述每一种模式各自成一章，本章从单处理器独立任务调度开始讨论。

我们首先回顾与实时调度相关的主要概念，然后描述单处理器系统中的主要调度策略和基本调度方法。最后，我们将展示如何在示例内核 DRTK 中实现各种调度策略。

7.2　背景知识

任务的类型以及属性是决定使用何种调度方法的基础。一般情况下，我们有以下类型的实时任务：

- **周期性任务**：周期性任务 τ_i 以固定的时间间隔（称为周期，T_i）被激活。大多数硬实时任务都属于周期性任务。例如，化工厂的温度监控可以通过一个每隔几秒钟激活一次的任务来执行。
- **非周期性任务**：非周期性任务在不可预测的时间被激活。非周期性任务通常是由实时系统的外部中断激活的，例如用户按下控制面板上的按钮时。在过程控制系统中，在参数超出范围时发出警报的任务也是非周期性任务的一个例子。
- **偶发任务**：偶发任务的开始时间没有规律，这一点像非周期性任务，但是偶发任务的到达时间和下次到达时间之间的最短间隔是事先知道的。

实时系统的任务具有以下属性：

- **到达时间** a_i：任务就绪准备执行的时间值，也称为**发布时间**或**请求时间**（r_i）。
- **最坏执行时间**（Worst-Case Execution Time，WCET）C_i：任务 τ_i 在最坏情况下的可能（最长）执行时间的估计值。
- **开始时间** s_i：任务 τ_i 开始执行的时间值。
- **完成时间** f_i：任务 τ_i 完成的时间值。

- **响应时间** R_i：任务 τ_i 的到达时间与完成时间之间的间隔，$R_i = f_i - r_i$。
- **任务周期** T_i：周期性任务 τ_i 连续两次激活之间的固定时间间隔。
- **绝对截止期限** d_i：任务 τ_i 必须完成的绝对时间值。
- **相对截止期限** D_i：任务 τ_i 的到达时间与必须完成时间之间的间隔。
- **松弛时间**（Slack Time）S_i：当 $r_i = s_i$ 时，松弛时间等于任务 τ_i 的相对截止期限与其最坏执行时间之间的差值，$S_i = D_i - C_i$。
- **剩余时间**（Laxity Time）$L_i(t)$：在 t 时刻任务 τ_i 的剩余执行时间。
- **时间溢出**：任务在截止期限后才完成的情况。

以上参数如图 7.1 所示。当我们试图以截止期限调度任务时，我们的目标是提供一个不会产生时间溢出的任务分配方案，能够达成这个目标的调度被称为是**可行的**。任务的一次作业（job）常用来表示一个被激活的任务的实例。为了简单起见，我们将任务的运行实例也称为**任务**（task），以避免与操作系统的作业概念混淆。

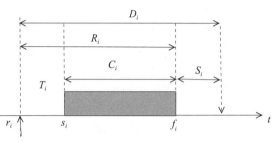

图 7.1　任务属性

7.2.1　可调度性测试

如果预先知道任务集中各个任务的主要特性，我们就可以进行下列可调度性测试：

- **必要性**：如果必要性测试不成功，则任务集不可调度。如果必要性测试成功，说明可调度的必要条件已经具备，但并不能确定任务集是可调度的。因此，必要性测试主要用于将任务集标记为不可调度。
- **充分性**：充分性测试通过意味着任务集是可调度的。然而，充分性测试不通过并不意味着任务集是不可调度的。
- **确切性**：上述两项测试都通过。

7.2.2　利用率

周期性任务 τ_i 的利用率 u_i 定义如下：

$$u_i = \frac{C_i}{T_i} \tag{7.1}$$

换言之，任务的利用率说明了任务在其周期内使用处理器的时间百分比。处理器利用率 U（也称总利用率）是执行任务集 $T = \{\tau_1, \tau_2, \cdots, \tau_n\}$ 所花费的时间比例，即

$$U = \frac{C_1}{T_1} + \cdots + \frac{C_n}{T_n} \tag{7.2}$$

可以看出，在保证任务分配可行的前提下，增加任务的计算时间或缩短任务周期都可以获得更好的处理器利用率。

7.3　调度策略

首先，任何调度方法都必须满足硬实时任务的截止期限。如果不能做到这一点，我们就不应该允许截止期限无法满足的任务进入系统。如果任务共享资源，操作系统就应该为这些

资源提供有效的保护机制，正如我们在第 4 章中讨论的那样。另外需要考虑的是任务是独立的还是非独立的。此外，我们还需要研究如何将反映真实世界情况的硬实时任务、严格实时任务和软实时任务结合起来进行调度。

7.3.1 抢占式调度与非抢占式调度

在非抢占式调度策略中，被分配了处理器的任务将一直执行至完成为止，中间不会被中断。采用这种方式的批处理形式有两种常用策略：

- **先到先服务（FCFS）调度**：任务按照到达时间在处理器调度队列中排队，从队列的前面依次将任务分配给处理器。
- **最短作业优先（Shortest Job Next，SJN）调度**：执行时间较短的任务将在执行时间较长的任务之前获得调度。采用这个策略，在运行任务之前就需要知道任务的执行时间，这对于很多实时任务可能是不可行的。此外，执行时间很长的任务可能由于许多短任务的优先执行而需要长时间等待处理器。

相反，抢占式调度策略允许中断正在执行的任务，让优先级更高的任务执行。我们来考虑由表 7.1 所示的三个任务组成的示例任务集，其中 P_i 是任务 τ_i 的优先级。

如果将静态的高优先级分配给周期较短的任务，并采用非抢占式调度策略，我们将得到如图 7.2 所示的调度方案。可以看出，任务 τ_1 在第二个周期开始的时刻 16（即截止期限）前无法完成。

表 7.1　示例任务集

τ_i	C_i	T_i	P_i
1	2	8	1
2	5	12	2
3	8	24	3

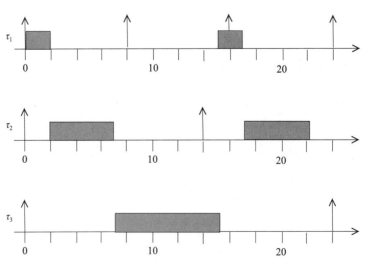

图 7.2　表 7.1 的三个任务的非抢占式调度

但是，如果采用抢占式调度策略，我们可以得到图 7.3 的调度方案，其中每个任务都满足了它的截止期限。任务 τ_3 在时刻 8 被抢占以调度任务 τ_1，然后在时刻 12 又被抢占以调度 τ_2，后者在时刻 16 被 τ_1 抢占，结果所有任务都满足了截止期限。注意，我们可以重复这个占 24 个时间单位的主周期，因为所有任务都是周期性的。不同的优先级分配方法会产生不同的调度策略，我们将在 7.3.2 节对此进行描述。

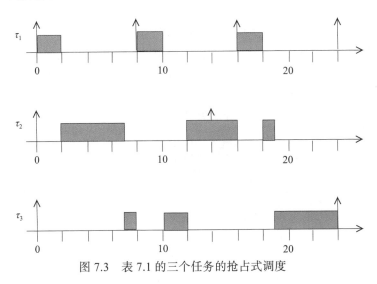

图 7.3　表 7.1 的三个任务的抢占式调度

7.3.2　静态调度与动态调度

考虑到采取调度决策的时机，我们有两种调度方法：

- **静态调度**：静态调度方法（算法）使用一些静态参数，在任务开始之前完成将在何时何地激活任务的调度决策。在静态调度方法中，任务属性在任务执行之前必须是已知的。静态调度一般在编译时形成一个处理器分配表（Dispatching Table），然后简单地按照这个调度表的定义执行任务，从而把调度过程的运行时开销保持在最低水平。
- **动态调度**：动态调度方法利用一些动态参数，在运行时执行调度决策。动态调度方法可以适应任务属性的变化，但是可能需要以大量的运行时开销为代价才能找到一个可行的调度。我们还将看到，动态调度方法也可以用于具有静态截止期限的任务的调度。

固定优先级任务与动态优先级任务

实时任务通常具有优先级。在**固定优先级**（或称**静态优先级**）任务中，任务的优先级可以脱机确定，并且在整个系统运行过程中保持不变。在动态优先级任务中，可以根据任务的紧急程度修改任务的优先级。

脱机调度与联机调度

脱机调度方式中对任务的处理器的分配是确定的，并且在运行任务之前为整个任务集生成一个调度计划。**联机调度**随着新任务的到达在运行时做出调度决策。注意，联机调度的实现既可以使用静态参数，也可以使用动态参数。

7.3.3　独立任务与非独立任务

实时系统的任务之间可以是独立的，任务之间没有相互影响。更常见的情况是，不同的实时任务之间需要进行通信以传输数据并实现同步，例如发出事件完成的信号。当任务 τ_i 向任务 τ_j 发送数据时，我们说 τ_i 先于 τ_j，表示为 $\tau_i < \tau_j$，也就是说 τ_j 在 τ_i 完成之前不能开始执行。注意，尽管 τ_i 可能在执行时间的前 10% 一直在发送数据，我们还是假设 τ_i 必须在 τ_j 开始执行之前完成，因为检测数据发送时间是不切实际的。一般而言，任务只有当其所有前趋任务都完成时才能开始执行。这种优先关系在**任务依赖图**（或**任务图**）中描述，其中从 τ_i 到 τ_j 的有向边（弧）表示 $\tau_i < \tau_j$，如图 7.4 所示。图中共有七个任务 $\tau_1, \cdots, \tau_7$，其中 τ_7 是终结任务，它必须等待，直到所有其他任务完成。位于分布式实时系统的不同节点上的任务之间的通信代价可能不会是零，不过我们假定在同一个处理器上运行的任务之间的通信代价可以忽略不计，因为它们之间的数据传送只涉及数据地址的传递，还有就是发送方可能向接收方发出数据传送事件的通知信号。

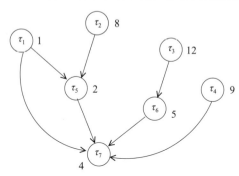

图 7.4　任务图示例（每个任务旁边注明了任务执行时间）

另一点需要注意的是，我们在构造任务图之前应该知道任务的执行时间和优先关系，因此我们可以对这些任务进行**静态调度**。在这种情况下，任何任务调度算法的一个重要目标就是要遵守任务之间的优先关系。此外，如果我们打算将任务分配到分布式实时系统的节点（我们将在第 9 章中讨论），我们将需要有效的启发式算法来对任务图进行划分。

当任务共享资源时，调度问题将变得更加困难。虽然共享资源受到操作系统机制（例如信号量和锁）的保护，但是我们需要对争夺资源的任务的调度进行仔细分析。任务所需要的资源在执行任务期间可能一直不可用，在这种情况下，任务的执行可能会延迟而导致错过截止期限，甚至可能出现死锁（我们将在第 8 章进行讨论）。

7.4　实时调度算法分类

实时系统中的调度算法可以用各种方法进行分类。首先假设任务是独立的，我们要在单处理器系统中为任务集找到一个可行的调度方案，使任务的截止期限得到满足。图 7.5a 和图 7.5b 提出了两种不同的实时调度算法分类方法 [4, 7]。

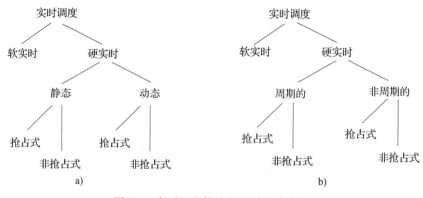

图 7.5　实时调度算法的两种分类方法

可以看到，这两种方法的主要区别在硬实时调度的分类部分。图 7.5a 首先将硬实时调度分为静态调度和动态调度，图 7.5b 将硬实时任务分为周期性任务和非周期性任务。实际上这些类型和策略之间并不是相互独立的，例如，许多硬实时任务是周期性的，同时具有静态优先级。下面几节将回顾一些基本的实时调度算法，假设任务之间互不影响（关于共享资源的非独立实时任务的调度算法将在第 8 章讨论），我们的目标是在单处理器上获得可行的调度。在讨论这些算法的大部分时间里，我们将做以下的假设：

- 被调度的任务集 $T = \{\tau_1, \cdots, \tau_n\}$ 仅由周期性任务组成。
- 任务 τ_i 的截止期限 D_i 等于其周期 T_i。
- 任务 τ_i 的计算时间 C_i 预先确定并保持不变。

7.5 时钟驱动调度

我们首先考虑简单的模型，其中的任务是周期性的、独立的，它们不共享任何资源，并且具有固定优先级。具有这些特性的一种典型应用是一组传感器，这些传感器以固定的时间间隔（周期）被激活，感测数据并将数据发送到实时计算机的输入单元。计算机调用实时任务处理输入数据，任务处理过程必须在传感器输入下一个数据之前完成。我们能够预先知道调度的时间点，因此可以列出一个说明何时启用调度程序的表。这种**时钟驱动**调度方式通常使用两种基本方法：表驱动调度（或称为循环调度）方法和循环执行调度（或称为结构化循环调度）方法。

7.5.1 表驱动调度

表驱动调度是一种简单的离线调度方法。这种方法已经在工业界应用了数十年，主要用于硬实时周期性任务调度。它基于一个包含任务执行时间的预先计算的调度表。实际上这种类型的调度程序不需要操作系统支持，只需要使用一个在任务调度时间点停止的硬件定时器。此外，调度表的表项的计算是离线执行的，它可能涉及复杂的算法，需要大量的计算时间。我们假设算法中有 n 个已知发布时间和最坏执行时间的周期性任务，它们能够离线形成调度表。下面以一个由四个任务 τ_1、τ_2、τ_3、τ_4 组成的任务集为例，每个任务的计算时间和周期如表 7.2 所示。

表 7.2　示例任务集

τ_i	C_i	T_i
1	1	4
2	2	10
3	2	10
4	4	20

这些任务的一种可能的调度如图 7.6 所示。注意，调度过程将在 20 个时间单位之后重复，这个时间段是所有任务周期的最小公倍数。我们假设任务的截止期限就是它们的周期，即每个任务必须在它的下一个周期开始之前完成当前周期的执行，并且在上下文切换时间不显著的情况下有可能发生抢占。调度表中标有 × 的点是空闲时间，可用于激活在后台等待的任何非周期性任务。

任务集中所有任务周期 T_i（$i = 1, \cdots, n$）的最大公约数（Greatest Common Divisor，GCD）称为**小循环周期**，最小公倍数（Lowest Common Multiple，LCM）称为**大循环周期**。

a）表7.2中的四个任务的执行情况

时间	0	1	3	4	5	6	9	10	11	13	14	16	17	18
任务	τ_1	τ_2	τ_3	τ_1	τ_3	τ_4	τ_1	τ_4	τ_2	τ_1	×	τ_1	×	τ_3

b）调度表的内容

图 7.6 时钟驱动调度

备注 7.1：我们只需要考虑在 GCD 时刻的任务切换。

备注 7.2：一旦获得一个大循环内的可行调度方案，就将按照大循环周期重复执行，因此这个算法被命名为循环调度算法。

循环调度算法如算法 7.1[3] 所示。它只在上下文切换点等待中断，并激活调度表中该调度时间点指定的任务。注意，在这个版本的循环调度程序中，我们允许执行非周期性任务。如果系统中没有预期的非周期性任务，则可以省略算法的第 7～9 行和第 14～16 行，并且应该修改调度表使调度程序不会在空闲时间点激活。这意味着要删除图 7.6b 的调度表中的 14 和 17 时间点。

算法 7.1 Table_Scheduler

1: **输入**：n 个周期性任务的集合 $T = \{\tau_1, \cdots, \tau_n\}$
2: 非周期性任务队列 AT_queue
3: $i \leftarrow 0$，$k \leftarrow 0$
4: 设置定时器 timer 在 t_k 时刻到期
5: **while** *true* **do**
6:     **等待**定时器中断
7:     **if** τ_{curr} 是非周期性任务 **then**   ▷ 如果当前任务是非周期性的，那么抢占它
8:         抢占 τ_{curr}
9:     **end if**
10:     $\tau_{\text{curr}} \leftarrow \tau(t_k)$ ▷ 从调度表中选择任务
11:     $i \leftarrow i + 1$
12:     $k \leftarrow k \bmod N$
13:     设置定时器在 $\lceil i/n \rceil H + t_k$ 时刻到期   ▷ 把定时器设置为下一个调度点
14:     **if** τ_{curr} is X **then**   ▷ 如果当前调度点空闲，选择一个非周期性任务
15:         $\tau_{\text{curr}} \leftarrow$ 队列 AT_queue 的队首
16:     **end if**
17:     调度 τ_{curr}
18: **end while**

7.5.2 循环执行调度

表驱动调度在一般情况下能够很好地工作。但是随着任务数量的增加，调度表的大小也会增加，这可能会给内存有限的嵌入式系统带来不便。我们可以在表驱动调度（即循环调度）

方法中增加一些结构，对调度程序加以改进[⊖]。在这种改进的循环调度方法中，时间被划分为恒定大小的帧，调度只能发生在帧的边界处，帧内不会发生任务抢占。

　　帧的大小 f 需要小心选择。帧应该足够大，使得每个任务都可以包含在一个帧内，这样就不需要在帧内发生任务抢占。因此，我们把 $f \geqslant \max(C_i)$，$i = 1, 2, \cdots, n$ 作为第一个约束条件。另外，f 应该整除大循环周期 $H = \text{LCM}(T_1, T_2, \cdots, T_n)$。因此，$f$ 整除至少某一个任务 τ_i 的 $T_i (1 \leqslant i \leqslant n)$ 可以作为第二个约束条件，即

$$\left\lceil \frac{T_i}{f} \right\rceil - \frac{T_i}{f} = 0$$

设 $F = H/f$，时间间隔 H 是**大循环周期**，时间间隔 f 是**小循环周期**。为了满足所有任务的截止期限，可以证明以下不等式必须成立 [3]：

$$2f - \text{GCD}(T_i, f) \leqslant D_i, \ 1 \leqslant i \leqslant n \qquad (7.3)$$

这是第三个约束条件。现在我们根据表 7.2 中的任务确定 f。当 $f \geqslant 4$ 时，满足第一个约束条件。大循环周期 H 是 20 个单位，因此 f 可能是能够整除 H 的 4、5、10 或 20。不是所有任务都能够满足第三个约束条件。在这种情况下，我们可以使用**任务分离**的方法。观察执行时间最长的任务 τ_4，它可以分离成三个子任务 τ_{41}、τ_{42} 和 τ_{43}。现在我们可以大致给出一种可能的调度方案，如图 7.7 所示。

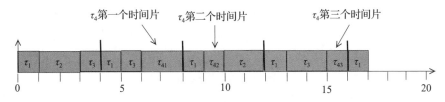

图 7.7　表 7.2 中的四个任务的循环执行调度情况

　　实现结构化循环调度方法的算法称为循环执行程序，它由位于帧边界的定时器中断启动，把程序块作为一个完整的单元执行，直到下一个定时器中断。算法 7.2 描述了这个算法的结构，它同样允许非周期性任务使用空闲时间 [2]。

算法 7.2　Cyclic_Executive

1: **输入**：存储的调度集合 $S = \{S_1, \cdots, S_k\}$, F
2: $i \leftarrow 0, t \leftarrow 0$
3: 设置定时器 timer 在 t 时刻到期
4: **while** true **do**
5:　　　**等待**定时器中断
6:　　　current_block $\leftarrow S_i$
7:　　　$t \leftarrow t + 1$
8:　　　$i \leftarrow t \bmod F$
9:　　　**执行**所有在 current_block 中的任务
10:　　　**睡眠**，直到下一个定时器中断
11: **end while**

上述两种形式的循环调度，不管采用的是基本方法还是结构化方法，都是简单而有效的。问题在于任务属性的微小改变都可能需要对调度方案进行重大调整，相应的计算必须推倒重来。不过，由于其简单性和较低的运行时开销，循环调度仍然被用许多当代的实时应用程序中。

7.6 基于优先级的调度

在线调度基于任务执行过程做出调度决策，因此是解决调度问题的一种动态方法。此方法可能涉及静态优先级任务或动态优先级任务。这一节将回顾四种主要的基于优先级的在线调度算法：单调速率算法、静态优先级的单调截止期限算法、最早截止期限优先算法和最低松弛度优先算法。

7.6.1 单调速率调度

单调速率（Rate Monotonic，RM）调度是一种针对静态优先级、周期性和硬实时任务的动态抢占式调度算法。假设独立周期性任务的截止期限等于任务的周期，RM 算法的主要思想是根据任务的周期为任务分配静态优先级，周期越短意味着优先级越高。任务的速率是其周期的倒数（这就是算法名的由来）。高优先级任务可以抢占正在运行的任务，而且上下文切换时间可以忽略不计。

假设所有任务的周期都不同，如果 $T_i < T_j$，则任务 τ_i 的优先级高于任务 τ_j 的优先级。当两个或多个任务的周期相等时，可以用任务标识符的大小确定它们之间的优先关系。以表 7.3 的任务集 $T = \{\tau_1, \tau_2, \tau_3\}$ 为例，表中给出了各个任务的计算时间和周期（也作为截止期限）。表的最后一列是分配给这些任务的优先级。

表 7.3   示例任务集

τ_i	C_i	T_i	P_i
1	3	10	1
2	6	24	3
3	7	12	2

处理器利用率与任务数量的关系由定理 7.1 给出。

定理 7.1[3]   由 n 个周期性硬实时任务组成的任务集满足以下不等式时，任务的截止期限将得到满足，且与它们的开始时间无关：

$$\sum_{i}^{n} \frac{C_i}{T_i} \leqslant n(2^{1/n} - 1) \tag{7.4}$$

当 $n > 10$ 时，不等式左边的处理器利用率 U（参见 7.2.2）将收敛于 ln2 = 0.69。因此，我们可以使用这个不等式来测试任务集是否可调度。注意，这个测试是可调度性的充分条件，但不是必要条件。换句话说，可能存在总利用率大于 0.69 的任务集，但在 RM 调度下，该任务集中的任务仍然可以满足其截止期限。

考虑使用 RM 调度的 $\tau_i(C_i, T_i)$ 形式的 $\tau_1(2, 8)$ 和 $\tau_2(8, 20)$ 形成的任务集。我们发现这两个周期性任务可以调度，因为 $(2/8) + (8/20) = 0.65 < 2 \times (2^{0.5} - 1) = 0.82$。因此，可以允许这个任务集进入系统。使用 RM 调度的这两个任务的调度如图 7.8 所示。由于周期的 LCM 为 40，因此调度过程每 40 个时间单位重复一次。

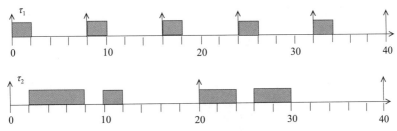

图 7.8 两个通过定理 7.1 可调度性测试的独立周期性任务的可行 RM 调度

现在增加任务的计算时间，两个任务变成 $\tau_1(3, 8)$ 和 $\tau_2(10, 20)$。应用可调度性测试[一]得到 $(3/8) + (10/20) = 0.875 > 0.82$，即 RM 算法不能保证这个任务集存在可行的调度方案。尽管如此，我们仍然可以调度这两个任务，以满足它们的截止期限，如图 7.9 所示。

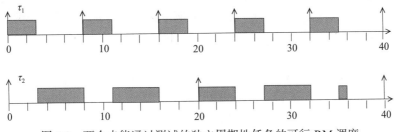

图 7.9 两个未能通过测试的独立周期性任务的可行 RM 调度

该方法的优点是容易实现，且是所有静态优先级调度算法中最优的。但是，它无法向上面的示例那样有效地处理调度。

单调截止期限算法

可能存在一些截止期限与周期不同的周期性实时任务，即 $\exists \tau_i : D_i < T_i$。在这种情况下，任务的调度可以使用单调截止期限（Deadline Monotonic，DM）算法。DM 算法只根据任务的截止期限为任务分配优先级，它是 RM 算法的一个变种，在 RM 算法失败的情况下可能生成可行的调度方案。

考虑 $\tau_i(C_i, D_i, T_i)$ 形式的两个周期性任务 $\tau_1(2, 5, 5)$ 和 $\tau_2(3, 4, 10)$。对这两个任务运行 RM 调度算法将产生图 7.10a 的调度方案。τ_1 由于周期较短而被首先调度，结果 τ_2 错过了截止期限。使用 DM 算法对这两个任务进行调度得到图 7.10b 的调度方案，其中每个任务都在其截止期限内完成。

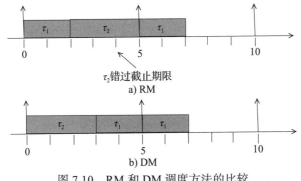

图 7.10 RM 和 DM 调度方法的比较

○ 这里指定理 7.1 所述的充分性条件测试。——译者注

7.6.2   最早截止期限优先调度

最早截止期限优先（EDF）算法是一种动态抢占式调度算法，它将具有最高动态优先级的任务分配给处理器。在这种方法中，任务的优先级随着其截止期限的临近而提高，并且总是优先执行截止期限最早的任务。每次定时器中断时，计算每个任务离截止期限的时间，将具有最小值的任务分配给处理器。当任务集很大时，这种频繁的计算可能会产生相当大的开销。

备注 7.3：如果处理器利用率 $U \leq 1$，EDF 将产生一个可行的调度方案。

这意味着 EDF 是一种有效的调度策略，可以 100% 利用 CPU 计算能力。它既可用于周期性任务，也可用于非周期性任务。

7.6.2.1   非周期性任务的 EDF 调度

我们首先考虑非周期性任务情况，以表 7.4 所示的任务集为例。任务集的三项任务都是非周期性的（一次性的），它们的绝对截止期限不同。

表 7.4   示例任务集

τ_i	到达时间 a_i	C_i	绝对截止期限 d_i
1	0	8	18
2	4	6	14
3	8	10	26

该任务集的 EDF 调度如图 7.11 所示。可以看到，任务 τ_1 在时刻 4 被任务 τ_2 抢占，因为 τ_2 的绝对截止期限（14）是该时间点上的最早截止期限。随后，当任务 τ_3 在时刻 8 被释放时，由于 τ_2 仍然具有最早的截止期限，因此没有被抢占。当 τ_2 在时刻 10 结束时，τ_1 具有最早的截止期限因，而被调度。任务 τ_3 的截止期限最晚，在 τ_2 之后被调度并在时刻 24 完成。

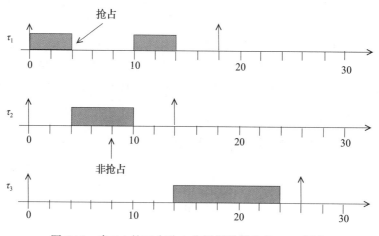

图 7.11   表 7.4 的三个独立非周期性任务的 EDF 调度

7.6.2.2   周期性任务的 EDF 调度

现在假设任务是周期性的，任务之间没有优先关系和互斥要求，任务的截止期限与周期相同，上下文切换时间可以忽略。这些假设和 RM 调度算法中的一样。每个任务的最坏执行时间是固定的，并且是预先知道的，这些也同 RM 算法中的假设一样。

每当有一个任务准备就绪（例如其周期开始）时，修改各个任务的优先级，将最高优先级分配给在时间上最接近其截止期限的任务。运行时执行的调度程序选择优先级最高的任务进行调度。可以证明，以运行时调整优先级为代价，这种方法可以实现高达 100% 的处理器利用率。我们以表 7.5 中的任务集为例来分析。

表 7.5　示例任务集

τ_i	C_i	T_i
1	3	10
2	4	13
3	8	21

首先尝试使用 RM 算法来调度该任务集。处理器利用率为 (3/10) + (4/13) + (8/21)≈0.989，大于测试条件 $3 \times (2^{1/3}-1) = 0.78$。但是，我们已经了解 RM 测试只是提供了充分性，换句话说，测试失败并不意味着任务集无法调度。应用 RM 算法得到如图 7.12 所示的任务分配结果，可以看到，任务 τ_3 错过了截止期限。

现在尝试使用 EDF 算法来调度该任务集，结果如图 7.13 所示，它给出了一个可行的调度方案。注意，任务 τ_3 不需要等待任务 τ_2，因为 τ_3 的截止期限更近，因此具有更高的动态优先级。

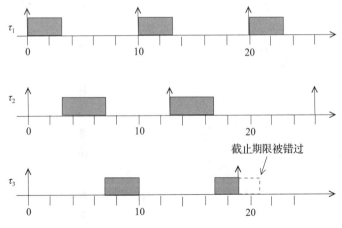

图 7.12　表 7.5 的三个周期性任务的 RM 调度

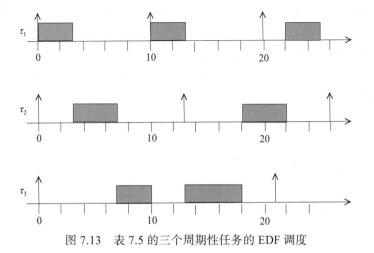

图 7.13　表 7.5 的三个周期性任务的 EDF 调度

7.6.3 最低松弛度优先调度

我们将任务的松弛度定义为任务到达截止期限的时间[⊖]和剩余执行时间的差值。注意，这个参数是动态的，因为任务的剩余时间会随着时间的推移而变化：任务运行的时间拖得越长，它的剩余时间就越短，任务的当前松弛度可能就越低。最低松弛度优先（Least Laxity First，LLF）——或（Least Slack First，LSF）算法对所有任务的松弛值（l_1）进行评估，选择具有最低松弛值的任务进行调度。因此，LLF 是一种动态调度算法，它像 EDF 算法一样赋予任务动态优先级。与 EDF 算法不同的是，任务的执行时间会影响调度决策。我们再次以表 7.4 中的任务集为例，使用 LLF 算法得到图 7.14 所示的调度方案，图中给出了各个任务在关键时刻获得的松弛值。在时刻 4，τ_2 被激活，其松弛值低于 τ_1，τ_1 被抢占。时刻 8 时，τ_3 可用，但是 τ_2 没有被抢占，因为 τ_2 在的松弛值仍最低。时刻 10 时，有效任务是 τ_1 和 τ_3，此时 τ_1 具有较低的松弛值，因此得到调度。我们看到调度的结果和 EDF 算法得到的调度（参见图 7.11）刚好相同，实际上这两种算法有可能产生不同的调度结果。

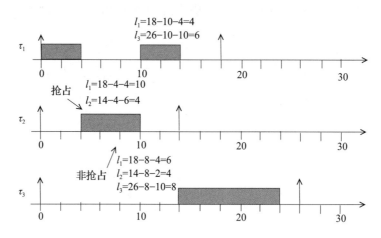

图 7.14 表 7.4 的三个非周期性任务的 LLF 调度

7.6.4 响应时间分析

任务 τ_i 的响应时间 R_i 是 τ_i 的到达时间和完成时间的间隔。在基于静态优先级的系统中，$R_i = C_i + I_i$，其中 I_i 是由优先级高于 τ_i 的任务引起的延迟。

我们的首要的要求是明确的，就是保证任务 τ_i 的 $R_i \leq D_i$。现在我们来考虑如何计算 R_i。设 P_i 表示任务 τ_i 的优先级，在时间间隔 R_i 期间，$P_j > P_i$ 的任何任务 τ_j 都将被调用 $\lceil R_i/T_j \rceil$ 次。于是，由 τ_j 引起的 τ_i 的总延迟为

$$\left\lceil \frac{R_i}{T_j} \right\rceil C_j$$

τ_i 的响应时间是其执行时间和 τ_i 所经历的由更高优先级任务引起的延迟的总和：

⊖ 即剩余时间。——译者注

$$R_i = C_i + \sum_{j \in \text{hp}(i)} \left\lceil \frac{R_i}{T_j} \right\rceil C_j \tag{7.5}$$

其中 hp(*i*) 是优先级大于 τ_i 的任务的集合。这个方程的递归关系如下：

$$R_i^{n+1} = C_i + \sum_{j \in \text{hp}(i)} \left\lceil \frac{R_i^n}{T_j} \right\rceil C_j \tag{7.6}$$

我们可以选择一个确保不大于其最终值的 R_i 值（例如 $R_i^0 = C_i$）作为初值开始迭代，当 R_i^{n+1} 收敛到 R_i^n 或者 $R_i^n > D_i$ 时停止迭代。

以表 7.6 中的任务集为例。

表 7.6　示例任务集

τ_i	C_i	T_i	P_i
1	3	10	1
3	2	12	2
2	6	24	3

最高优先级任务 τ_1 的响应时间就是它的 3 个单元的计算时间，因为没有任何其他任务会抢占 τ_1。$R_1 \leq T_1$ 表示 τ_1 将满足其截止期限。下面通过迭代计算 τ_3 的响应时间：

$$R_3^1 = C_3 + \left\lceil \frac{R_3^0}{T_1} \right\rceil C_1 = 2 + \left\lceil \frac{2}{10} \right\rceil 3 = 5$$

下一次迭代得到：

$$R_3^2 = 2 + \left\lceil \frac{5}{10} \right\rceil 3 = 5$$

我们观察到 R_3 值没有发生变化，所以停止迭代。$R_3 = 5 \leq T_3$ 表明 τ_3 将在其截止期限内完成。在计算 τ_2 的响应时间时，我们需要考虑 τ_1 和 τ_3 对于 τ_2 的抢占，如下所示：

$$R_2^1 = C_2 + \left\lceil \frac{R_2^0}{T_3} \right\rceil C_3 + \left\lceil \frac{R_2^0}{T_1} \right\rceil C_1$$
$$= 6 + \left\lceil \frac{6}{12} \right\rceil 2 + \left\lceil \frac{6}{10} \right\rceil 3 = 11$$

继续迭代，得到：

$$R_2^2 = 6 + \left\lceil \frac{11}{12} \right\rceil 2 + \left\lceil \frac{11}{10} \right\rceil 3 = 14$$
$$R_2^3 = 6 + \left\lceil \frac{14}{12} \right\rceil 2 + \left\lceil \frac{14}{10} \right\rceil 3 = 16$$
$$R_2^4 = 6 + \left\lceil \frac{16}{12} \right\rceil 2 + \left\lceil \frac{16}{10} \right\rceil 3 = 16$$

因为 $R_2^4 = R_2^3$，迭代停止，而且 $R_2 \leq T_2$。我们可以推断所有的任务都将满足它们的截止期限（等于它们的周期）。注意，这是一个充要条件。应用 RM 测试：

$$U \leq n(2^{1/n} - 1) = 3(2^{1/3} - 1) = 0.78$$

由于 $U = (C_1/T_1) + (C_2/T_2) + (C_3/T_3) = 3/10 + 2/12 + 4/24 = 0.55$，因此可以说这个任务集是 RM 可调度的。

7.7 非周期性任务调度

一般情况下，实时系统会尽量减少周期性任务和非周期性任务的混合，但是适合非周期性任务的调度机制还是必需的。非周期性任务通常有软截止期限，相比之下，偶发任务多数具有硬截止期限。非周期性任务调度的一种简单方法是使用两个任务就绪队列，高优先级队列用于周期性硬实时任务，低优先级队列用于非周期性软实时任务，如图 7.15 所示。周期性任务可以使用基于优先级的算法（如 RM、EDF 或 LLF）进行调度，但是当周期性任务数目较大时，这种简单的方法可能会造成非周期性任务响应时间过长。

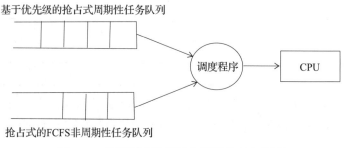

基于优先级的抢占式周期性任务队列

抢占式的FCFS非周期性任务队列

图 7.15　使用两个队列的非周期性任务调度

7.7.1 基本方法

非周期性任务的调度应该以快速完成为目标，从而保证周期性任务也能够满足其截止期限。在这种情况下，任何非周期性任务调度算法的主要目标都是在保证周期性任务能够满足截止期限的前提下，将非周期性任务的平均响应时间最小化。在包含周期性任务的实时系统中，有两种调度非周期性任务的基本方法：

- 非周期性任务可以在处理器空闲的时间间隙运行。这种简单方法虽然可以正常工作，但是非周期性任务可能会遭受长时间的延迟，导致显著增长的平均响应时间。图 7.16 描述了形式为 $\tau_i(a_i, C_i, T_i)$ 的两个周期性任务 $\tau_1(0, 2, 5)$ 和 $\tau_2(0, 5, 15)$ 以及一个形式为 $\tau_i(a_i, C_i)$ 的非周期性任务 $\tau_3(0, 1)$ 的 RM 调度。任务 τ_3 的响应时间是 10，尽管它只请求一个单位的执行时间。

- 周期性任务可以被中断以执行非周期性任务。这样非周期性任务的响应时间会缩短，但周期性任务或偶发任务可能会错过它们的截止期限。

- 一种优于上述过程的方法被称为**空闲挪用**，其工作原理类似于非周期性任务的后台调度。周期性任务的**松弛时间**（或松弛度）是其截止时间和剩余计算时间之间的时间间隔。如果 $C_i(t)$ 是任务 τ_i 在时刻 t 的剩余计算时间，则 τ_i 在时刻 t 的松弛度为：

$$\text{slack}_i = d_i - t - C_i(t)$$

使用空闲挪用方法，周期性任务可以在不错过其截止期限的情况下被迁移到另一个靠后的调度点，为非周期性任务调度留出时间。用这个方法对图 7.16 的任务实现调度，任务 τ_3 的响应时间将降低到 1，如图 7.17 所示。需要留意的是松弛度的计算和任务迁移需要大量的计算开销。

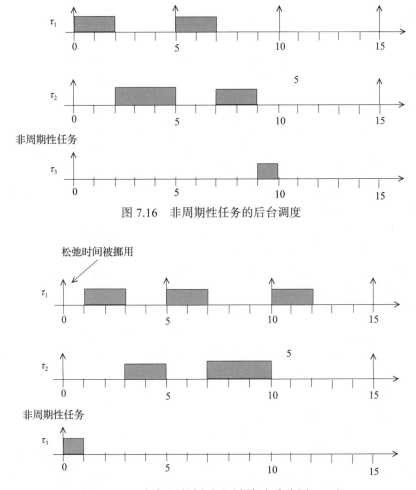

图 7.16　非周期性任务的后台调度

图 7.17　空闲挪用的例子（示例任务来自图 7.16）

7.7.2　周期性服务器

周期性服务器是一个周期性系统任务，它与任何其他周期性任务一样被调度，其目的是用于执行非周期性任务。周期性服务器任务被表示为 $\tau_S = (E_S, T_S)$，其中 T_S 是周期性服务器任务的周期，E_S 是其最大预算⊖。预算可以被**消耗**，也可以得到**补充**，并在服务器任务结束时**耗尽**。周期性服务器可能处于以下状态：

- **空闲**：当前非周期性任务队列为空。
- **积压**：当前非周期性任务队列不为空。
- **适用**：处于积压状态而且预算未耗尽。

7.7.2.1　轮询服务器

轮询服务器（Polling Server，PS）旨在改善非周期性任务的平均响应时间。PS 是一个周期性系统任务，通常具有高优先级，周期为 T_S，分配给每一个周期的计算时间 C_S 作为预算。轮询服务器任务被激活时，使用它的预算来执行等待执行的非周期性任务。PS 的预算消耗

⊖　预算指 τ_S 得到分配的计算时间。——译者注

规则如下：

- PS 执行时，预算的消耗率是每单位时间消耗一个预算单位。
- PS 一旦空闲，其预算即告耗尽。

PS 的预算在它的每个周期开始时补充，即补充预算的时刻是 $k \times T_S$ ($k = 1, 2, \cdots$)。假设有 n 个周期性任务和一个利用率为 $U_S = C_S / T_S$ 的 PS，并且使用 RM + PS 算法进行调度，则在下列条件成立的情况下，所有任务的调度的可行性可以得到保证：

$$U_S + \sum_{i=1}^{n} \frac{C_i}{T_i} \leqslant (n+1)(2^{\frac{1}{n+1}} - 1) \tag{7.7}$$

不等式的左边是轮询服务器任务利用率和其他 n 个周期性任务的总利用率之和，不等式的右边是 (n+1) 个任务的 RM 算法的测试值。

7.7.2.2 可延迟服务器

可延迟服务器（Deferrable Server，DS）同样是一个周期性系统任务，其预算为 E_S，周期为 T_S。与 PS 不同的是，它将其预算保留到周期结束，从而允许执行在周期内迟到的非周期性任务。就像 PS 那样，DS 的预算在每个周期开始时得到完全补充。一般来说，DS 可以为非周期性任务提供更好的响应时间。

7.7.2.3 偶发服务器

偶发服务器（Sporadic Server，SS）是一个用于非周期性任务调度的高优先级周期性任务，它的工作方式类似于 DS，都是将预算保留到周期结束，等待非周期性任务请求。但是它的预算补充方式有所不同，SS 的预算只有被非周期性任务的执行消耗之后才能补充。由于预算补充时刻计算和定时器管理的困难，SS 的实现复杂度高于 PS 和 DS。

7.7.2.4 动态优先级服务器

顾名思义，动态优先级服务器具有变化的优先级。动态服务器的主要类型如下：

- **恒定带宽服务器**（Constant Bandwidth Server，CBS）：这类服务器保留一个已知的处理器时间 U_{CBS}。它和其他服务器一样，都有一个预算以及预算的消耗和补充规则。当预算不为零时，它使用 EDF 进行调度。CBS 的命名源于其恒定利用率。它的预算和截止期限是确定的，以便为它提供固定的利用率，并且它只有在执行时才会消耗一个预算单位。CBS 的预算补充规则如下：

  ○ 初始化时预算为零，截止期限为零。

  ○ 当执行时间为 C_A 的非周期性任务在时刻 t_A 到达时：

    如果 $t_A < D_{CBS}$，则等待 CBS 完成。

    如果 $t_A \geqslant D_{CBS}$，则设置 $D_{CBS} = t_A + C_A/U_{CBS}$，$C_{CBS} = C_A$。

  ○ 当 CBS 在时刻 t_D 到达截止期限时，如果 CBS 处于积压状态，则设置 $D_{CBS} = D_{CBS} + C_A/U_{CBS}$，$C_{CBS} = C_A$。否则，由于服务器繁忙，需要等待。

  这样就保证了 CBS 得到补充后有足够的预算来完成非周期性任务队列的第一个任务。

- **总带宽服务器**（Total Bandwidth Server，TBS）：TBS 利用未被周期性任务使用的时间，为非周期性任务提供了比 CBS 更好的响应时间。当执行时间为 C_A 的非周期性任务在时刻 t_A 到达时，它与 CBS 具有相似的预算补充规则，但有以下区别：

  ○ 设置 $D_{TBS} = \max(D_{TBS}, t_A) + C_A/U_{TBS}$ 和 $C_{TBS} = C_A$。

当 TBS 完成当前非周期性任务 τ_A 的执行时，τ_A 从非周期性任务队列中删除。如果 TBS 处于积压状态，则设置 $D_{TBS} = \max(D_{TBS}, t_A) + C_A/U_{TBS}$，$C_{TBS} = C_A$。否则，服务器繁忙，需要

等待。处于积压状态的 TBS 总是就绪准备执行。

7.8　偶发任务调度

偶发任务在两次激活之间有一个最小的时间间隔，但是我们事先并不知道激活的确切时间。偶发任务具有硬截止期限，因此有可能无法调度。调度程序对偶发任务进行**允许性测试**并决定是否运行它们。我们需要确保接受新的偶发任务不会导致丢失以前接受的其他偶发任务。接受的任务使用 EDF 算法调度，因为 EDF 方法在基于动态优先级的系统中非常方便。实时系统中的一个典型调度场景如图 7.18 所示。

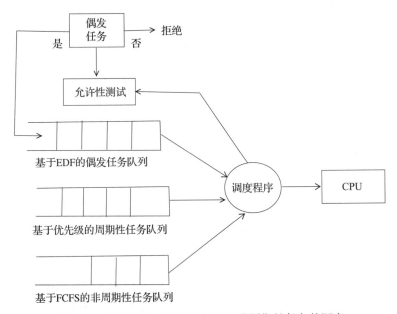

图 7.18　偶发任务、周期性任务和非周期性任务的调度

偶发任务被表示为 $S_i(A_i, C_i, D_i)$，A_i 是到达时间，C_i 是计算时间，D_i 是截止期限。偶发任务的密度定义为：

$$\Delta_i = \frac{C_i}{D_i - A_i}$$

有 n 个偶发任务的系统的总密度为：

$$\Delta = \sum_{i=1}^{n} \Delta_i$$

定理 7.2　如果有独立可抢占式偶发任务的系统中所有活动任务的总密度始终小于或等于 1，则系统可以使用 EDF 算法进行调度。

偶发任务的允许性测试基于定理 7.2。当偶发任务 S_i 到达时，如果确定在可行区间内系统的总密度将超过 1，则应该拒绝 S_i。

7.9　DRTK 的实现

本节首先展示如何在 DRTK 中实现三种调度策略：单调速率调度、周期性任务的最低松弛度优先调度和非周期性任务的可延迟服务器调度。注意，调度程序是一个 POSIX 线程，由 DRTK 中 POSIX 的信号量调用函数 sem_post 唤醒。我们把调度程序设计成一个简单的快速函数，它确定要运行的任务，然后向该任务的 POSIX 信号量发出信号使其运行。

7.9.1 单调速率调度程序

假设任务是周期性的独立任务，它们之间没有优先关系的约束而且不共享内存。此外，RM 可调度性测试是离线执行的，以便所有任务都能够在截止期限前完成。DRTK 的 RM 调度程序假设周期性任务在优先级队列 RM_Queue 中排队。因此，我们需要一个函数，让它在 DRTK 初始化时对任务进行排队。下面展示的是系统调用 Init_RM 的代码。它应该在 DRTK 的初始化过程 init_system 中调用，用于计算周期性任务的优先级，并将任务插入 RM_Queue 队列。

```
/*************************************************************
                   Initialize RM tasks
*************************************************************/

void Init_RM() {
    task_ptr_t task_pt;
    for (i=0; i<N_TASKS; i++)
      if( task_tab[i].type=PERIODIC) {
          task_tab[i].priority=(int)1/task_tab[i].period;
          task_pt=&(task_tab[i]);
          insert_queue(&RM_queue,task_pt);
      }
}
```

让我们回顾一下 DRTK 中处理周期性任务的方法。DRTK 中的 RM 任务通过系统调用 delay_task 将自身延迟一个时间间隙，并等待被唤醒。Time_ISR 被定时器中断唤醒时会检查 delta_queue 队列，如果队首任务剩余的时间为零，就将它移出队列，使其**准备就绪**并调用调度程序。这个操作过程符合抢占式 RM 调度。注意，RM 调度在运行时使用静态优先级进行动态决策，并且是抢占式的。

RM 调度程序 RM_Scheduler 可以基于 DRTK 的延迟操作编写。这个过程比较简单，它就像 DRTK 中的一般调度过程一样，总是在它的 POSIX 信号量处等待。对它的调用可能是因为发生定时器中断（因为周期性任务需要激活），也可能是因为当前任务已经完成处理并自我延迟到下一个任务周期继续执行。为了区分这两种情况，RM_Scheduler 首先检查当前任务的状态。如果当前任务处在延迟状态，则选择就绪队列 RM_Queue 中的第一个任务；否则，将当前任务的优先级与 RM_Queue 队列的第一个任务的优先级进行比较，选择优先级较高的任务。被选择的任务就是下一个要运行的任务，如下面的代码所示。在当前任务的优先级高于 RM_Queue 队列的第一个任务的优先级的情况下，系统调用 Schedule 通过激活系统表项 preempted_tid 中存储的任务标识符来恢复当前任务。我们需要在 preempted_tid 中额外存储已经保存的被抢占任务的标识符，因为调度程序作为 DRTK 的一个任务在运行，因此也是作为一个 POSIX 线程在运行。我们还假设在 RM_Queue 队列中至少有一个就绪任务。

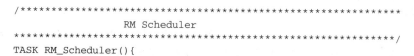

```
/*************************************************************
                    RM Scheduler
*************************************************************/
TASK RM_Scheduler(){
```

```
task_ptr_t task_pt;
while(TRUE){
 sem_wait(&(System_Tab.sched_sem));
 if(task_tab[current_tid].state!=DELAYED ||
       task_tab[current_tid].state!=BLOCKED)
  if(task_tab[current_pid].priority <
              (RM_Queue.front)->priority) {
    task_pt=dequeue_task(&RM_queue);
    current_tid=task_pt->tid;
    insert_task(&RM_Queue,&task_tab[System_Tab.preempted_tid]);
    }
    else
      current_tid=System_tab.preempted_tid;
  else {
    task_pt=dequeue_task(&RM_queue);
    current_tid=task_pt->tid;
  }
 current_pt=&(task_tab[current_pid]);
 sem_post(&(task_tab[current_tid].sched_sem));
 }
}
```

7.9.2　最早截止期限优先调度程序

　　EDF 调度程序总是选择运行最接近截止期限的任务。当一个任务比正在执行的任务更加接近截止期限时，它就会被激活，此时就发生了抢占。我们假设所有的任务都是周期性的、独立的，而且不共享资源。周期性任务被插入延迟任务队列 delta_queue，时钟中断服务例程减少队列中第一个任务的延迟值。在 DRTK 的常规操作中，当队首任务延迟值为零的时候，该任务将退出延迟队列并准备就绪。EDF 调度程序是在 delta_queue 队列中的延迟任务被激活时，或者当前任务被阻塞等待事件时调用的系统任务。所有准备就绪的任务都在 EDF_Queue 队列中，EDF 调度程序将正在运行的任务的截止期限与 EDF_Queue 队列中未阻塞的任务的截止期限进行比较，选择截止期限最近的任务，如下面的代码所示。我们假设任务的绝对截止期限存储在相应的任务控制块数据结构中。我们也假设在 EDF_Queue 队列中至少有一个就绪任务，就像在 RM 算法中一样。

```
/**************************************************************
                    EDF Scheduler
**************************************************************/
TASK EDF_Scheduler(){

 task_ptr_t task_pt;
 while(TRUE) {
  sem_wait(&(System_Tab.sched_sem));
  if(task_tab[current_tid].state!=DELAYED ||
        task_tab[current_tid].state!=BLOCKED)
   if(task_tab[current_pid].abs_deadline >
        (EDF_Queue.front)->abs_deadline) {
    task_pt=dequeue_task(&EDF_Queue);
    current_tid=task_pt->tid;
    insert_task(&EDF_Queue,&task_tab[System_Tab.preempted_tid]);
   }
   else
     current_tid=System_tab.preempted_tid;
  else {
     task_pt=dequeue_task(&EDF_queue);
     current_tid=task_pt->tid;
```

```
  }
  current_pt=&(task_tab[current_pid]);
  sem_post(&(task_tab[current_tid].sched_sem));
  }
}
```

7.9.3 最低松弛度优先调度程序

假设任务是周期性的，具有严格的截止期限，任务之间没有任何优先关系而且不共享资源。任务的**松弛度**是任务的截止时间和完成时间之间的间隔。最低松弛度优先（LLF）调度程序 LLF_Scheduler 也是基于优先级的。不过，这次我们需要在任务运行时在调度点测试任务的松弛度。我们假设系统初始化时使用以下例程计算并存储任务的初始松弛度，任务的初始松弛度是从任务的相对截止期限中减去任务的最坏执行时间（WCET）得到的。完成初始化的任务**准备就绪**，并根据它们的松弛时间插入 LLF_Queue 队列。

```
/****************************************************************
                     Initialize LLF tasks
****************************************************************/
void Init_LLF() {

  task_ptr_t task_pt;
  for (i=0; i<N_TASKS; i++)
   if( task_tab[i].type=PERIODIC) {
    task_tab[i].laxity=task_tab[i].rel_deadline-task_tab[i].wcet;
    task_pt=&(task_tab[i]);
    insert_task(&LLF_queue,task_pt);
   }
}
```

当任务完成执行时，或者当周期性任务的周期开始且需要激活该任务的一个新的实例时，调度程序 LLF_Scheduler 被激活。如果当前任务处于**延迟**或**阻塞**状态，调度程序只需要简单地将 LLF_Queue 队列的第一个任务移出队列并分配处理器，否则，调度程序将比较当前任务的松弛值与 LLF_Queue 队列的第一个任务的松弛值，选择松弛度较低的任务运行，如下面的代码所示。注意，我们需要将执行时间字段添加到任务控制块中，以便能够在线计算任务的当前松弛度。如果将时钟周期的时间定量值累加到任务控制块中的执行时间上面，就可以在每个时钟节拍处更新相应任务的执行时间（这一部分本文未实现）。我们假设 LLF_Queue 队列中至少存在一个任务。

```
/****************************************************************
                     LLF Scheduler
****************************************************************/
void LLF_Scheduler() {

 task_ptr_t task_pt;
 while(TRUE) {
  sem_wait(&(System_Tab.sched_sem));
  if(task_tab[current_tid].state!=DELAYED) ||
      (task_tab[current_tid].state!=BLOCKED) {
   task_tab[current_tid].laxity=
   task_tab[current_tid].rel_deadline -
            task_tab[current_tid].executed;
   if(task_tab[current_pid].laxity >
              (LLF_Queue.front)->laxity) {
```

```
        task_pt=dequeue_task(&LLF_queue);
        current_tid=task_pt->tid;
        insert_task(&LLF_Queue,&task_tab[System_Tab.preempted_tid]);
      }
      else
        current_tid=System_Tab.preempted_tid;
    }
    else {
        task_pt=dequeue_task(&LLF_queue);
        current_tid=task_pt->tid;
    }
    current_pt=&(task_tab[current_pid]);
    sem_post(&(task_tab[current_tid].sched_sem));
    }
}
```

7.9.4 轮询服务器

轮询服务器（PS）是一个高优先级的系统任务，它与其他实时任务一样被调度。被调度的轮询服务器将检查非周期性任务队列 AT_Queue，如果其中有任务正在等待，则将其移出队列并让其准备就绪。

```
/*************************************************************
                         Polling Server
**************************************************************/
TASK Polling_Server()
   task_ptr_t task_pt;

   while(TRUE){
     delay_task(current_tid);
     if(AT_Queue.front!=NULL)
        { task_pt=dequeue_task(&AT_Queue);
         unblock_task(task_pt->tid, YES);
        }
      }
   }
```

7.10 复习题

1. 任务的绝对截止期限和相对截止期限有什么区别？
2. 什么是周期性实时任务的利用率？
3. 什么是任务的抢占式调度和非抢占式调度？
4. 什么原因使得任务集是非独立的？
5. 表驱动调度和循环执行调度有什么区别？
6. 如何实现静态优先级任务的动态调度？
7. RM 调度的主要原则是什么？
8. EDF 调度的主要原则是什么？
9. EDF 调度能否用于非周期性任务？
10. EDF 调度和 LLF 调度有什么区别？
11. 什么是任务的响应时间？它如何受到其他任务的影响？
12. 轮询服务器是如何工作的？
13. 轮询服务器和可延迟服务器有什么区别？

14. 偶发服务器的主要思想是什么?
15. 恒定带宽服务器是如何工作的?

7.11 本章提要

本章回顾了单处理器中独立而且不共享资源的任务的基本调度算法。正如我们看到的,针对是否允许抢占有不同的调度策略。在循环执行调度模型中,可以使用各个任务周期的最小公倍数离线计算周期性实时任务的调度表,并在运行任务时根据事先准备好的调度表进行调度。RM 调度算法通常用于独立的、不共享资源的硬实时周期性任务。RM 方法根据任务的周期脱机为任务分配固定的优先级,它很容易实现,但是处理器利用率有严格的上限。EDF 算法使用动态优先级,任务的优先级反映了任务与截止期限的接近程度。EDF 算法保证了最高优先级任务始终处于运行状态,从而提高了处理器利用率。然而,EDF 算法需要根据任务与其截止期限的接近程度来评估任务的动态优先级,因此有很大的运行时开销。由于这个原因,RM 算法比 EDF 算法更为常用。LLF 算法与 EDF 算法工作原理基本相似,但在调度过程中考虑了任务的计算时间。由于动态优先级是在运行时计算的,因此它与 EDF 算法一样,也会受到运行时开销的影响。基于以上分析,我们现在可以形成单处理器独立任务调度算法的详细分类,如图 7.19 所示。

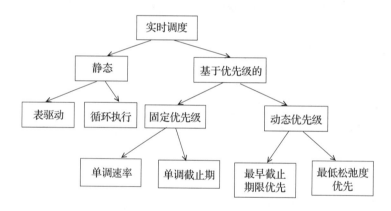

图 7.19　单处理器独立任务调度的详细分类

针对非周期性任务和偶发任务的调度方法明显不同。非周期性任务可以使用各种类型的服务器进行调度。对于固定优先级的系统,**轮询服务器**是最简单的调度程序,它在预先定义的调度点上有可用的预算。**可延迟服务器**也有固定的预算,而且可以定期补充。处理偶发任务的一个简单方法是生成一个表层任务,如果在分配的时间内有偶发任务,则执行该任务,否则,可以将分配的时间帧用于周期性任务。**偶发服务器**为偶发任务提供服务。它有一个固定的预算,消耗的预算会得到补充。动态优先级系统有**恒定带宽服务器**和**总带宽服务器**,前者的任务截止期限与执行时间无关,后者的则与执行时间相关。非周期性服务器算法的分类如图 7.20 所示。

最后,我们展示了 DRTK 中的一组调度算法示例包括 RM 调度程序、LLF 调度程序和轮询服务器程序,并对数据结构和初始化例程进行了一些必要的修改。

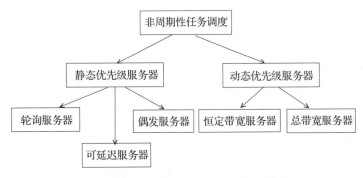

图 7.20 非周期性任务调度服务器分类

7.12 练习题

1. 给定周期性独立任务集 $\tau_i(C_i, T_i)$，任务有 $\tau_1(1, 6)$、$\tau_2(3, 8)$ 和 $\tau_3(2, 12)$。
   （a）使用表驱动调度方法计算这个任务集的调度表，并绘制任务执行的甘特图。
   （b）找到大循环周期 H 和帧长 f，为任务集实现循环执行调度，并绘制任务执行的甘特图。

2. 修改算法 7.2 的循环执行调度伪代码，使得在下一个定时器中断发生前有空闲时间时，可以执行 FCFS 队列中的非周期性任务。

3. 给定任务集 $\tau_i(C_i, T_i)$，任务有 $\tau_1(3, 8)$、$\tau_2(2, 12)$ 和 $\tau_3(4, 36)$。执行可调度性测试，并使用 RM 算法为任务集找到一个可行的调度方案，绘制调度的甘特图。

4. 给定任务集 $\tau_i(a_i, C_i, d_i)$，任务有 $\tau_1(1, 3, 8)$、$\tau_2(2, 3, 6)$ 和 $\tau_3(5, 4, 12)$。执行可调度性测试，并使用 EDF 算法为任务集找到一个可行的调度方案，绘制调度的甘特图。

5. 给定任务集 $\tau_i(C_i, T_i)$，任务有 $\tau_1(3, 6)$ 和 $\tau_2(3, 8)$。使用 RM 调度任务集，绘制调度的甘特图。在此系统中，利用空闲挪用方法求解形式为 $\tau_i(a_i, C_i, d_i)$ 的非周期性任务 $\tau_3(2, 4, 24)$ 的调度。

6. 设计并编程实现可并入 DRTK 代码的非周期性 EDF 调度程序。假设任务是独立的，而且不共享资源。说明增补的数据结构和初始化代码。

7. 以轮询服务器为基础，设计 DRTK 的非周期性任务的可延迟服务器。编写代码并附简短注释。

参考文献

[1] Buttazzo (1993) Hard real-time computing systems: predictable scheduling algorithms and applications. Real-time systems series, 3rd edn. Springer

[2] Liu CL (2000) Real-time systems. Prentice Hall

[3] Liu CL, Layland JW (1973) Scheduling algorithms for multiprogramming in a hard-real-time environment. J ACM 20(1):40–61

[4] Mullender S (1993) Distributed systems, 2nd edn. Addison-Wesley

单处理器非独立任务调度

8.1 引言

我们已经讨论了独立不共享资源的单处理器任务调度算法。在许多实际应用中，任务之间会进行数据交换，而且任务之间也可能存在优先关系。此外，不同任务还可能共享一些互斥访问的资源。优先关系和资源共享对调度决策有着重要影响。

本章首先讨论处理非周期任务的一些基本算法。假设这些任务具有截止期限，它们之间存在优先关系，但不共享资源。这些任务可以方便地由一个有向无环图（Directed Acyclic Graph，DAG）来表示。我们对第 7 章提出的基本算法做了一些修改，以满足所有任务的截止期限，其中的两个算法是最迟截止期限优先（Latest Deadline First，LDF）算法和改进的最早截止期限优先（Modified EDF，MEDF）算法。

低优先级任务持有资源并阻止高优先级任务执行的情况称为优先级反转。本章对有关协议做了一些修改，以解决优先级反转问题。我们分析的两种协议是优先级继承协议（Priority Inheritance Protocol，PIP）和优先级置顶协议（Priority Ceiling Protocol，PCP）。最后，我们在 DRTK 中实现了 LDF、MEDF 算法和优先级继承协议。

8.2 非独立任务调度

基于任务不共享资源，但存在优先关系的假定，我们开始尝试寻求非独立任务调度问题的解决方案。在一般情况下，这是个 NP 困难问题，为此我们将讨论两个多项式启发式算法：最迟截止期限优先算法和改进的最早截止期限优先算法。

8.2.1 最迟截止期限优先算法

最迟截止期限优先（LDF）算法的原理是：对于具有最迟截止期限的任务，只要它没有后继任务，就可以延迟该任务的调度。如果任务 τ_i 具有一个或多个后继任务，则意味着对任务 τ_i 的延迟调度将造成其后继任务的延迟，应该避免这种情况。因此，LDF 算法搜索那些没有后继任务的任务，并在这些任务中选择一个具有最迟截止期限的任务。将选定的任务压入后进先出栈，并减少该任务的每个前趋任务的后继任务数。以这种方式继续下去，当所有任务都被压入栈后，再从栈中逐个弹出任务进行调度，如算法 8.1 所示。在实际应用中，该算法将首先选择 DAG 的一个终结点。注意，算法首先选择处理具有最迟截止期限的任务，该任务的调度时间将晚于其他未被选中处理的任务[⊖]。

⊖ LDF 算法命名中的"优先"指的是算法处理上的优先，而不是调度上的优先。——译者注

算法 8.1　最迟截止期限优先

1：**输入**：n 个非周期性任务的集合 $T=\{\tau_1, \cdots, \tau_n\}$，任务的前趋任务集合 $S=\{s_1, \cdots, s_k\}$

2：**输出**：任务的调度表

3：S：任务栈

4：**for** $i=1$ **to** n **do**

5：　　**选择**没有后继任务而且具有最迟截止期限的任务 τ_x

6：　　把 τ_x **压入**栈 S

7：　　**减少** τ_x 的每一个前趋任务的后继任务的数量

8：**end for**

9：**for** $i=1$ **to** n **do**

10：　　把 τ_x 从 S **弹出**

11：　　把 τ_x **加入**调度队列

12：**end for**

在该算法的简单应用中，选择一个没有前趋任务的任务需要数量级为 $O(n)$ 的操作次数，因此总共需要的操作次数是 $O(n^2)$。

图 8.1 是一个包含 7 个任务 $\tau_1, \cdots, \tau_7$ 的非独立任务集，其中标明了每个任务的绝对截止期限，并假定它们都在时刻 0 到达。按算法 8.1 把这些任务压入一个栈，然后按照相反的顺序进行调度，可以得到图 8.2 所示的甘特图。可以看到，所有的任务都能够在截止期限之前完成，而且不需要任何抢占策略。

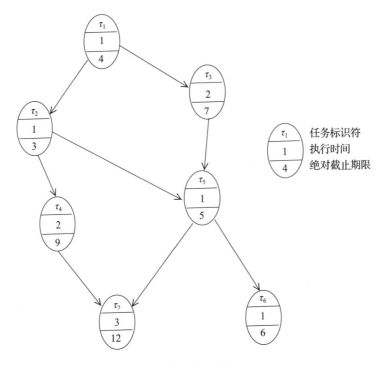

图 8.1　非独立任务集的任务图

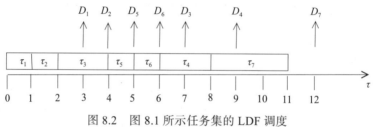

图 8.2　图 8.1 所示任务集的 LDF 调度

8.2.2　改进的最早截止期限优先算法

已经证明，EDF 算法在单处理器和独立任务的情况下是最优的。因此，我们尝试将该算法应用于非独立任务的调度。假设任务 τ_i 和 τ_j 不共享资源，但它们之间存在优先关系 $\tau_i\,(a_i, C_i, D_i) \prec \tau_j(a_j, C_j, D_j)$，我们需要根据假设的优先关系修改任务的到达时间和截止期限：

- 任务 τ_j 必须在其到达时间之后，而且必须在其所有前趋任务 τ_i 的最大完成时间之后才能够开始执行。因此，定义任务 τ_j 的有效到达时间为：

$$a_j' = \max(a_j, a_i + C_i)$$

如果任务没有前趋任务，其有效到达时间就是它的到达时间，因为它在开始执行之前不必等待任何其他任务完成。

- 任务 τ_i 必须在截止期限前完成，以 τ_j 表示其后继任务，定义 τ_i 的有效截止期限为：

$$D_i' = \min(D_i, D_j' - C_j)$$

如果任务没有后继任务，其有效截止期限就是它的截止期限，因为它的截止期限不影响任何其他任务。

我们现在可以构造一个方法来寻找非独立任务集的调度方案。首先，根据上述规则计算任务的有效到达时间和有效截止期限。然后，将 EDF 算法应用于具有这些新的参数的任务集。考虑图 8.3 所示的任务图。

这些任务的特性参数如表 8.1 所示，所有任务的执行时间都是单位时间，而且都在时刻 0 到达。表 8.1 的最后两列显示了修改后的有效到达时间和有效截止期限。

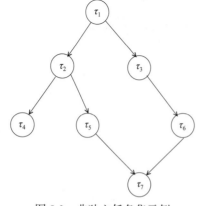

图 8.3　非独立任务集示例

表 8.1　图 8.3 示例任务集的特性参数

τ_i	C_i	D_i	a_i'	D_i'
1	1	3	0	3
2	1	5	1	5
3	1	4	1	4
4	1	7	2	7
5	1	5	2	5
6	1	7	2	5
7	1	6	3	6

这些任务的 MEDF 调度如图 8.4 所示。注意，当一个截止期限接近 t 时刻的任务准备就绪时，我们可以在 t 时刻抢占正在运行的任务。

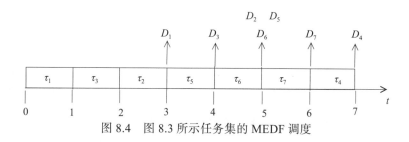

图 8.4 图 8.3 所示任务集的 MEDF 调度

8.3 共享资源任务的调度

在实际应用中，实时任务通常需要共享数据结构、文件、输入 / 输出单元或内存等资源，这些资源必须通过操作系统提供的互斥机制加以保护，以防止它们被同时访问。任务中访问共享资源的代码段称为临界区。正如我们在第 4 章所述，信号量经常用于互斥保护。一般情况下，当前任务在需要开始执行临界区代码时对保护资源的信号量执行 wait 操作。如果另一个任务正在使用资源，则可能导致当前任务被阻塞。任务访问资源的临界区代码执行完毕时，它对相应信号量发出一个 signal 调用，以释放在该信号量上等待的其他任务。等待同一资源的任务在保护该资源的信号量上排队。

大多数实时调度方法都是基于优先级的。每个任务都有一个优先级，优先级最高的任务随时被调度。任务的优先级可以是静态的，不随时间变化，例如单调速率调度时；也可以是动态的，例如最早截止期限优先调度方法就是根据任务的截止期限进行优先级分配。考虑图 8.5 所示的两个任务 τ_1 和 τ_2，其中较小的任务标识符表示较高的优先级。假设 τ_2 在时刻 t_1 进入访问资源 R 的临界区，然后在时刻 t_2 被具有更高优先级的 τ_1 抢占。现在 τ_1 需要访问被 τ_2 持有的资源，因此 τ_1 在 t_3 时刻被操作系统阻塞在保护 R 的信号量上。任务 τ_1 必须等待，直到 τ_2 结束对 R 的使用并在时刻 t_4 向相应信号量发送 signal 信号释放资源，然后才能进入临界区并访问 R。τ_1 在时刻 t_5 完成临界区代码的执行，并在时刻 t_6 完成其非临界区代码的执行，此时 τ_2 才开始执行其非临界区代码。上述事件序列导致高优先级任务等待低优先级任务，这种现象称为**优先级反转**。τ_1 的等待时间受 τ_2 完成其临界区代码所需时间的限制，因此这种类型的优先级反转称为有限（或受限）优先级反转。

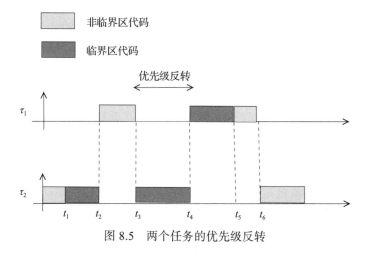

图 8.5 两个任务的优先级反转

更为严重的情况如图 8.6 所示，其中有三项任务 τ_1、τ_2 和 τ_3，它们的优先级依次递减，

即 $P(\tau_1) > P(\tau_2) > P(\tau_3)$。

按照图 8.6，发生的事件序列如下：

- t_1：具有最低优先级的任务 τ_3 对共享资源 R 的信号量 S 执行 wait 操作，并进入其临界区访问 R。
- t_2：任务 τ_3 被任务 τ_1 抢占，因为 $P(\tau_1) > P(\tau_3)$。
- t_3：任务 τ_1 对信号量 S 执行 wait 操作。因为资源 R 被 τ_3 持有，τ_1 在这个信号量上阻塞。
- t_4：任务 τ_2 的优先级高于 τ_3。由于 τ_1 被阻塞，τ_2 被调度、运行直到在时刻 t_4 结束运行。
- t_5：任务 τ_3 是唯一可运行的任务，它将运行，直到在时刻 t_5 完成其临界区代码。
- t_6：任务 τ_3 对信号量 S 执行 signal 操作，任务 τ_1 现在开始运行其临界区代码。τ_1 在时刻 t_6 完成临界区代码，然后继续执行其非临界区代码，直到时刻，t_7 任务结束。
- t_7：任务 τ_3 再次得到调度，因为它已经是系统中唯一剩余的任务。τ_3 运行到时刻 t_8，任务结束。

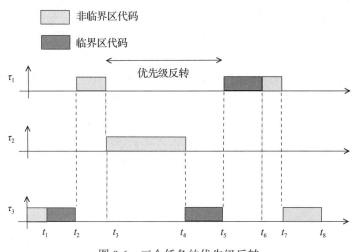

图 8.6   三个任务的优先级反转

不同于上一个示例，任务 τ_2 可能长时间运行，导致高优先级任务 τ_1 错过截止期限。这种情况称为优先级反转的**无限等待**情况。这个问题的一种可能的解决方案是禁止抢占处于临界区的任务，但这样一来，许多与该任务无关联的其他任务（它们并不共享被阻塞的资源）将不得不等待，可能错过其截止期限。该问题的两种有效的解决方案是使用优先级继承协议和优先级置顶协议。

我们首先回顾一下火星探路者案例。

8.3.1   火星探路者案例

火星探路者号由加州理工学院喷气推进实验室（Jet Propulsion Laboratory，JPL）设计建造，目的是登陆火星并收集有关火星的科学数据[1]。火星探路者号安装了 VxWorks 实时操作系统，该系统以循环调度的形式提供抢占式固定优先级调度。1997 年 7 月 4 日，探路者在登陆火星后不久就开始自行复位，虽然没有丢失任何数据，但因此推迟了数据收集。探路者有三个主要的周期性任务：

- τ_1：信息总线线程。作为总线管理例程，具有高频率和高优先级。
- τ_2：通信线程。具有中等频率和中等优先级，执行时间长。

- τ_3：天气线程。采集地质数据，具有低频率和低优先级。

每个任务都会检查在前一个循环中是否已经执行了其他任务。如果测试失败，则通过看门狗定时器对系统进行复位。共享内存用于任务之间的通信，数据通过 τ_1 从 τ_3 传递给 τ_2，对共享内存的访问由互斥锁保护。探路者遭遇系统复位时，JPL 的工程师们就开始着手研究如何解决这个问题。JPL 在地面有一个探路者系统的复制品，经过多次测试，系统复位问题在实验室得到重现。设计人员发现问题的原因是优先级反转，高优先级 τ_1 被阻塞，因为 τ_3 持有着 τ_1 需要的互斥锁，而需要长时间执行的 τ_2 抢占了 τ_3。这个状况如图 8.6 所示。

VxWorks 互斥对象有一个可选的优先级继承标志，工程师们可以上传一个补丁，在信息总线上设置这个标志。用这个办法，工程师们在地面对机载软件进行修改，把系统参数设置为可以实现优先级继承。这次更新后，探路者没有再次发生系统复位现象。

8.3.2 基本优先级继承协议

文献 [2] 提出了一种解决优先级反转问题的协议。假设任务通过在信号量上的 wait 和 signal 调用来访问资源。**基本优先级继承协议**（Basic PIP，BPIP）的主要思想是让低优先级任务在持有资源的同时继承高优先级任务的优先级。我们进一步假设任务具有优先级，并根据任务的优先级对任务进行调度，即优先级最高的任务可以随时运行。根据该协议，可能出现的事件序列如下：

- 首先，任务 τ_i 向与资源 R 关联的信号量 S 发出一个 wait 调用并被阻塞，因为 R 被优先级较低的任务 τ_j 持有。
- 其次，在这种情况下，任务 τ_i 把它的优先级 P_i 转移给 τ_j，因此 $P_j = P_i$。
- 最后，任务 τ_j 完成其临界区代码的执行时，将其当前优先级传递给 τ_i，因此 $P_i = P_j$，同时 τ_j 恢复原来的优先级。

使用优先级继承协议，图 8.6 中的任务的运行情况如图 8.7 所示。可以看到，在 t_3 和 t_4 之间，任务 τ_3 继承了任务 τ_1 的优先级，因而能够完成其临界区代码。任务 τ_1 在 t_4 恢复优先级，可以进入临界区。注意，中间优先级任务 τ_2 的运行现在被延迟到时刻 t_5，而且只有当 τ_2 在时刻 t_6 完成非临界区代码的执行后，τ_3 才能开始执行其非临界区代码。

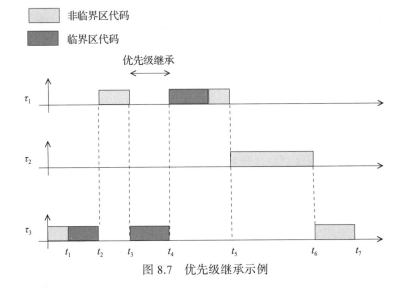

图 8.7 优先级继承示例

优先级继承是可传递的。也就是说，如果任务 τ_i 由于 τ_j 被阻塞，而 τ_j 由于 τ_k 被阻塞，且 $P_i > P_j > P_k$，那么 τ_k 可以通过 τ_j 继承 τ_i 的优先级。对 BPIP 的分析显示存在两个主要问题，即长延迟和死锁，如下所述。

长延迟

设 n 个任务 τ_1，τ_2，…，τ_n 的优先级依次递减。考虑以下情况：τ_n 在信号量 S 上执行 wait 操作后进入临界区，在此之后被调度到的 τ_{n-1} 在 S 上执行 wait 操作。τ_{n-1} 被阻塞并将其优先级传递给 τ_n。我们进一步假设，这种情况一直持续到任务 τ_1，其优先级通过其他任务传递给了任务 τ_n。在这种情况下，最高优先级任务 τ_1 必须等待其他低优先级任务的 $n-1$ 个临界区代码执行完毕，才能进入临界区。当 n 比较大时，这段等待时间可能长到足以导致 τ_1 错过截止期限。这种情况称为**链阻塞**，如图 8.8 所示。

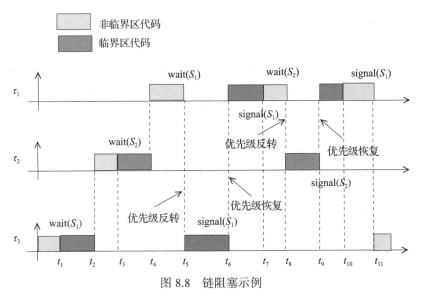

图 8.8   链阻塞示例

假设系统中有两个信号量 S_1 和 S_2，任务 τ_1、τ_2 和 τ_3 的优先级与它们的下标成反比。图 8.8 中的事件顺序如下：

- t_1：任务 τ_3 是优先级最低的任务，它对信号量 S_1 执行 wait 操作并锁定，然后开始执行临界区代码。
- t_2：任务 τ_2 抢占 τ_3（τ_2 具有更高优先级），开始执行其非临界区代码。
- t_3：任务 τ_2 对信号量 S_2 执行 wait 操作并锁定，然后开始执行其临界区代码。
- t_4：任务 τ_1 抢占 τ_2（τ_1 具有更高优先级），开始执行其非临界区代码。
- t_5：任务 τ_1 对信号量 S_1 执行 wait 操作，由于 S_1 已经被 τ_3 锁定，τ_1 将其优先级传递给 τ_3，τ_3 继续执行其临界区代码。
- t_6：任务 τ_3 完成临界区代码的执行，对信号量 S_1 执行 signal 操作，并恢复 τ_3 的优先级和 τ_1 的优先级。
- t_6：任务 τ_1 现在可以进入受信号量 S_1 保护的临界区。
- t_7：任务 τ_1 退出临界区，对信号量 S_1 执行 signal 操作，并开始执行其非临界区代码。
- t_8：任务 τ_1 对信号量 S_2 执行 wait 操作，由于 S_2 已经被 τ_2 锁定，τ_1 将其优先级传递给 τ_2，τ_2 继续执行其临界区代码。

- t_9：任务 τ_2 完成临界区代码的执行，对信号量 S_2 执行 signal 操作，并恢复 τ_2 的优先级和 τ_1 的优先级。任务 τ_1 现在可以进入受信号量 S_2 保护的临界区。
- t_{10}：任务 τ_1 完成临界区代码，然后继续执行其非临界区代码。
- t_{11}：任务 τ_1 完成非临界区代码并结束任务，任务 τ_3 开始执行非临界区代码，最后结束任务。

这个例子演示了三个任务中具有最高优先级的任务 τ_1 不得不在信号量 S_1 上等待 τ_3，以及在信号量 S_2 上等待 τ_2。一般而言，链阻塞可能导致任务 τ_i 等待的阻塞时间 B_i 为：

$$B_i = \sum_{k=1}^{m} \text{block}(k,i)C(k) \tag{8.1}$$

其中 M 是优先级比 τ_i 低的任务的临界区的数量，$\text{block}(k, i)C(k)$ 是临界区 k 的最坏执行时间。处理器的利用率计算（包括 RM 调度的阻塞时间）可以增加对任务阻塞时间的考虑，如下所示：

$$\sum_{i=1}^{m} \frac{C_i}{T_i} + \frac{B_i}{T_i} = U_i + \frac{B_i}{T_i} \leqslant n(2^{1/n} - 1) \tag{8.2}$$

其中 B_i 是 τ_i 需要等待的最长优先级反转时间。实际上，$B_i = CS_1 + \cdots + CS_k$，其中 CS 的取值是可能阻塞 τ_i 的较低优先级任务的临界区执行时间。任务 τ_i 的响应时间受阻塞时间 B_i 的影响：

$$R_i = C_i + B_i + \sum_{j=1}^{i-1} \left\lceil \frac{R_i}{T_j} \right\rceil C_j \leqslant D_i \tag{8.3}$$

死锁

考虑有两个任务 τ_1 和 τ_2 的情况，假设 τ_1 的优先级高于 τ_2，它们向两个信号量 S_1 和 S_2 发出如下的 wait 和 signal 调用：

τ_1：{wait(S_1), $\cdots$, wait(S_2), signal(S_2), signal(S_1)}

τ_2：{ wait(S_2), $\cdots$, wait(S_1), signal(S_1), signal(S_2)}

这种情况可能导致图 8.9 所示的死锁。图 8.9 中的事件顺序如下：

- t_1：任务 τ_2 在 S_2 上执行 wait 操作并锁定它，然后开始执行其临界区代码。
- t_2：任务 τ_1 抢占 τ_2（τ_1 具有更高优先级），开始执行它的非临界区代码。
- t_3：任务 τ_1 在 S_1 上执行 wait 操作并锁定它，然后开始执行其临界区代码。
- t_4：任务 τ_1 在其受 S_1 保护的临界区内对信号量 S_2 执行 wait 操作。由于 τ_2 持有 S_2，τ_1 将其优先级传递给 τ_2，由 τ_2 继续执行其由 S_2 保护的临界区代码。
- t_5：任务 τ_2 在其受 S_2 保护的临界区内对信号量 S_1 执行 wait 操作，但是 τ_1 持有 S_1，这个过程无法持续。

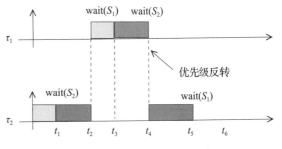

图 8.9 BRIP 导致死锁的示例

在这种情况下，τ_1 持有 S_1，需要解锁 S_2 才能继续，而 τ_2 持有 S_2，需要解锁 S_1 才能继续，这是一个死锁条件。

8.3.3 优先级置顶协议

优先级置顶协议（该协议也称优先级天花板协议，其中包括了若干协议）解决了 BPIP 的问题。这些协议的主要思想是预测任务的阻塞情况，不允许存在任务可以通过锁定信号量来阻塞更高优先级的任务的潜在情况。这些协议可以分为原始优先级置顶协议和立即优先级置顶协议。原始优先级置顶协议（Original PCP，OPCP）解决了前面 BPIP 分析中提到的两个问题。该协议的主要思想是为系统中的每个信号量 S_k 关联一个**顶板值**（也称**天花板**），该顶板值等于运行时使用该信号量的所有任务中的最高优先级。设任务 τ_i 的优先级为 Prio_i，信号量 S_k 的顶板值可以描述为：

$$\text{ceil}(S_k) = \max\{\text{Prio}_i| \text{ 使用 } S_k \text{ 的任务 } \tau_i\}$$

这个值是静态的，可以脱机计算。OPCP 基于以下规则：

- 信号量 S 的顶板 $\text{ceil}(S)$ 是运行时使用该信号量的任务中的最高优先级。
- 任务 τ_i 只有在其优先级 Prio_i 严格大于所有当前被其他任务锁定的信号量的顶板时，才能锁定一个信号量 S（即执行 wait 操作而不被阻塞）。
- 否则，τ_i 在 S 上阻塞，而且其优先级被继承。

OPCP 的操作细节如下：

- 设 S_m 是系统所有信号量中具有最大顶板的信号量$^{\ominus}$。
- 如果 $\text{Prio}_i > \text{ceil}(S_m)$，那么 τ_i 可以进入其临界区。
- 否则，τ_i 把它的优先级传递到当前锁定 S_m 的任务上（就如同 BPIP 那样）。

图 8.10 是具有三个任务的 OPCP 示例。任务 τ_1、τ_2 和 τ_3 优先级依次递减，使用两个信号量 S_1 和 S_2，信号量的顶板分别为 $\text{ceil}(S_1) = \text{Prio}_1$ 和 $\text{ceil}(S_2) = \text{Prio}_1$。本例中的事件顺序如下：

- t_1：任务 τ_3 是优先级最低的任务，它对信号量 S_1 执行 wait 操作并锁定，然后开始执行其临界区代码。
- t_2：任务 τ_2 抢占 τ_3（τ_2 具有更高优先级），并且开始执行其非临界区代码。
- t_3：任务 τ_2 对信号量 S_2 执行 wait 操作。由于 $\text{Prio}_2 < \text{ceil}(S_1)$，$\tau_2$ 被阻塞并由 τ_3 继承其优先级。由于没有其他就绪任务，τ_3 被调度并继续执行其临界区代码。
- t_4：任务 τ_1 抢占 τ_3，并开始执行其非临界区代码。
- t_5：任务 τ_1 对信号量 S_2 执行 wait 操作。由于 $\text{Prio}_1 \leqslant \text{ceil}(S_1)$，$\tau_1$ 被阻塞并由 τ_3 继承其优先级。τ_3 继续执行其临界区的剩余部分。
- t_6：任务 τ_3 完成其临界区代码的执行，在信号量 S_1 上执行 signal 操作，并恢复 τ_1 的优先级。现在 τ_1 被调度，它可以开始执行与信号量 S_2 关联的临界区代码。
- t_7：任务 τ_1 完成其临界区代码，在信号量 S_2 上执行 signal 操作，并开始执行其非临界区代码。
- t_8：任务 τ_1 对信号量 S_1 执行 wait 操作，并开始执行其临界区代码。
- t_9：任务 τ_1 完成其临界区代码，在信号量 S_1 上执行 signal 操作，并开始执行其非临界区代码。

$\ominus$ 应该指的是当前被锁定的那些信号量中具有最大顶板的信号量。——译者注

- t_{10}：任务 τ_1 完成其非临界区代码，τ_2 被调度，锁定信号量 S_2 并执行其临界区代码。
- t_{11}：任务 τ_2 完成其临界区代码，在信号量 S_2 上执行 signal 操作，任务 τ_3 开始执行其非临界区代码，然后任务结束。

分析

OPCP 不会产生死锁，任务 τ_i 被阻塞的时间最多是某一个最长的临界区执行时间。RM 方案下系统的利用率与 BPIP 协议方案相同，不过任务 τ_i 的阻塞时间是 $B_i = \max\{CS_i, CS_1 + \cdots + CS_k\}$。注意，对于 BPIP 而言，$B_i$ 是由于低优先级任务的优先级反转而导致任务可能经历的所有阻塞时间的总和。总之，OPCP 通过临界区嵌套机制阻止了死锁的产生，并且该协议中一个任务最多只能被其他任务阻塞一次。

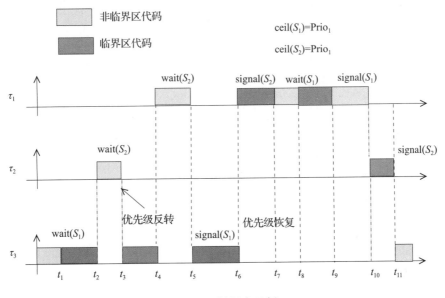

图 8.10 链阻塞示例

8.4 DRTK 的实现

我们将首先实现在 DRTK 中使用的 LDF 算法。为了在 DRTK 中实现 BPIP 和 OPCP，我们需要修改信号量的 wait 和 signal 例程以允许优先级传递。

8.4.1 LDF 非独立任务调度

LDF 算法采用后进先出（Last-In-First-Out，LIFO）的栈结构实现。下面的示例函数输入一个任务队列，相应的 DAG 由每个任务在其任务控制块中包含的前趋任务和后继任务表示。对这个队列进行遍历，直到找到一个没有后继任务的任务。如果存在多个这样的任务，则选择具有最迟截止期限的任务。将选中的任务压入栈（stack_queue），用一个临时任务控制块指针保存每次迭代中没有后继任务而且具有最迟截止期限的任务的地址。将任务压入栈后，将其所有前趋任务的后继任务计数递减。持续这个过程，直到所有任务入栈，然后从栈中弹出任务并让该任务进入调度队列（sched_queue）。

```
/*******************************************************************
              Latest Deadline First Dependent Algorithm
 *******************************************************************/

void LDF( task_queue_t input_task_que ){

    task_queue_t sched_queue, stack_queue;
    task_ptr_t task_pt, temp_pt;
    task_control_block_t task_temp;

    task_pt=input_task_que.front;
    temp_pt=task_pt;
    n_tasks=input_task_que.n_tasks;

    for(i=1;i<=input_task_que.n_tasks;i++){
        while(task_pt->next != NULL){
            if (task_pt->n_successors==0 &&
                task_pt->deadline>temp_pt.deadline)
              temp_pt=task_pt;
            task_pt=task_pt->next;
        }
        push_stack(stack_queue,task_pt);
        for(j=1;j<=task_pt->n_predecessors;j++){
            task_id=task_pt->predecessors[i];
            temp_pt=&(task_tab[task_id]);
            temp_pt->n_successors--;
        }
    }
    for(i=1;i<=input_taskque_pt->n_tasks;i++){
        task_pt=pop_stack(stack_queue);
        enqueue(sched_queue,task_pt);
    }
    return(DONE);
}
```

8.4.2 优先级继承协议

为了实现 BPIP，一个任务被允许有两个优先级，一个**名义优先级**和一个**活动优先级**。名义优先级是任务控制块中保留的作为任务优先级的字段，而活动优先级是使用 BPIP 时任务的当前优先级。新字段 active_priority 被添加到任务控制块数据结构中。我们将修改 DRTK 的 wait 和 signal 系统调用以启用 BPIP 操作。DRTK 中对信号量的 wait 调用递减信号量值，如果该值为负，则意味着该信号量已经被其他任务获取，调用任务将被阻塞在信号量队列中，这时调度程序被激活。如下面的源代码所示，我们首先通过添加字段 holder 来修改 DRTS 的信号量结构，该字段显示当前持有信号量的任务。有了这个字段，我们才能对发出 wait 调用的任务和处于临界区的任务的优先级进行比较。另一个新字段是 transfer_id，用于保留传递优先级的任务的标识符。

```
/*******************************************************************
                   BPIP semaphore data structure
 *******************************************************************/

typedef struct{
    int state;
    int value;
    int holder_id; // new field
    int transfer_id; // new field
    task_queue_t task_queue;
```

```
} semaphore_t; semaphore_t *semaphore_ptr_t;

semaphore_t semaphore_tab_t[N_SEM];
```

信号量上的 wait 操作现在由新的系统调用 pip_wait_sema 实现，如下面的源代码所示。
这个过程测试是否有任何任务持有该信号量，如果持有者的优先级低于调用者，则将调用
者的优先级传递给持有者并重新调度，以使该持有者能够完成其临界区代码。信号量中的
transfer_id 被更新并在 signal 调用中用于优先级恢复。原来处于轮候状态的低优先级任务现
在提高了优先级，可以得到调度程序的调度。

```
/****************************************************************
                wait on a semaphore using BPIP
****************************************************************/
int pip_wait_sema(ushort sem_id){

    semaphore_ptr_t sem_pt;
    task_ptr_t holder_pt;
    ushort holder,

    if (sem_id < 0 || sem_id >= system_tab.N_SEM)
        return(ERR_RANGE)
    sem_pt=&(semaphore_tab[sem_id]);
    sem_pt->value--;
    if (sem_pt->value < 0) {
      if (sem_pt->transfer_id==0) {   // new lines start
        holder=sem_pt->holder_id;
        holder_pt=&task_tab[holder];
        if (holder_pt->priority < current_pt->priority) {
          temp=holder_pt->priority;
          holder_pt->priority=current_pt->priority;
          current_pt->priority=temp;
          sem_pt->transfer_id=current_tid;
          Schedule();
      } // new lines end
        insert_task(sem_pt->task_queue, current_pt);
        block(current_tid);
      }
    }
    sem_pt->holder_id=current_tid;
}
```

DRTK 中的 signal 操作由下面的源代码所示的 pip_signal_sema 完成。pip_signal_sema 增
加信号量的计数。如果有任务（可以是多个任务）在信号量队列上等待，则将调用任务的优先
级与保持在信号量的 transfer_id 上的任务的优先级进行交换，恢复其原始优先级。这次我们需
要将这个任务从信号量队列中的某个位置上**取走**，因为在 wait 和 signal 操作之间可能已经有
其他任务对信号量执行了 wait 操作。如果 transfer_id 字段为空，则执行通常的 signal 操作。

```
/****************************************************************
                signal a semaphore
****************************************************************/

int pip_signal_sema(ushort sem_id){

    semaphore_ptr_t sem_pt;
    task_ptr_t task_pt;

    if (sem_id < 0 || sem_id >= system_tab.N_SEM)
        return(ERR_RANGE)
```

```
            sem_pt=&(semaphore_tab[sem_id]);
            sem_pt->value++;
            if (sem_pt->value <= 0) {
              if(sem_pt->transfer_id!=0) {    // new lines start
                task_pt=&(task_tab[sem_pt->transfer_id]);
                temp=current_pt->priority;
                current_pt->priority=task_pt->priority;
                task_pt->priority=temp;
                take_task(sem_pt->task_queue, task_pt);
                unblock(task_pt->id, YES);   // new lines end
              }
              else {
                task_pt=dequeue_task(sem_pt->task_queue);
                unblock_task(task_pt->task_id, YES);
              }
            }
          }
```

8.5 复习题

1. LDF 算法用于非独立任务调度的主要思想是什么？
2. 独立任务和非独立任务的 EDF 算法的主要区别是什么？
3. 试描述优先级反转问题。
4. 火星探路者项目有什么问题？
5. BPIP 的主要思想是什么？
6. BPIP 中的死锁是如何产生的？
7. BPIP 的主要问题是什么？
8. OPCP 的主要思想是什么？
9. BPIP 的主要问题是如何在 OPCP 中得到解决的？

8.6 本章提要

　　本章回顾了非独立任务调度的主要方法，并考虑了两种不同的情况：具有截止期限和优先关系的非周期性实时任务，以及共享资源的非周期性任务。我们讨论了第一种情况下的算法，当截止期限被视为任务周期时，这些算法也可以用于周期性任务。算法的输入是表示任务之间优先关系的 DAG。LDF 算法从 DAG 的一个叶子任务开始，将此任务压入栈，再将剩余任务中没有后继任务且具有最迟截止期限的任务压入栈，直到所有任务处理完毕。任务的执行顺序就是从栈中弹出的任务的顺序。MEDF 算法则从相反的方向开始工作。它首先选择一个没有前趋任务且具有最早截止期限的任务进入 FCFS 队列中排队。这样持续下去，直到所有任务处理完毕，调度的顺序就是任务在这个队列中的位置。上述两种算法都需要量级为 $O(n^2)$ 的时间。

　　我们随后对实时任务共享资源时的优先级反转问题进行了分析。事实上，这个问题发生在 1997 年的火星探路者项目中。解决这个问题的主要协议是优先级继承协议和优先级置顶协议。BPIP 提供了将高优先级任务的优先级传递给持有资源的低优先级任务的机制，从而使持有资源的任务可以继续执行并释放资源。但是该协议有一些缺点：高优先级任务可能需要等待多个低优先级任务完成它们的临界区代码，并且有可能导致死锁。优先级置顶协议可用于提供无死锁操作，高优先级任务最多只需要等待一个低优先级任务的临界区代码的执行。我们展示了 LDF 和 MEDF 算法以及 DRTK 中 BPIP 和 OPCP 的实现。BPIP 和 OPCP 的实现需要在信号量数据结构中添加新字段，并修改对信号量的 wait 和 signal 系统调用。非抢占式执行、BPIP 和 OPCP 的比较如表 8.2 所示，其中给出了阻塞数量和死锁情况。

表 8.2 不同协议之间的比较

协议	有限优先级反转	最多阻塞一次	无死锁
非抢占式执行	√	√[①]	√[①]
BRIP	√	—	—
OPCP	√	√	√

①仅当用户不在临界区阻塞时。

8.7 练习题

1. 表 8.3 给出了一个具有绝对截止期限的非独立非周期性任务集示例。针对该任务集运行 LDF 算法，检查是否所有任务都能够满足其截止期限。

表 8.3 任务集示例

τ_i	C_i	d_i	前趋任务
1	2	7	—
2	1	5	1
3	3	8	1
4	1	4	2
5	1	12	2, 4
6	2	10	1, 4

2. 对图 8.1 中的非独立任务集执行 MEDF 算法，检查是否所有任务都能够满足其截止期限。

3. 任务集 $T = \{\tau_1, \tau_2, \tau_3\}$ 在递增时间点 $t_1, t_2, \cdots, t_8$ 具有如图 8.11 所示的执行特性，并使用由信号量 S 保护的资源。试描述每个时间点的事件，并使用 BPIP 给出解决方案，绘制解决方案的甘特图。

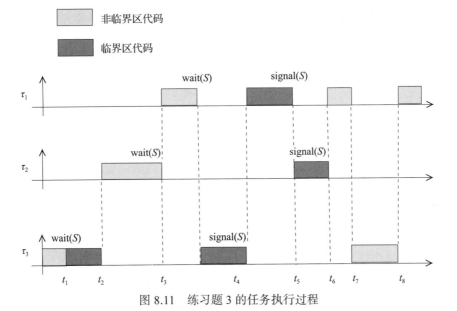

图 8.11 练习题 3 的任务执行过程

4. 避免优先级反转的非抢占式协议可以通过向调用任务分配最高可用优先级来实现。调用任务在没有抢占的情况下执行，从而防止了优先级反转。对代码进行必要的修改，在 DRTK 中实现该协议。

5. 立即优先级继承协议的工作原理如下：任何想要进入临界区的任务都会对保护资源的信号量执行 wait 操作。如果 wait 调用成功，调用任务将继承系统中所有信号量的最高顶板，从而确保在执行临界区代码期间不会被任何其他任务抢占。在 DRTK 中实现新的 wait 和 signal 系统调用以展现该协议的特性。

参考文献

[1] Mars Pathfinder Official Website. http://www.nasa.gov/mission_pages/mars-pathfinder/index. html

[2] Sha L, Rajkumar R, Lehoczky JP (1990) Priority inheritance protocols: an approach to real-time synchronization. IEEE Trans Comput 39(9):1175–1185

多处理器与分布式实时调度

9.1 引言

到目前为止，我们讨论了单处理器系统中的任务调度问题，并且分析了几种常用的周期性和非周期性任务调度算法。多处理器和分布式硬件上的实时任务调度是一个比单处理器更困难的问题。事实上，在多处理器或分布式系统上为给定的实时任务寻找最优调度是一个 NP 困难问题，因此通常采用启发式算法来寻找次优解。

在多处理器上调度实时任务时，任务间的通信通常是利用共享内存实现的，因此可以忽略这部分的通信开销。即便通信涉及将消息从处理器的本地内存复制到另一个处理器的本地内存，数据传输也是由高速并行内存总线实现的。但是在分布式实时系统中，任务间的通信开销和任务的执行时间相当，因为消息需要通过通信网络传输，这些开销不可忽略。此外，任务之间的优先关系是另一个需要解决的问题。最后，在多处理器或分布式系统中调度实时或非实时任务时，资源共享也增加了问题的求解难度。

在多处理器或分布式系统中，已知属性的实时任务的调度可以分两步完成：先将任务分配给处理器，然后在各个处理器中调度任务。在某些情况下，这两个步骤可以交错进行。

本章的目标是探索多处理器系统和分布式实时系统的调度方法。由于处理器之间的紧密耦合，我们可以假设多处理器系统的进程间通信开销可以忽略不计，但是分布式系统中需要考虑通信网络上的消息延迟。除非另有说明，我们只考虑独立任务，这些任务在任何情况下都不共享资源。

9.2 多处理器调度

多处理器实时调度算法的目标是把任务集 $T = \{\tau_1, \cdots, \tau_n\}$ 中的 n 个任务分配给处理器集合 $P = \{P_1, \cdots, P_m\}$ 中的 m 个处理器，以满足每个任务的截止期限，并且让负载在处理器上平均分布。注意，一般的非实时多处理器调度算法的目标主要是实现负载均衡。文献 [10] 表明，多处理器调度是一个 NP 困难问题。

硬件可以由**同质**处理器组成，在这种情况下，任务的执行时间独立于它所运行的处理器。硬件也可以由**异质**处理器组成，这时任务在不同处理器上有不同的执行时间。为了便于分析，我们假设处理器是同质的。通常有三种类型的多处理器调度：**分区调度**、**全局调度**和**半分区调度**。分区调度如图 9.1a 所示，它是离线执行的：先把任务分配给处理器，然后让各个处理器在本地对分配的任务应用调度算法。我们在第 7 章中讨论的所有单处理器调度算法都可以用于分区调度方法中的本地调度。

全局调度如图 9.1b 所示，它采用的是不同的方法，可以随时将 n 个最高优先级的任务分配给 m 个处理器。全局调度是一种动态调度，它根据调度准则对进入系统的任务进行在线调度。对于 m 个处理器，全局调度只有一个就绪队列，完全不同于分区调度方法的 m 个就绪队列。

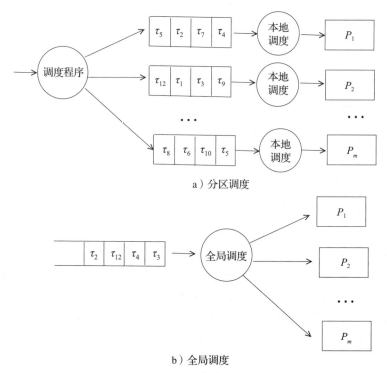

a）分区调度

b）全局调度

图 9.1　分区调度和全局调度

9.2.1　分区调度

在分区调度模式下，我们假设同一任务的所有实例都在同一个处理器上执行（实际情况通常就是这样的）。每个处理器都有其专用的就绪任务队列，任务 τ_i 一旦被分配给处理器 P_j，τ_i 的所有实例都将在 P_j 上执行，并且不允许任务迁移。我们的目标是将任务集划分为 m 个组，各组任务在不同的处理器上运行。如前所述，任务的调度由各个处理器单独完成。采用这个方法，我们可以实施大部分的单处理器调度算法和资源管理协议。

9.2.1.1　任务分配

分区调度首先将任务分配给多处理器系统的处理器，然后在各个处理器中实现单处理器调度算法。调度成功的标准是在所有处理器中任务调度都是可行的。停止准则可以由几种方法进行定义，例如按照以下步骤进行 k 次尝试后停止。

1. 输入：任务集 $T = \{\tau_1, \tau_2, \cdots, \tau_n\}$，

2. m 个处理器 $P = \{P_1, P_2, \cdots, P_m\}$

3. 使用映射 $M : T \rightarrow P$ 将任务分配给处理器。

4. 在每个处理器上执行任务调度，其中 P_i 中任务集为 $T_i, T_i \subset T$。

5. **If** 所有处理器中任务调度都是可行的

6. 输出调度 $S = \{S_1, S_2, \cdots, S_m\}$，其中 S_i 是处理器 P_i 上的任务集 T_i 的调度

7. **Else If** 未满足结束条件，转向 3

8. **End If**

9. 输出失败

我们需要检查步骤 3 的分配方案是否让分配给系统中各个处理器的所有任务子集有可行

的调度。如果不能，可以尝试不同的分配方案，在最坏情况下可能需要增加处理器。我们将描述三个用于分区调度任务分配的示例算法，即利用率均衡算法、首次适应 EDF 算法和首次适应 RM 算法。

9.2.1.2　利用率均衡分配的 EDF

进行任务分配时，首先尝试让处理器的利用率达到均衡。如算法 9.1 所示，从任务集中选择一个未分配的任务 τ_i，将其分配给利用率最低的处理器 P_j。对任务 τ_i 分配给处理器 P_j 后的调度条件进行测试，如果测试失败，说明我们需要一个新的处理器，因此在第 9 行增加处理器计数。处理器 P_j 的利用率记为 U_j，任务 τ_i 的利用率记为 u_i。注意，我们检查 $U_j + u_i$ 是否小于单位 1，因此我们测试的是 EDF 的可调度性条件。

算法 9.1　利用率均衡算法

1: **输入**：n 个任务的集合 $T = \{\tau_1, \cdots, \tau_n\}$，处理器集合 $P = \{P_1, P_2, \cdots, P_m\}$
2: **输出**：$M : T \rightarrow P$　　　　　　　▷ 把任务分配给处理器
3: **for** 所有 $\tau_i \in T$ **do**
4:　　选择 P_j，使得 U_i 是最小的
5:　　**if** $(U_j + u_i) < 1$ **then**
6:　　　　把任务 τ_i **分配**给当前具有最小负载的处理器 P_j
7:　　　　$U_j \leftarrow U_j + u_i$
8:　　**else**
9:　　　　$m \leftarrow m + 1$
10:　　　$U_m \leftarrow u_i$
11:　　**end if**
12: **end for**

9.2.1.3　装箱算法

装箱方法的目标是将不同尺寸的物品有效地放置在给定数量的箱子里 [6]。我们将看到，这种方法可用于分区调度的任务分配。装箱问题的定义如下：

定义 9.1（装箱问题）　给定 n 个物品的集合 $\{1, 2, \cdots, n\}$，其中物品 i 的大小为 s_i，$s_i \in \{0, 1\}$。设箱子的容量都为 1，要求找到最少的箱子数，使所有物品都能够放置在箱子里。

这个问题的解是 NP 困难的 [8]，可以使用各种启发式算法寻找次优解。

- **首次适应**（First-Fit）：按照物品的顺序选择可以容纳该物品的编号最小的箱子。
- **最佳适应**（Best-Fit）：按照物品的顺序选择可以容纳该物品的剩余容量最小的箱子。
- **最差适应**（Worst-Fit）：按照物品的顺序选择可以容纳该物品的剩余容量最大的箱子。

这些算法的工作原理如图 9.2 所示，假设有 3 个箱子，每个箱子都是单位容量，同时有 6 个物品，它们的大小和处理顺序是 0.3、0.5、0.2、0.6、0.7 和 0.1。

装箱算法可用于多处理器调度 [12]。在这种情况下，处理器对应箱子，物品对应具有执行时间的任务⊖。假设 n 是任务数，m 是处理器数，采用下次适应（Next-Fit）算法为处理器分配任务，其伪代码由算法 9.2⊜给出。

⊖　处理器的利用率表示箱子的容量，任务的利用率表示物品的大小。——译者注
⊜　注意，该算法并未提供通常的循环首次适应机制。——译者注

0.3、0.5、0.2、0.6、0.7、0.1

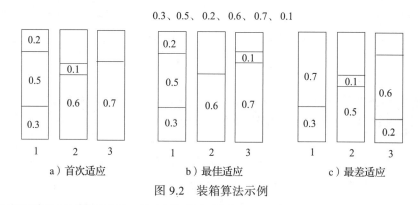

a) 首次适应   b) 最佳适应   c) 最差适应

图 9.2   装箱算法示例

算法 9.2   Next-Fit 装箱算法

1: **输入**：n 个任务的集合 $T = \{\tau_1, \cdots, \tau_n\}$，处理器集合 $P = \{P_1, P_2, \cdots, P_m\}$
2: **输出**：$M : T \to P$ ▷ 把任务分配给处理器
3: $i \leftarrow 1; j \leftarrow 1$
4: **while** $i < n \bigwedge j < m$ **do**
5:     **if** τ_i 可以放置在 P_j 上 **then**
6:         把 τ_i 分配给处理器 j
7:         $i \leftarrow i + 1$
8:     **else**
9:         $j \leftarrow j + 1$
10:    **end if**
11: **end while**
12: **if** $i < n$ **then**
13:    **return** INFEASIBLE
14: **end if**

用于任务分配的首次适应装箱算法具有类似的结构，不过是从第一个处理器开始适应当前任务，如算法 9.3 所示。我们假设处理器数量是固定的，从第一个处理器开始搜索适应当前任务的处理器并增加处理器计数，直到计数达到 m。

算法 9.3   First-Fit 装箱算法

1: **输入**：n 个任务的集合 $T = \{\tau_1, \cdots, \tau_n\}$，处理器集合 $P = \{P_1, P_2, \cdots, P_m\}$
2: **输出**：$M : T \to P$ ▷ 把任务分配给处理器
3: **for** $i = 1$ to n **do**
4:     $j \leftarrow 1$
5:     **while** $j < m \bigwedge \tau_i$ 不能分配给处理器 P_k **do**
6:         $j \leftarrow j + 1$
7:     **end while**
8:     **if** $j < m$ **then**
9:         把 τ_i to 分配给 P_j
10:        $i \leftarrow i + 1$
11:    **else**
12:        **return** INFEASIBLE
13:    **end if**
14: **end for**

装箱算法假设通过全局内存共享数据或通过高速并行总线传输数据，因此可以忽略通信开销。

考虑一个在多处理器系统中运行的任务集 $T = \{\tau_1, \cdots, \tau_n\}$。我们首先确定需要的处理器数量，这可以通过考虑任务的总利用率 U_T 并对照所采用的算法来近似地确定。例如，因为我们清楚地知道 EDF 算法允许单处理器利用率达到 1，所以需要的最少处理器数量是 $\lceil U_T \rceil$。

9.2.1.4　首次适应装箱的 EDF 算法

首次适应的启发式 EDF 算法可用于将任务分配给处理器。一个处理器上的 EDF 算法可以提供一个单位的利用率，我们需要在分配任务时检查这个属性，如算法 9.4 所示。在本例中，我们的目标是从最低的处理器编号开始将任务分配给可用的处理器，并在每次分配之前检查处理器的利用率。我们还推导了所需的处理器的数量。

算法 9.4　EDF-FF 算法

1: 输入：n 个任务的集合 $T = \{\tau_1, \cdots, \tau_n\}$，处理器集合 $P = \{P_1, P_2, \cdots, P_m\}$
2: 输出：$M: T \rightarrow P$　　　　　　　▷ 把任务分配给处理器
3: $i \leftarrow 1; j \leftarrow 1$
4: **while** $i \leqslant n$ **do**
5: 　　**if** $U_j + u_i < 1$ **then**　　　▷ 检查 EDF 准则
6: 　　　　$U_j \leftarrow U_j + u_i$　　　　▷ 把当前任务分配给处理器
7: 　　**else**
8: 　　　　$j \leftarrow j + 1$　　　　　　▷ 增加处理器的数量
9: 　　　　$U_m \leftarrow u_i$
10: 　　**end if**
11: 　　$i \leftarrow i + 1$
12: **end while**
13: **return** (j)

定理 9.1（见文献 [11]）　如果

$$U(T) \leqslant \frac{m+1}{2} \tag{9.1}$$

任务集 T 可以在 m 个处理器上通过 EDF-FF 算法进行调度

如果所有任务的利用率 C/T 都小于 α，则 EDF-FF 算法在最坏情况下的利用率为 [11]

$$U(m, \beta) = \frac{\beta m + 1}{\beta + 1} \tag{9.2}$$

其中 $\beta = 1/\alpha$。注意，当 $\alpha = 1$ 时，$\beta = 1$，此时等式（9.2）简化为等式（9.1）。

9.2.1.5　首次适应装箱的单调速率（RM-FF）算法

这个由 Dhall 和 Liu[7] 提出的算法是基于单处理器系统的单调速率方法。算法假设任务是周期性的，其截止期限等于周期，并且是独立的。以下定理说明了在这样的系统中的利用率。

定理 9.2　如果 n 个任务按照单调速率调度算法进行调度，则可以达到的最小利用率为 $n(2^{1/n} - 1)$。

作者提出的算法包括下面的步骤。首先根据任务的周期对任务进行排序并分配给处理器，随后使用 RM 算法调度分配给处理器的任务。对于任务 $\tau_1, \cdots, \tau_n$，假设将任务 τ_i 分配给处理器 P_j 并尝试在 P_j 上调度 τ_i，不成功的话，再将 τ_i 分配到一个新的处理器。注意，这个算法在结构上与算法 9.1 相似，其测试条件适用于 RM 算法。作者已证明 RM-FF 在最坏情况下大约使用 $2.33U$ 个处理器，这里 U 是任务集的负载。算法 9.5 给出了这个算法的一种可能的实现。

算法 9.5   RM-FF

1: **输入**：n 个任务的集合 $T = \{\tau_1, \cdots, \tau_n\}$，处理器集合 $P = \{P_1, P_2, \cdots, P_m\}$
               ▷ m 事先未知
2: **输出**：$M : T \rightarrow P$ ▷ 把任务分配给处理器
3: **for** 所有 $\tau_i \in T$ **do**
4: 选择前面用过的最小的 j，使得基于 RM 利用率测试的 P_j 可以容纳 τ_i
5: 把 τ_i **分配**给 P_j
6: **if** 这种情况不可能的话 **then**
7:   向处理器集合**添加**一个新的处理器
8: **end if**
9: **end for**

分析

Oh 和 Baker[13] 给出了 m 个处理器的 RM-FF 调度的利用率保证边界 U_{RMFF}：

$$m(2^{1/2} - 1) \leqslant U_{\text{RMFF}} \tag{9.3}$$

这意味着在多处理器平台上利用这个算法，任务集的最大利用率有可能达到总的处理器容量的 41%。

9.2.2 全局调度

如前所述，全局调度的特点是只有一个用于将任务分配给节点的就绪任务队列，以及允许任务从一个节点迁移到另一个节点。一般情况下，我们需要区分**作业级迁移**、**任务实例迁移**和**任务级迁移**三种迁移情况。**作业级迁移**或者**任务实例迁移**意味着任务实例可以在任何处理器上运行，但是已经启动的作业不允许迁移到另一个处理器。**任务级迁移**则允许任务随时在任何处理器上运行。

全局调度中只有一个全局就绪任务队列，就绪任务可以分配给当前负载最小的处理器。全局调度算法可以考虑两种可能：接纳一个诸如 RM 或 EDF 之类的现有的单处理器调度算法，或者设计一个全新的算法。我们将仔细研究这两种可能。使用现有算法通常可能有以下情况：

- **全局 EDF**：调度程序总是选择队列中具有最早截止期限的 m 个任务在 m 个处理器上调度。
- **全局 RM**：调度程序总是根据 RM 准则选择队列中优先级最高的 m 个任务在 m 个处理器上调度。

全局调度方法的主要问题是无法直接使用现有的单处理器调度算法。

9.2.2.1 全局单调速率算法

现在考虑将任务集 $T = \{\tau_1(2, 4), \tau_2(4, 6), \tau_3(8, 24)\}$ 调度到两个处理器 P_1 和 P_2。图 9.3 给

出了一个可能调度的甘特图，它根据任务的周期为任务分配优先级。在调度点，我们选择运行优先级最高的任务，这可能导致优先级较低的任务被抢占。例如，在时刻 $t = 8$，τ_2 准备就绪，τ_3 被抢占。注意，任务迁移在这个调度中是允许的。

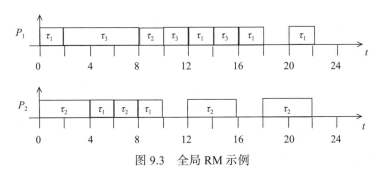

图 9.3　全局 RM 示例

9.2.2.2　异常

在多处理器系统中使用全局 RM 或全局 EDF 算法时，可能会出现以下类型的异常：

- 利用率接近 1 的周期任务集不能使用全局 RM 或全局 EDF 进行调度，这一事实被称为达尔效应（Dhall Effect[7]）。考虑 $n = m+1$ 的情况，假设对任意的 $1 \leqslant i \leqslant m$，任务 τ_i 的 $P_i = 1$ 且 $C_i = 2\varepsilon$。又假设 $P_{m+1} = 1+\varepsilon$，$C_m + 1 = 1$，$u_{m+1} = 1/(1+\varepsilon)$。图 9.4 给出了对这些任务使用全局 RM 的调度，可以看到，虽然 τ_{m+1} 的利用率接近于 1，但是它错过了截止期限。
- 固定优先级任务的周期时间的延长可能导致某些任务错过截止期限[1]。

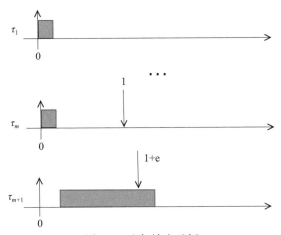

图 9.4　达尔效应示例

9.2.2.3　比例公平调度算法

针对周期性硬实时任务设计的比例公平（Proportionate fair，P-fair）算法是最早的实时多处理器最优调度算法之一[3]。该算法的主要假设是有 m 个相同的处理器，任务可以被抢占，任务可以无代价地迁移。任务被划分为固定大小的子任务，任务的周期被划分为可能重叠的窗口。

P-fair 调度算法给子任务分配优先级，并尝试在各个子任务的窗口中调度相应的子任务。采用这个方法，每项工作都能在截止期限前完成。P-fair 调度问题可以转化为整型网络流问题，并且可以证明 $\sum_{i=1}^{n} C_i / P_i \leqslant m$（$m$ 为相同处理器的个数）是 P-fair 可行调度的充要条件[3]。

PF 算法[4] 和 PD 算法[5] 是两个版本的 P-fair 算法，其中 PD 算法效率更高。P-fair 算法的一个主要缺点是子任务的频繁抢占和迁移所带来的开销。尽管如此，它们为周期性任务提供了一种可行的调度。PD2 算法[1] 对 P-fair 算法的优先级定义进行了简化。

9.3　分布式调度

实时系统中任务的分布式调度通常有以下目标：

- 我们需要确保具有已知特性的任务的先验可行调度。这些任务通常是已知计算时间的硬实时周期性任务。
- 当非周期性任务或有截止期限的偶发任务在线到达时，我们需要对它们进行允许性测试。通过测试的任务才能进入系统。
- 我们尝试将任务从重负载节点迁移到轻负载节点，保持系统中的负载均衡。

我们已经看到分区方法如何为已知特性的任务提供可行的调度。本节将回顾一些对运行时异步到达的任务进行调度的方法，这些方法在调度任务的同时平衡系统中的负载。我们首先描述两种平衡一般系统中的负载的简单方法，然后简要回顾两种使用负载均衡调度实时任务的算法。

9.3.1　负载均衡

动态任务调度是围绕**任务迁移**的概念展开的，任务迁移主要是将任务及其当前环境从负载较重的节点转移到分布式系统的另一个节点。由于环境迁移（例如本地和全局内存的迁移等）的困难性，任务迁移是一个相当复杂的问题。另一个需要考虑的问题是允许迁移处于执行过程中的任务（例如当任务被抢占，等待资源时），还是只允许对尚未开始执行的任务进行迁移。我们将假定是后者，并举例说明两个简单动态负载均衡协议。我们进一步假设，一个关键任务 τ_i 有若干副本 τ_{ij}（$i = 1, \cdots, k$），因此不需要传递任务的代码，只需要简单地在低负载节点上初始化一个任务副本即可。

另一个关注点是如何确定分布式实时系统节点的负载。通常采用的策略是确定调度程序的就绪队列中就绪任务的数量，还可以设置与队列和任务本身相关联的权重。我们假设周期性硬实时任务的截止期限由本地实时调度策略保证，并假设动态调度涉及软截止期限的非周期性任务或偶发任务的迁移。

9.3.1.1　中心负载均衡

中心负载均衡方法基于一个中心节点（称为**监督节点**）。监督节点定期监控每个节点上的负载，在每个监控周期开始时向各个节点发送探测消息并接收它们的本地负载。如果一个低负载节点和一个高负载节点成对出现，监督节点将引导高负载节点发送负载，让低负载节点接收负载，如算法 9.6 所示。

普通节点上有一个系统任务，该任务一直等待来自监督节点的轮询消息，在接收到消息时将节点的当前负载状态发送给监督节点。根据负载情况，普通节点可以等待负载转移，也可以按照监督节点的引导发送负载，如算法 9.7 所示。

中心负载均衡方法减轻了普通节点的负担，但是和所有依赖中心实体的协议一样，它也面临两个问题，即当系统中的节点数量很大时，监督节点可能成为瓶颈；其次，监督节点成为单点故障点，在监督节点失效时，我们需要使用领导者选举算法来选举一个新的监督节点。

算法 9.6 中心负载均衡的监督节点

1: 输入：一个计算元素的集合 $P = \{P_1, \cdots, P_m\}$

2: 输出：$M : T \to P$ ▷ 把任务分配给处理器

3: **while** true **do**

4:    在定时器到期时

5:    向所有计算元素**广播**探测消息

6:    从每个计算元素**接收**负载 load

7:    **while** 存在由高负载节点 u 和低负载节点 v 组成的节点对 **do**

8:        向高负载节点**发送** load_send(v)

9:        向低负载节点**发送** load_recv(u)

10:    **end while**

11:    **重置**定时器

12: **end while**

算法 9.7 普通节点

1: **while** true **do**

2:    **接收**探测消息

3:    **确定**本地负载

4:    **发送**本地负载给监督节点

5:    **if** 本地负载是高负载 **then**

6:        **等待**从监督节点接收 load_send(v)

7:        **发送**负载给节点 v

8:    **else if** 本地负载是低负载 **then**

9:        **等待**从监督节点接收 load_send(u)

10:        从节点 u **接收**负载

11:    **end if**

12: **end while**

9.3.1.2 分布式负载均衡

分布式方法在不使用中心节点的情况下实现负载均衡，规避了使用中心节点的缺点。分布式方法的每个节点都需要了解所有其他节点的负载状态，这可以通过由每个节点周期性地向所有其他节点广播该节点的当前负载状态，并等待接收其他节点的负载状态来实现。在**接收方发起**的方法中，当低负载节点发现高负载的节点时，它将简单地提出从高负载节点进行传输的请求。高负载节点可能同时接收到多个这样的请求，然后选择负载最低的节点并将其负载转移过去，同时拒绝所有其他请求节点，如算法 9.8 所示。

算法 9.8　分布式负载均衡节点

1: **输入**：一个计算元素的集合 $P = \{P_1, \cdots, P_m\}$

2: **while** true **do**

3:　　在**定时器**到期时

4:　　向所有计算元素**广播本地负载** my_load

5:　　从每个计算元素**接收负载**

6:　　**if** my_load 是低负载 low，而且存在 $P_u \in P$，使得 load(P_u) = low **then**

7:　　　　把 req_load **发送**给节点 u

8:　　　　**等待**从节点 u 接收**负载或拒绝**

9:　　**else if** my_load 是**高负载** high **then**

10:　　　　带**超时等待**接收来自低负载节点的 req_load

11:　　　　**if** 至少接收到一个 req_load **then**

12:　　　　　　**选择**最小负载的节点 v

13:　　　　　　**发送**负载给节点 v

14:　　　　　　**发送**拒绝给所有发送过 req_load 的其他节点

15:　　　　**end if**

16:　　**end if**

17: **end while**

9.3.2　聚焦寻址与投标方案

聚焦寻址和投标（Focused Addressing and Bidding，FAB）方案是 DRTS 中用于调度任务的一个在线过程[15]。DRTS 系统中的任务集包含关键和非关键实时任务。对关键任务的初始调度需要保证它们的截止期限得到满足，因此为这些任务预留了充足的时间。非关键任务的调度取决于系统的状态。任何到达 DRTS 节点的非关键任务首先会被尝试调度到该节点上，如果不可能的话，则寻求能够接受该任务的调度目标节点。FAB 方案包括了**聚焦寻址算法和投标算法**。

系统中的每个节点都保留一个**状态表**，描述之前通过静态调度算法分配给它的关键任务列表以及它已经接受的其他非关键任务列表。每个节点有一个**负载表**，描述系统中所有其他节点的剩余容量。时间被划分为固定持续时间长度的窗口，在每个窗口的结束时刻，各个节点广播它估计的自身在下一个窗口期的闲置计算能力⊖，接收到广播的节点定期更新其负载表。由于分布式系统的原因，负载表可能不是最新的。

当带截止期限的新任务 τ_i 到达节点 P_j 时，它总是试图在 P_j 上实现本地调度，但是这只有当 P_j 上可用的剩余容量大于任务 τ_i 的截止期限和到达时间之间的时间间隙时才有可能。如果由于节点 P_j 过载而无法对 τ_i 实现调度，则由 P_j 选择一个称为**聚焦处理节点**的可能节点 P_s 并将任务 τ_i 传递给 P_s。但是，正如我们之前指出的，有关各个节点的剩余容量的信息可能已经过时，因此 P_j 会同时启动一个与其和聚焦节点的通信并行的所谓**投标**的过程，从而增加 τ_i 得到调度的可能性投标过程只有在发起投标的节点估计有用时才会启动。在这个算法

　　⊖　即剩余容量。——译者注

中，招标节点 P_j 执行以下操作：

1）选择有足够剩余容量的 k 个节点[⊖]。

2）向所有选中的节点发送招标（Request-For-Bid，RFB）消息，其中包含任务 τ_i 的预期执行时间、资源需求和截止期限。

3）将任务发送给出价满足要求而且出价最高的节点。

4）如果收到的出价无法满足要求，则拒绝任务 τ_i。

在上面招标过程的第 1 步被选中的节点 P_k 执行以下操作：

1）计算出价。出价为保证任务完成提供了可能性。

2）如果出价高于招标的最低要求，则将出价发送给招标人。

9.3.3　伙伴算法

伙伴算法可以节省收集状态信息、探测状态和招投标所花费的时间。伙伴算法的工作原理类似于 FAB 方法，将任务从重负载节点迁移到轻负载节点。系统中节点的负载状态分为**欠载**、**正常满载**和**过载**，节点的负载状态由其调度程序就绪队列中的任务数决定。一个节点有许多与之相关联的节点，它们称为该节点的**伙伴**。当节点将其状态更改为**欠载**或从**欠载**状态转移时，它会将状态告知其伙伴。建立伙伴集合需要经过仔细考虑，伙伴集合过大意味着会有许多消息，因此会带来很大的通信开销。伙伴集合太小则意味着可能无法为负载找到接收方。阈值的选择会对性能产生影响：伙伴集合的大小、网络带宽和拓扑结构都应该加以考虑。

9.3.4　消息调度

为了实现端到端的任务调度以满足它们的截止期限，我们需要考虑网络上的消息延迟。实时消息传输通常需要按优先级排列消息，如第 3 章所述。与实时任务一样，实时通信可以由时间或事件触发。TTP 是时间触发的一个例子，CAN 则是事件触发的一个例子。时间驱动系统和事件驱动系统对于实时任务和消息的协同调度有不同的方法。一般情况下，任务和消息的协同调度的分析依赖于所使用的通信协议，例如令牌环或 TDMA。

整体响应时间分析（Holistic Response Time Analysis，HRTA）是一种可调度性分析技术，用于计算分布式实时系统中任务和消息协同调度的上界[9]。考虑这样一种情况：传感器节点输入一些数据并通过网络将数据发送给计算节点，计算节点处理这些数据并通过网络将一些命令发送给作动器。整体响应时间是感知数据和激活作动器之间的时间间隔。

HRTA 方法用迭代的方式运行节点和网络分析算法。先假设所有任务和消息的抖动值都为零。第一步，计算网络中所有任务和消息的响应时间；第二步，将消息的抖动值初始化为第一步计算得到的该消息的发送任务的抖动值，每一个接收消息的任务继承等于该任务所接收消息的响应时间的抖动值；第三步，再次计算所有任务和消息的响应时间，将这些计算值与第一步中获得的值进行比较。继续此过程，直到第一步和第三步获得的值相等。HRTA 算法的伪代码如算法 9.9 所示，其中 J 表示抖动值，R 表示响应时间。

⊖　注意，这是根据本地负载表做出的选择，节点的剩余容量并不一定准确，所以需要下面的投标过程。——译者注

算法 9.9 整体响应时间分析

1: **输入**：任务集合 $T = \{\tau_1, \cdots, \tau_n\}$

2:    消息集合 $M = \{m_1, \cdots, m_k\}$

3: $R \leftarrow 0$ ▷ 将总体响应时间设置为 0

4: **while** true **do**

5:    **for** 所有 $\tau_i \in T \bigwedge m_i \in M$ **do**

6:       $J_{m_i} \leftarrow R_{\text{sender}_i}$

7:       $J_{\text{receiver}_i} \leftarrow R_{m_i}$

8:       **计算**全部消息的响应时间

9:       **计算**全部任务的响应时间

10:       **if** $R_i! = R_{i-1}$ **then**

11:          $R_{i-1} = R_i$

12:       **else** break;

13:       **end if**

14:    **end for**

15: **end while**

　　HRTA 由文献 [9] 首次提出，用于分析由 TDMA 网络连接的事件驱动任务的可调度性，后来增强了对动态任务的考虑。一般来说，消息可以是具有已知激活时间和持续时间的静态消息，也可以是异步激活的动态消息。文献 [14] 考虑了具有静态消息的时间驱动系统的情况，构造了一个时间驱动任务和静态消息的调度方案，并对系统中的事件驱动任务和动态消息进行了可调度性分析。

9.4　DRTK 的实现

　　我们在 DRTK 实现了中心负载均衡任务和分布式负载均衡任务。为了实现负载均衡，我们对传输层的数据域进行解析，让其包含负载值以及负载值的发送方和接收方，结果如下面的消息类型所示。这个消息类型由 data_unit_t 数据结构的 data 部分的联合结构实现。

```
/***************************************************************
                    Cluster Message Structure
***************************************************************/

typedef struct {
        ushort load_sender;
        ushort load_receiver;
        ushort load;
        } load_msg_t;
```

9.4.1　中心负载均衡任务

　　这里实现的中心负载均衡任务有两种类型：中心任务和一般任务。中心任务自我延迟并被周期性唤醒，然后广播一个 LOAD_CHECK 类型的帧，以获取系统中所有节点的负载状态。当所有其他节点发送它们的状态时，中心任务可以决定哪个节点可以从另外的哪个节点接收负载，并向这些节点发送所要传输的消息。find_load 例程只是简单地计算就绪队列中的任务数以评估节点的负载的高低。实际情况下的任务转移例程不在本书的讨论范围，因此没有展示。我们假设系统无故障运行，所有节点都能正确工作。

```c
/******************************************************************
                    Central Load Balancer
******************************************************************/
/* central_load.c */

#define HIGH_LOAD      120
#define LOW_LOAD        20

#define LOAD_CHECK       1
#define SEND_LOAD        2
#define RECV_LOAD        3
#define LOAD_STATUS      4
#define REQ_LOAD         3
#define LOAD_SENDING     4

TASK Central_Load() {

data_unit_ptr_t received_msg_pts[System_Tab.N_NODES],
data_pt, data_pt1, data_pt2;
ushort load, sender1, sender2, flag=0;

while(TRUE) {
  if(current_tid=System_Tab.Central_Load_id) { // server
    delay_task(current_id, System_Tab.DELAY_TIME);

    data_pt=get_data_unit(System_Tab.Net_Pool);
    data_pt->MAC_header.sender_id=System_Tab.this_node;
    data_pt->MAC_header.type=BROADCAST;
    data_pt->TL_header.type=LOAD_CHECK;
    data_pt->TL_header.sender_id=System_Tab.Central_Load_id;
    send_mailbox_notwait(System_Tab.DL_Out_mbox,data_pt);
    for (i=0;i<System_Tab.N_NODES-1;i++){
      data_pt=recv_mbox_wait(&task_tab[current_tid].mailbox_id);
      received_msg_pts[i]=data_pt;
    }
 for (i=0;i<System_Tab.N_NODES-1;i++)
  for (j=0;j<System_Tab.N_NODES-1;j++) {
   if(received_msg_pts[i].TL_header.type==LOW_LOAD
    && received_msg_pts[j].TL_header.type==HIGH_LOAD) {
      low=i;
      high=j;
      flag=1;
    }
    else if(received_msg_pts[i].TL_header.type==HIGH_LOAD
    && received_msg_pts[j].TL_header.type==LOW_LOAD) {
      low=j;
      high=i;
      flag=1;
    }
  if (flag==1) {
    data_pt1=received_msg_pts[low];
    data_pt2=received_msg_pts[high];
    sender1=data_pt1->MAC_header.sender_id;
    sender2=data_pt2->MAC_header.sender_id;
    data_pt2->MAC_header.type=UNICAST;
    data_pt2->MAC_header.sender_id=System_Tab.this_node;
    data_pt2->MAC_header.receiver_id=sender2;
   data_pt2->TL_header.receiver_id=data_pt2->TL_header.sender_id;
    data_pt2->TL_header.sender_id=System_Tab.Central_Load_id;
```

```
      data_pt2->TL_header.type=SEND_LOAD;
      data_pt2->data.load_msg.receiver_id=sender1;
      send_mailbox_notwait(System_Tab.DL_Out_mbox,data_pt2);
      data_pt1->MAC_header.type=UNICAST;
      data_pt1->MAC_header.sender_id=System_Tab.this_node;
      data_pt1->MAC_header.receiver_id=sender1;
    data_pt1->TL_header.receiver_id=data_pt1->TL_header.sender_id;
      data_pt1->TL_header.sender_id=System_Tab.Dist_Load_id;
      data_pt1->TL_header.type=RECV_LOAD;
      data_pt1->data.load_msg.sender_id=sender2;
      send_mailbox_notwait(System_Tab.DL_Out_mbox,data_pt1);
     }
     flag=0;
   }}
   else { // ordinary nodes
    data_pt=recv_mbox_wait(&task_tab[current_tid].mailbox_id);
    if(data_pt->TL_header.type==LOAD_CHECK) {
       load=find_load();
       data_pt->MAC_header.type=UNICAST;
       data_pt->MAC_header.sender_id=System_Tab.this_node;
    data_pt->MAC_header.receiver_id=data_pt->MAC_header.sender_id;
      data_pt->TL_header.receiver_id=data_pt->TL_header.sender_id;
      data_pt->TL_header.sender_id=System_Tab.Central_Load_id;
      data_pt->TL_header.type=LOAD_STATUS;
      data_pt->data.load_msg.load=load;
      send_mailbox_notwait(System_Tab.DL_out_mbox,data_pt);
      if(load==LOW_LOAD || load==HIGH_LOAD) {
       data_pt=recv_mailbox_wait(&task_tab[current_tid].mailbox_id);
      if (load==LOW_LOAD && data_pt.TL_header.type==RECV_LOAD)
         // wait to receive load
       data_pt=recv_mailbox_wait(&task_tab[current_tid].mailbox_id);
     else  if (load==HIGH_LOAD && data_pt.TL_header.type==SEND_LOAD)
         // transfer task to low node specified
      }
     }
    }
  }
  }
```

9.4.2　分布式负载均衡任务

这个实现中没有任何中心节点，所有节点的职能相当。每个节点周期性地被唤醒，然后将其负载广播给所有其他节点。在实现的接收方发起的方法中，由低负载节点提出从高负载节点传输的请求。

```
/*************************************************************
                  Distributed Load Balancing
**************************************************************/
/* distributed_load.c */

data_unit_ptr_t data_pt, received_msg_pts[system_tab.N_NODES],
ushort load;

TASK Dist_Load() {

data_unit_ptr_t data_pt;

while(TRUE){
 delay_task(current_id, System_Tab.DELAY_TIME);
 data_pt=get_data_unit(Sys_Tab.Net_Pool);
```

```
data_pt->MAC_header.type=BROADCAST;
data_pt->MAC_header.sender_id=System_Tab.this_node;
data_pt->TL_header.sender_id=System_Tab.Dist_Load_id;
data_pt->TL_header.type=LOAD_CHECK;
send_mailbox_notwait(System_Tab.DL_Out_mbox,data_pt);
for (i=0;i<System_Tab.N_NODES-1;i++){
 data_pt=recv_mbox_wait(&task_tab[current_tid].mailbox_id);
 received_msg_pts[i]=data_pt;
 }
 load=find_load();
 if(load==LOW_LOAD)
  for (i=0;i<System_Tab.N_NODES-1;i++){
   data_pt=received_msg_pts[i];
   if(data_pt->TL_header.type==HIGH_LOAD){
    data_pt->MAC_header.type=UNICAST;
    data_pt->MAC_header.sender_id=System_Tab.this_node;
   data_pt->MAC_header.receiver_id=data_pt->MAC_header.sender_id;
    data_pt->TL_header.receiver_id=data_pt->TL_header.sender_id;
    data_pt->TL_header.sender_id=System_Tab.Dist_Load_id;
    data_pt->TL_header.type=REQ_LOAD;
    send_mailbox_notwait(System_Tab.DL_Out_mbox,data_pt);
    data_pt=recv_mbox_wait(task_tab[current_tid].mailbox_id);
     if (data_pt->TL_header_type==LOAD_SENDING)
    // receive task and activate it
    break;
   }
   else if(data_pt->TL_header.type==HIGH_LOAD){
   data_pt=recv_mbox_wait_tout(&task_tab[current_tid].mailbox_id);
   if (data_pt->TL_header_type==REQ_LOAD) {
   data_pt->MAC_header.type=UNICAST;
    data_pt->MAC_header.sender_id=System_Tab.this_node;
   data_pt->MAC_header.receiver_id=data_pt->MAC_header.sender_id;
    data_pt->TL_header.receiver_id=data_pt->TL_header.sender_id;
    data_pt->TL_header.sender_id=System_Tab.Dist_Load_id;
    data_pt->TL_header.type=LOAD_SENDING;
    // send task
    break;
   }
   }
}}
```

9.5　复习题

1. 多处理器调度的主要方法是什么？
2. 分区多处理器调度的两个阶段是什么？
3. 从算法复杂度和负载公平分配方面比较分区多处理器调度和全局多处理器调度。
4. 装箱算法是如何工作的，主要的装箱算法是什么？
5. 利用率均衡算法的主要思想是什么？
6. 首次适应装箱的 EDF 是如何工作的？
7. 首次适应装箱的 RM 是如何工作的？
8. 什么是达尔效应？
9. P-fair 调度算法的主要原理是什么？
10. 聚焦寻址和投标算法是如何工作的？

9.6 本章提要

多处理器系统中任务调度的两种主要方法是分区调度和全局调度。在分区方法中，我们需要在第一阶段将任务集分配给处理器，在第二阶段由各个处理器独立地对其就绪队列中的任务进行调度。这样的好处是第二阶段可以使用基本的单处理器算法，如 RM 和 EDF。但是任务分配问题是 NP 困难的，必须使用启发式算法来求得次优解。我们假定任务不允许迁移，这会使我们遇到一些困境，因为有的时候在任务可迁移的情况下才能找到可行的调度。

全局调度采用一个就绪队列，调度程序的功能是确保任何时候在 m 个处理器上运行 m 个最高优先级的任务。使用 RM 和 EDF 等算法的全局调度可能会导致处理器利用率低下 [7]。研究者提出了一类新的全局调度算法：P-fair 算法及其变异算法，它们为多处理器调度问题提供了最优解。文献 [16] 对实时多处理器调度算法进行了综述，文献 [2] 对有关方法进行了详细讨论。

分布式实时调度与由松耦合的计算节点组成的实时系统有关。在这种调度方式中，网络时延是一个重要的参数。这些系统的调度算法通常有两部分：周期性实时任务的静态调度和非周期性任务及偶发任务的动态调度。均衡负载和满足任务的截止期限是后者的主要目标。聚焦寻址和投标算法提供了硬实时任务的初始调度和动态到达任务的处理过程，伙伴算法则减少了该算法中的消息流量。分区调度、全局调度和混合方法都有进一步研究的空间。此外，我们没有考虑非独立性和资源共享问题，这些问题将大大增加需要解决的问题的复杂程度。

9.7 练习题

1. 假设有 3 个箱子，每个箱子具有单位容量。还有 6 个物品，其大小和到达顺序为 0.2、0.6、0.5、0.1、0.3 和 0.4。演示使用首次适应、下次适应、最佳适应和最差适应方法如何将这些物品放置在箱子里。

2. 假设我们有无限数量的处理器，修改算法 9.2 的下次适应装箱代码。

3. 假设任务由 $\tau_i(C_i, d_i)$ 描述。给定任务集 $T = \{\tau_1(2, 4), \tau_2(4, 5), \tau_3(3, 6)\}$，首先检查任务集在两个处理器中是否可调度。如果可能的话，给出 EDF-FF 调度并绘制相应的甘特图。

4. 假设任务由 $\tau_i(C_i, T_i)$ 描述。给定任务集 $T = \{\tau_1(6, 12), \tau_2(4, 6), \tau_3(3, 8)\}$，给出 RM-FF 调度（假设所需要的处理器都可以获得）并绘制相应的甘特图。

5. 修改算法 9.4，实现下次适应的 EDF。

6. 修改算法 9.5，实现下次适应的 RM。

参考文献

[1] Anderson A, Srinivasan A (2000) Early-release fair scheduling. In: Proceedings of the Euromicro conference on real-time systems, pp 35–43

[2] Baruah S, Bertogna M, Buttazzo G (2015) Multiprocessor scheduling for real-time systems (Embedded systems), 2015th edn. Springer embedded systems series

[3] Baruah SK et al (1996) Proportionate progress: a notion of fairness in resource allocation. Algorithmica 15(6):600–625

[4] Baruah S, Cohen N, Plaxton CG, Varvel D (1996) Proportionate progress: a notion of fairness in resource allocation. Algorithmica 15:600–625

[5]   Baruah S, Gehrke J, Plaxton CG (1995) Fast scheduling of periodic tasks on multiple resources. In: Proceedings of the international parallel processing symposium, pp 280–288

[6]   Coffman EG, Galambos G, Martello S, Vigo D (1998) Bin packing approximation algorithms: combinational analysis. In: Du DZ, Pardalos PM (eds). Kluwer Academic Publishers

[7]   Dhall SK, Liu CL (1978) On a real-time scheduling problem. Oper Res 26(1):127–140

[8]   Garey M, Johnson D (1979) Computers and intractability. A guide to the theory of NP-completeness. W.H. Freeman & Co., New York

[9]   Tindell K, Clark J (1994) Holistic schedulability analysis for distributed hard real-time systems. Microprocess Microprogram 40:117–134

[10] Leung JYT, Whitehead J (1982) On the complexity of fixed-priority scheduling of periodic real-time tasks. Perform Eval 2:237–250

[11] Lopez JM, Diaz JL, Garcia FD (2000) Worst-case utilization bound for EDF scheduling on real-time multiprocessor systems. In: Proceedings of 12th Euromicro conference on real-time systems (EUROMICRO RTS 2000), pp 25–33

[12] Morihara I, Ibaraki T, Hasegawa T (1983) Bin packing and multiprocessor scheduling problems with side constraints on job types. Disc Appl Math 6:173–191

[13] Oh DI, Baker TP (1998) Utilization bounds for N-processor rate monotone scheduling with static processor assignment. Real Time Syst Int J Time Crit Comput 15:183–192

[14] Pop T, Eles P, Peng Z (2003) Schedulability analysis for distributed heterogeneous time/event triggered real-time systems. In: Proceedings of 15th Euromicro conference on real-time systems, pp 257–266

[15] Stankovic JA, Ramamritham K, Cheng S (1985) Evaluation of a flexible task scheduling algorithm for distributed hard real-time systems. IEEE Trans Comput C 34(12):1130–1143

[16] Zapata OUP, Alvarez PM (2005) EDF and RM multiprocessor scheduling algorithms: survey and performance evaluation. CINVESTAV-IPN, Seccion de Computacion Av, IPN, p 2508

| 第四部分 |

Distributed Real-Time Systems: Theory and Practice

应用程序设计

第 10 章　实时系统的软件工程

第 11 章　实时编程语言

第 12 章　容错

第 13 章　案例研究：无线传感器网络实现的环境监控

第 10 章

Distributed Real-Time Systems: Theory and Practice

实时系统的软件工程

10.1 引言

IEEE 将软件工程定义为一种系统的、有规律的、可量化的方法，应用于软件开发、运营和维护。通用计算机系统的软件工程方法已经相当成熟，但是实时系统和嵌入式系统的软件工程不同于非实时系统。这里面有许多原因。首先，开发的初始阶段需要将硬件平台纳入考虑，因为系统需要的一些功能将由硬件执行（特别是在嵌入式系统中）。因此，在初始阶段通常需要软硬件协同设计，一般系统设计使用的自顶向下方法在实时系统中可能并不实用。其次，实时系统必须在指定的时间限制内对外部事件做出响应，这意味着时序分析将是这一类系统设计过程的重要组成部分，应该在初始设计阶段进行。我们还将看到一些传统的设计方法仍然适用于实时系统。分布式实时系统软件工程给这些系统的设计带来了另一层复杂性，因为需要考虑网络上的任务通信和同步，以及需要将任务分配给系统的节点。总之，对于实时系统的软件设计，无论是单处理器系统还是分布式系统，都还没有成熟的方法。使用有效的建模技术，结合时序分析，可以在一定程度上实现形式化。

本章首先介绍可以在实时系统中实现的基本的和通用的软件工程设计概念，然后描述需求规格说明过程和时序分析。我们对过程设计和面向对象设计在实时系统中的应用进行了讨论。实时系统的规格说明和详细设计采用了有限状态机、时间自动机和 Petri 网技术。

10.2 软件开发生命周期

软件开发生命周期（Software Development Life Cycle，SDLC）是描述软件开发的每个步骤需要执行的过程的基本框架，通常以图形表示，提供软件工程项目中所要执行的活动的描述和顺序。不重叠的顺序过程在 SDLC 中很常见，但在某些过程中重叠是不可避免的。下面简要描述大多数 SDLC 过程通用的阶段 [8]：

- **需求收集和分析**：通过与用户 / 客户沟通，得到关于系统的实现目标、提供的服务和限制的说明。
- **设计**：基于上一阶段的系统需求规格说明（System Requirement Specification，SRS）文件进行总体系统体系结构设计。设计阶段通常会产生数据设计、体系结构设计、接口设计和程序设计文档。
- **实现**：将要实现的软件分解为模块，每个小组对分配到的模块进行编码。程序员根据 SRS 和设计说明书开发软件。
- **集成和测试**：对完成的软件模块进行集成和测试，以确保整个系统按照第一步所设定的需求工作。
- **部署和维护**：系统已经安装并开始运行。在维护过程中，系统会根据新的要求进行修改，并纠正任何可能的错误。

一些常用的 SDLC 模型包括瀑布模型、螺旋模型和 V 模型，如下所述。

10.2.1   增量瀑布模型

瀑布模型是一种简单而古老的软件工程高层设计技术，它由六个阶段组成。软件开发流程类似于瀑布，每个阶段只有在前一个阶段结束后才能开始执行，如图 10.1 所示。注意，来自每一个阶段的反馈意味着前一阶段可以基于后一阶段的设计进行修改。原始的瀑布模型没有这些反馈，每个阶段都必须在下一个阶段开始之前完成。这种简单的方法可用于中小型项目的开发。

瀑布模型易于理解和实现，并且是文档驱动的。但是，它假设在项目早期就有准确的需求规格说明，这对于许多项目来说可能是不现实的。瀑布模型中软件在项目中相对比较晚的阶段实现，这可能导致错误的发现也比较晚。

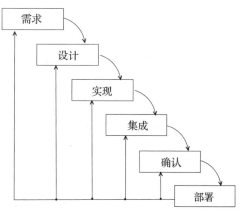

图 10.1   增量瀑布模型

10.2.2   V 模型

V 模型以一个包含项目开发步骤的 V 形图给出软件开发生命周期的图形表示。V 形图的左侧部分包含需求分析、高层设计和详细设计步骤，如图 10.2 所示。图的底部是编码实现，图的右侧部分是单元测试、集成测试、系统测试和验收测试步骤，如下所述：

- **单元测试**：每个模块都由特定的测试用例单独测试。
- **集成测试**：使用测试用例对集成的模块进行测试。
- **系统测试**：根据功能和非功能需求测试完整的应用程序。
- **用户验收测试**：这些测试在用户环境中进行，以检查所有用户需求是否都得到满足。

V 模型可用于规模较小的软件工程项目。V 模型的每个阶段都将产生所说明的结果，因此可以在早期阶段发现设计问题。它可能不适用于大型项目或者要求不明确的复杂项目。

10.2.3   螺旋模型

与其他软件开发模型相比，螺旋模型更为抽象。它强调风险分析并将过程分为四个阶段：问题分析、风险分析、实现和规划。软件开发过程在称为**螺旋**的迭代中经历这些阶段，如图 10.3 所示。

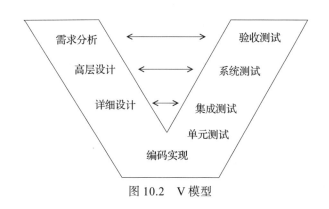

图 10.2   V 模型

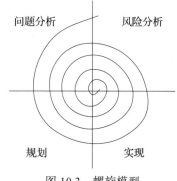

图 10.3   螺旋模型

第一阶段确定本周期的目标和需求，第二阶段进行风险分析，识别风险并探索降低风险的技术手段，第三阶段实现当前产品，第四阶段完成下一周期的规划。例如，一个完整的螺旋周期可能用于经典的需求规格说明，然后是下一周期的高层设计。

螺旋模型方法通常用于中高风险项目和客户需求不确定的情况。系统的需求可能很复杂，需要精确的评估。此外，与瀑布模型相比，系统用户可以在更早的阶段观察系统行为。但是，螺旋模型的管理阶段相当复杂，而且难以确定项目何时终止。

10.3 实时系统的软件设计

实时系统和嵌入式系统的软件设计在许多方面都不同于一般系统。首先，实时系统中的安全性和可靠性是首要考虑的问题，这些问题通常会影响设计方案的选择。满足截止期限是另一个需要处理的问题。实时系统和嵌入式系统的软件工程应该包括以下内容[9]：

- **平台选择**：实时操作系统和硬件的选择对系统性能有很大影响，因此应该在设计的早期阶段进行平台选择。
- **输入/响应和时序分析**：输入和对这些输入的响应必须和所要求的响应时间一起列出以确定任务的截止期限。这个分析可以是需求规格说明的一部分。
- **任务**：来自传感器的输入和到作动器的输出，以及运行算法对这两者进行计算的任务作为并发任务处理。
- **任务调度**：任务的调度必须确保满足任务的截止期限。

考虑到这些问题，瀑布模型、螺旋模型和 V 模型的软件开发模型可以应用于实时系统。

10.4 需求分析与规格说明

软件开发的需求分析阶段的目的是通过与用户和客户沟通了解系统的确切需求并形成文档。**用户需求**规定了系统所要提供的服务，**系统需求**是系统需要实现的功能的规格说明[8]。这个软件开发步骤包括两个阶段：**需求分析**阶段和**需求说明**阶段。需求分析阶段从用户/客户处获得需要的数据，并通过和用户/客户讨论完成需求分析。用户/客户的需求中可能存在歧义和矛盾，需要在分析阶段加以解决。

需求分析结束时，系统需求正式形成软件需求规格说明（SRS）文档，它有时也称为需求分析文档（Requirement Analysis Document，RAD），其中包括功能需求、非功能需求以及系统的目标。这项工作由能够理解和说明客户或系统的确切需求的系统分析师执行。他将收集数据，消除所有不一致和异常情况（例如相互矛盾的需求）并组织形成 SRS 文档。这个文档是用户和系统设计者之间的合同文档，也是指导系统高层设计的参考文档。符合 SRS 文档中所有需求的产品将通过验收。SRS 文档规定了系统需要执行什么操作，而将如何实现这些操作留待设计阶段完成。SRS 文档应该使用用户能够理解的术语编写，包含准确表达系统需求的规格说明。一个典型的 SRS 文档应该包括以下部分：

- **简介**：本部分通常包括系统概述、范围、和现有系统的参照、项目目标和项目成功标准。
- **功能需求**：本部分描述了系统的高层功能。
- **非功能需求**：本部分包含与功能性没有直接联系的用户需求，如可靠性和性能。
- **词汇表**：它包含用户可以理解的术语词典。

10.5　时序分析

实时系统的时序分析应该考虑周期性任务、非周期性任务和偶发任务的执行。非周期性任务和偶发任务的执行无法预测，但是可以对这些任务进行概率分析。周期性任务的时间需求分析应该考虑以下问题：

- **任务特性**：包括任务截止期限、执行时间和周期。当任务是独立的、周期性的并且不共享资源时，我们可以对实时系统进行相对简单的时序分析。
- **任务依赖性**：必须对非独立任务的执行顺序进行分析。如果任务 τ_i 先于另一项任务 τ_j，则 τ_i 必须在 τ_j 开始之前完成。任务之间的关系可以用任务图来描述，我们在第 8 章看到，当任务相互依赖时需要修改任务调度算法。
- **资源共享**：当任务共享资源时，它们可能会被阻塞，从而影响响应时间。此外，还可能遇到导致较低优先级任务阻止较高优先级任务执行的优先级反转问题。我们在第 8 章讨论的优先级继承协议可以防止这种情况发生。

总之，对包含了相互依赖且共享资源的任务的实时系统进行时序分析是很困难的，这种分析需要能够预测系统的行为，以便能够对偶发任务进行接受性测试，并为非周期性任务和偶发任务找到方便执行的时间段，而不会干扰周期性任务的截止期限。

10.6　带数据流图的结构化设计

软件系统的数据流图（Data Flow Diagram，DFD）描述通过系统的各个模块的数据流向。DFD 由图 10.4 所示的组件组成，其中圆圈表示的**过程**是执行系统功能的组件，而**数据存储**组件用于保存数据以便过程共享。通常符合实际的做法是使用复数名称来标记数据存储器，该复数名称用于给进出数据存储器的数据命名。**外部实体**或**终止符**用矩形表示，不同组件之间的数据流用有向边表示。终止符和系统之间的数据流说明了系统与外部世界的接口。

图 10.4　DFD 组件

使用 DFD 方法描述系统的主要好处是它比较简单，且能够提供多层次结构。从一个将系统表示为一个圆圈和外部实体的非常简单的图开始，表示系统的圆圈可以扩大，进入另一个可能包括各种过程、数据存储和它们之间的数据流的 DFD。级别为 0 的第一个图称为**环境图**或 **0 级图**。由有向边表示的数据流被标注了它在 DFD 中传输的数据的标签。数据存储器根据存储在其中的数据类型进行命名。**数据字典**包含了 DFD 中使用的所有标签的列表，以及任何可能的复合数据元素根据它们包含的组件所作出的说明。

典型的实时系统的环境图如图 10.5 所示。外部系统由传感器、作动器、操作员接口和显示器组成。传感器和操作员接口分别向系统提供数据和命令 / 数据输入，系统输出被引导到作动器和显示器。

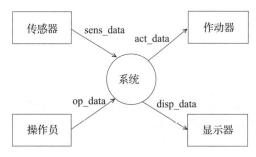

图 10.5 典型实时系统的 DFD

我们来考虑一个简单的例子,即利用系统监测环境温度。系统的基本功能需求如下:

- 定期输入传感器数据,检查数据是否在规定范围内,超出范围时显示警报和状态。
- 如果操作员想要执行一个动作,则激活所需要的过程。

将图 10.5 的环境图细化为图 10.6 所示的 1 级图,可以得到由 DFD 描述的上述系统的一个可能的实现。环境图中标记为**系统**的"气泡"现在扩展为一个大的虚线"气泡",其中有四项任务:Sense_In 输入传感器数据,Op_In 输入操作员命令,Act_Out 向作动器输出数据,以及作为主控制器的 Control 任务。两个数据存储位置是 all_data(存储所有传入数据)以及 control_data(用于 Act_Out 任务)。注意,环境图的数据标签被保留。数据存储位置可以由队列或邮箱实现,任务可以通过 FSM 建模,并使用 10.10 节中描述的实用软件开发方法通过 POSIX 线程实现。

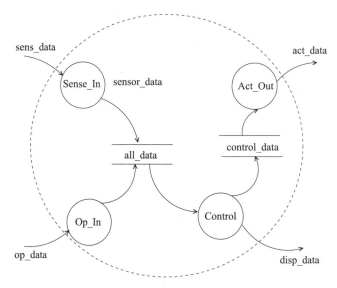

图 10.6 典型实时系统的 DFD

DFD 方法简单实用,但这种方法的缺点之一是没有任何控制结构。此外,还没有这样的规范技术,即通过将函数分解为子函数以连续地形成更精细的图来开始详细设计。这个功能很特别,目前只能由分析人员的经验来决定。

10.7 面向对象设计

面向对象设计方法(Object-Oriented Design,OOD)旨在消除过程设计中遇到的一些问题，如开发成本过高和故障管理不足。在 OOD 方法中，问题被分解成称为**对象**的实体和在这些对象上定义的函数。定义的**类**包含各种特性，如逻辑单元的过程和数据。因此，软件系统可以被说明为协作对象的一种结构。OOD 依赖于**抽象**，它关注的是对象做什么而不是如何做。例如，使用对象**剪刀**来裁剪东西和使用对象**叉子**来**吃**东西就是日常生活中的 OOD。称为**方法**的函数特定于对象。类是类型相似的对象的集合，因此是对象的一般定义，而对象是类的实例。类定义说明对象的属性和可应用于该对象的方法。在类定义中把属性和方法进行组合称为**封装**，它提供对对象数据和方法的受限访问。面向对象设计中的**继承**技术使得可以从超类中分层获取变量和方法。**派生类**与派生它的类（基类）共享属性。可以通过向现有类添加额外的属性来形成一个新的类，从而提供**可重用性**，这是 OOD 的另一个有利特性。**多态性**使得相同的函数名可以使用不同的数据，从而实现不同的操作。

总之，使用 OOD 的主要好处如下：

- 可以使用**数据隐藏**设计安全程序。
- 继承和模块化提供了**可重用性**和易编程性。
- 容易对软件项目进行跨多个组的划分。
- 大型复杂软件可以得到有效管理。

10.8　实时的实现方法

实时软件的详细设计可以使用一些健壮的方法来完成。这些方法的一个基本要求是，它们应该涵盖所有可能的场景（可能还要包括某些将时间融入其中的办法）并具备将方法转换为实际代码的简便性。下面，我们回顾经常用于实时系统软件的详细设计的三种这样的方法：有限状态机、Petri 网和统一建模语言（Unified Modeling Language，UML）。

10.8.1　再次讨论有限状态机

我们在第 3 章简要回顾了用于描述实时系统的有限状态机（FSM）模型。有限状态机由一些状态和这些状态之间的迁移组成，并且由有向图表示。有限状态机可以是**不确定性的**或者**确定性的**。确定性有限状态机对于任何输入都有确切的迁移，而非确定性有限状态机对于给定的输入可能有一个或多个迁移，甚至没有迁移。这里，我们将只考虑确定性有限状态机。一个确定性有限状态机由一个 6 元组表示，其中 I 是有限输入集，O 是有限输出集，S 是有限状态集，S_0（$S_0 \subset S$）是初始状态，δ 是下一个状态函数 $I \times S \rightarrow S$，λ 是输出函数。

称为**有限状态图**（Finite-State Diagram，FSD）的有向图是描述 FSM 操作的直观辅助工具。由圆圈表示的状态是互斥的，系统在任何时候都只能处于其中一种状态。发生输入或者某些参数值的变化是触发 FSM 的状态迁移事件的常见原因。状态的变化可能导致特定的输出，这由表示迁移的有向边上的标签给出说明。如图 10.7 所示，状态 A 和 B 之间的有向边上的标签 x/y 表示在状态 A 时输入 x，将产生输出 y，而且状态迁移为 B。但是，在状态 B 时相同的输入 x 将导致不同的输出 z，同时保持状态不变，如图 10.7 所示。

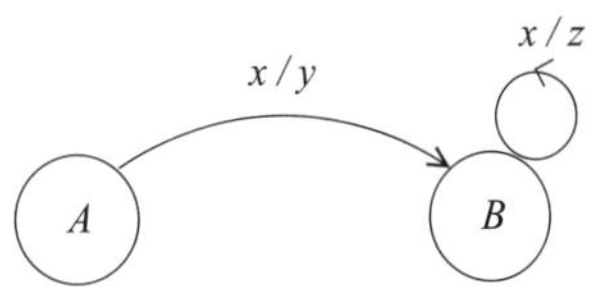

有限状态机的两种主要类型是 Moore FSM 和 Mealy FSM。前者的输出只取决于状态，而后者的输出同时取决于输入和状态。换句话说，Mealy FSM 产生的输出不但与输入有关，还与

图 10.7　FSM 图解示例

状态有关。FSM 可用于**模式识别**，检测传入数据中是否出现了预先定义的模式。如图 10.8 所示，FSM 检测输入序列中是否存在二进制模式 0111，检测成功时输出 1。FSM 的四种状态被标记为 A、B、C 和 D，其中 A 是初始状态。输入集 I 是 {0, 1}，输出集 O 也是 {0, 1}。对于每个状态，我们需要针对输入值定义下一个状态和输出值。注意，如果未能接收到第三个 1，状态将返回到 B 而不是初始状态 A，因为此时接收到的 0 已经成为检测模式的第一个 0。

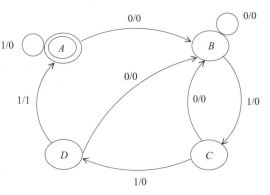

图 10.8 用于模式识别的 FSM

本例中的有限状态表（见表 10.1）给出了各个状态和相应的可能的输入，并指定了下一个状态和输出。

表 10.1 用于模式识别的 FSM 表

输入		0		1	
		下一状态	输出	下一状态	输出
状态	A	B	0	A	0
	B	B	0	C	0
	C	B	0	D	0
	D	B	0	A	1

并发分层有限状态机

基于 FSM 的详细设计所遇到的一个主要问题是，当状态数目较大时，将难以描述和实现 FSM。当状态数为 n 时，迁移数为 $O(n^2)$，这给 FSM 的可视化和实现带来了很大的困难。另外，在实践中 FSM 的许多状态是相似的，一个能够重用这些状态的方法会带来好处。Harel[4] 提出的**状态图**给出了一种状态嵌套方法来解决 FSM 的这些问题，这个模型也称为分层 FSM。例如，FSM 的状态 S_1 可以被分解为多个**子状态** $S_{11}, \cdots, S_{1k}$，状态 S_1 称为**超级状态**，任何无法由子状态处理的事件都将在下一级嵌套时传递给超级状态。子状态继承了超级状态的属性并定义它们之间的差异，从而提供了相似状态的重用功能。图 10.9 描述了一个分层 FSM，其中状态 B 是超级状态，状态 B_{11} 和 B_{12} 是子状态。

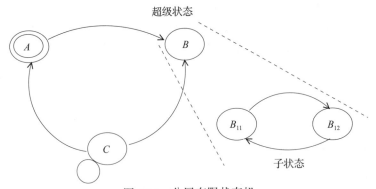

图 10.9 分层有限状态机

并发分层有限状态机（CHFSM）中多个有限状态机并行运行，其中每个有限状态机又可以是分层有限状态机。CHFSM 模型可用于分布式实时系统的建模。

10.8.2　时间自动机

时间自动机（Timed Automata，TA）是具有附加实时时钟的有限状态自动机[1]，换句话说，TA 是一个包含一组时钟扩展的 FSM。FSM 的状态迁移现在可以包含时钟值保护，将这些时钟值与其他一些值进行比较可以决定是否允许迁移。所有时钟同步递增以描述 TA 的全局进展情况。时钟值可以被测试或重置，但不能被赋值。图 10.10 显示一个带有两个时钟 x 和 y 的 TA。当时钟 $x < 5$ 时，TA 执行动作 a 并重置 x，迁移到状态 B。类似地，当时钟 $y = 3$ 时，TA 执行动作 b 并复位 y，返回到状态 A。

时间自动机网络（Network of Timed Automata，NTA）模型由一组带同步机制的并行时间自动机组成[2]。这种方法或许可以用于分布式实时系统的分析。这种系统的每个节点都是一个 TA，通过网络与其他 TA 进行通信和同步。

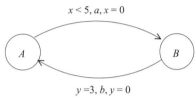

图 10.10　时间自动机示例

10.8.3　Petri 网

Petri 网（Petri Net，PN）为并发和分布式系统建模提供了数学工具[6]。一个简单的 Petri 网是一个五元组 PN $= (P, T, F, W, \boldsymbol{M}_0)^{\ominus}$，其中：

- $P = \{p_1, p_2, \cdots, p_n\}$ 是由圆圈表示的一个位置（或称为库所）的有限集合。
- $T = \{t_1, t_2, \cdots, t_m\}$ 是由线段（或者矩形）表示的一个转换（或称为变迁、迁移）的有限集合，$P \cup T \neq \varnothing$，$P \cap T = \varnothing$。
- $F \subseteq (P \times T) \cup (T \times P)$ 是一个有限的有向边的集合$^{\ominus}$。
- $W: F \rightarrow N^+$ 是 F 上的权函数。
- $\boldsymbol{M}: P$ 上的标识向量，$M(p_i)$ 称为库所 p_i 上的标识或者令牌数，$\boldsymbol{M}_0$ 是初始向量。

库所之间的令牌流动情况描述了 PN 的动态行为$^{\ominus}$。PN 的各组成部分如图 10.11 所示，其中有向边位于库所和变迁之间，或者变迁和库所之间。每一条有向边上标注了一个与其相关联的权重（省略时表示 1）。PN 的状态由令牌在库所上的分布来说明。

PN 根据下面所述的激发规则工作：

- **启用变迁**：如果变迁的每个输入库所都标记了至少具有该变迁相应输入流权重的令牌数，则启用该变迁（也称为变迁使能或变迁就绪）。被启用的变迁可能激发，也可能不激发。
- **激发变迁**：当变迁被激发时，从该变迁的每一个输入库所移除相当于变迁的相应输

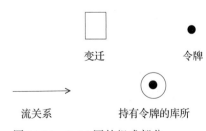

图 10.11　Petri 网的组成部分

○　基于实际需要，Petri 网有若干不同的形式定义。——译者注
◎　用于表示流关系。——译者注
◎　库所拥有的令牌的数量表示库所拥有的资源数量。——译者注

入流权重令牌数，并向变迁的输出库所增加相当于变迁的相应输出流权重的令牌数。

激发是原子操作，一次只能激发一个变迁。

没有任何输入的变迁称为**源**变迁。源变迁可以在任何时候激发，并在每次激发时产生一个令牌，如图 10.12a 所示的 t_1。没有输出的变迁称为**汇**变迁（或者**阱**变迁），它在启用时可能会激发并消耗输入令牌，如图 10.12b 所示的 t_2。Petri 网是不确定的，如图 10.12c 所示，两个变迁 t_1 和 t_2 在只有同一个输入的情况下竞争同一个令牌，在这种情况下，t_1 或 t_2 都有可能激发，激发哪个变迁将具有随机性。

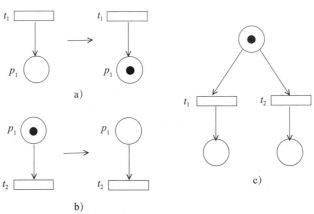

图 10.12   Petri 网的激发

将令牌分配到 PN 的库所的行为称为**标记**。使用 PN 对软件系统建模是通过描述资源情况的令牌、表示状态或条件的库所以及表示事件或转换的变迁来实现的。图 10.13a 是一个带有库所 p_1、p_2 和 p_3 以及变迁 t_1 的 PN。此时变迁 t_1 被启用，因为 t_1 的输入库所（p_1 和 p_2）都拥有至少与输入边的权重相等的令牌数。当 t_1 激发时，我们得到图 10.13b 的情形，这时两个令牌被加入变迁 t_1 的输出库所 p_3。

所有库所的容量和有向边的权值都是 1 的 Petri 网称为基本 Petri 网，所有库所的容量为无穷大而且有向边的权值都是 1 的 Petri 网称为普通 Petri 网。不含循环而且所有库所的初始标记都是一个令牌的普通 Petri 网表示状态机。PN 的状态有以下几种：

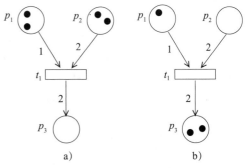

图 10.13   Petri 网的变迁

- **当前状态**：也称为当前标记，是各个库所上令牌的当前配置⊖。例如，图 10.13a 所示的 PN 的当前状态 $M = (2, 2, 0)$。
- **可达状态**：通过激发一系列已经启用的变迁，可以从当前状态到达的状态。
- **死锁状态**：所有变迁都未能启用的状态。

显然，我们需要确保 PN 永远不会出现死锁状态。Petri 网可用于并行和分布式系统建模。如图 10.14a 所示，其中有两个顺序独立的进程。设有这样的同步需求，即必须当两个进程都结束时系统才能终止，解决的办法如图 10.14b 所示，引入变迁 t_3，当两个进程都结束时，

⊖ 即 *M* 向量的当前值。——译者注

变迁 t_3 被启用。图 10.14c 中所示的 PN 配置可用于互斥：可以启用变迁 t_1 或者 t_3，但这两个变迁不能被同时启用。图 10.14d 显示了如何利用 PN 实现变迁 t_1 和 t_4 之间的并行处理。

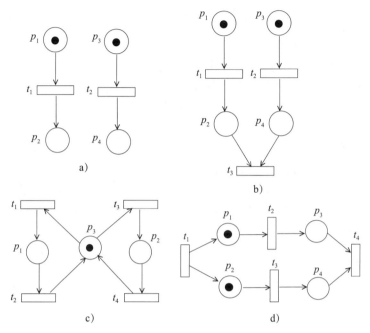

图 10.14　Petri 网的不同执行模式

PN 可以用来实现通信协议。图 10.15 举例说明了如何通过 PN 实现基本的 Stop-and-Wait 协议。协议过程中发送方发送一条消息，并在发送下一条消息之前等待确认；接收方等待消息，并在正确接收消息后向发送方发送确认消息。

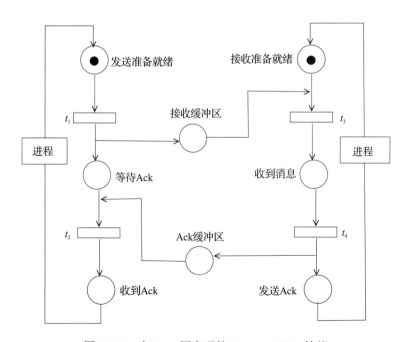

图 10.15　由 Petri 网实现的 Stop-and-Wait 协议

时延 Petri 网

可以通过添加颜色、时间和层次结构来形成高级 Petri 网。时延 Petri 网（Timed PN, TPN）具有与每个变迁相关联的 t_{min} 和 t_{max}，用于指定启用变迁的最早和最晚时间 [5,10]。如果一个已经启用的变迁的时钟值在时间间隔 [t_{min}, t_{max}] 内，则会激发该变迁。图 10.16 给出了一个 TPN，其中有三个库所和三个带时间间隔的变迁。

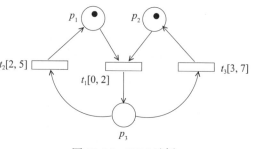

图 10.16　TPN 示例

10.9　实时 UML

统一建模语言（Unified Modeling Language, UML）是一种图形化语言，它的使用有助于软件系统的分析、设计、开发和实现 [3]。UML 通常用于大型软件系统开发的 OOD。实时系统需要及时响应，预防故障，提供安全性和可靠性以及保证服务质量，实时 UML 基本上是考虑到这些因素的 UML 的实现。

10.9.1　UML 图解

UML 内嵌了各种类型的图形，用于对软件系统进行说明。UML 图形可以分为**结构图**和**行为图**，结构图表示系统必须包含的内容，其主要图解类型如下：

- **类图**：表示系统中所使用的类之间的关系。类的操作和属性可以是私有的、公共的，或者受保护的，与 OOD 的原理保持一致。类图显示为一个矩形，用水平线隔成三个字段，分别表示类的名称、类的属性和类的方法。
- **状态图**：表示为某一个对象的动态行为建模的状态机。
- **对象图**：对象是类的实例。对象图表示对象之间的相互关系。
- **组件图**：表示软件组件（如软件库）之间的依赖关系。
- **复合结构图**：表示分类器（类、组件或用例）的内部结构以及与系统其他组件的相互关系。
- **部署图**：表示系统的执行架构，说明如何在硬件环境中建立物理系统。
- **软件包图**：表示软件组件是如何组织成软件包的，软件包是软件组件的逻辑分组。
- **对象协作图**：表示系统对象之间的相互关系。

UML 的行为图表示系统中发生的活动，主要有以下几种：

- **用例图**：这是系统的外部视图，例如系统与外部世界的连接和交互，它有助于表示用户视角的系统功能需求。用例图由**用例**、**参与者**以及它们之间的**关系**（例如依赖关系或关联关系）组成，如图 10.17 所示。参与者代表系统之外的实体，例如一个人、一组人或一台机器。自动售货机的可能的用例图如图 10.18 所示。
- **活动图**：用于将系统的动态行为表示为对象之间的过程流。活动图的状态是一些函数。它们可用于对任务的并发执行建模。
- **状态机图**：描述系统中的控制流，正如 FSM 模型中所示。
- **对象协作 / 通信图**：表示系统对象之间的相互作用。

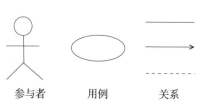

参与者　　　　用例　　　　关系

图 10.17　用例图的组成部分

- **序列图**：表示对象之间的相互作用，重点关注消息的顺序。序列图通过显示不同对象之间的调用来说明特定用例的流程。它的纵轴显示消息和调用的时间顺序，横轴由通信对象组成。

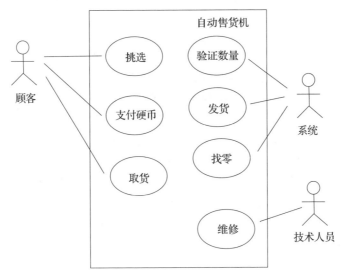

图 10.18　自动售货机的用例图

软件生命周期中对 UML 实体的使用可以描述如下：

- **需求**：由用例图表示。
- **静态结构**：由类图表示。
- **对象行为**：由展示对象生存期的状态机表示。
- **对象相互作用**：由活动图、序列图和协作图表示。
- **物理实现**：由软件模块及其在系统物理节点上的映射表示。

UML 中的状态表示对象生命周期的持续时间，对象在此期间满足某个条件，执行某个操作或等待某个事件。一个状态通常与一个谓词相关联，当状态是活动时，谓词为 true。谓词可以根据类的某些属性的值或指向另一个对象的链接来定义。UML 中的状态用矩形表示。

10.9.2　实时特性

序列图是 UML 用于实现实时软件的一个重要特性，它们使用消息表示对象之间的相互关系，适用于事件驱动的实时系统。时序标记可以与序列图一起用于说明时间约束。活动图提供了并发任务的规范，可以很好地扩展到复杂系统，这是 UML 的另一个可用于实时设计的特性。状态机也可以方便地表示事件驱动的实时系统。UML 提供了一些周期性定时器，它们周期性地发送**定时事件**。一个由周期性定时器在稳态模式下模拟的活动对象可以表示实时系统的周期性任务。

UML 是一种用于分析和设计面向对象系统的工业标准，它使用用例图、类图、状态机图、协作图、序列图、活动图、组件图和部署图。采用 UML 进行实时系统的设计具有封装性、继承性和多态性等优点。然而，实时处理的标准还不成熟，UML 也没有对调度提供充分支持，使用 UML 的实时模型可能具有挑战性。

10.10 实用的设计和实现方法

一种实用和新颖的面向中小型实时系统的设计与实现方法可以如下构造：

1）**需求**：列出用户设想的系统需求，编写系统需求说明文件。这个文档应该说明硬实时任务所要满足的所有截止期限。

2）**操作系统**：选择适合应用的实时操作系统（RTOS）。带有 POSIX 线程功能的 RTOS 将是有用的。

3）**高层设计 1**：从 0 级的环境图开始，采用数据流图（DFD）方法设计系统。环境图应该显示所有外部实体以及这些实体与系统之间的数据流。

4）**高层设计 2**：递归地将环境图细化到级别为 1 的 DFD，然后细化到级别 2，等等。在这个过程中保留数据标签。继续下去，直到每一个"气泡"[⊖]大致对应于一个带有输入和输出数据流的函数的实现。

5）**时序分析**：进行时序分析，如果设计的系统是 DRTS，则进行分布式调度，以满足任务的截止期限。

6）**详细设计**：为每个"函数气泡"设计一个具有状态和状态之间迁移的 FSM。

7）**编码 1**：用 C 语言把每个 FSM 实现为一个 POSIX 线程。

8）**编码 2**：使用现有的 POSIX 库函数在 FSM 之间进行线程同步和通信。

9）**编码 3**：利用 RTOS 的能力实现其他功能，如内存管理和中断处理。

这个过程已经在不同的实际应用中得到成功实现。我们将在第 13 章中看到使用这种方法并以 DRTK 作为 RTOS 的案例研究。这个方法的粗略步骤如图 10.19 所示。

图 10.19 实际设计方法的主要步骤

10.11 复习题

1. 一般系统的软件工程和实时系统的软件工程有什么区别？
2. 经典瀑布模型有什么问题，如何解决？
3. V 模型的主要特点是什么？
4. 软件工程需求分析的输出结果是什么？
5. 可以使用螺旋模型的软件工程项目主要有哪些类型？
6. 实时系统的时序分析主要考虑什么因素？
7. DFD 的主要工作原理是什么？
8. 在实时系统的设计和实现中使用面向对象方法的主要好处是什么？
9. FSM 的主要问题是什么？ CHFSM 如何解决这些问题？
10. 有限状态机和时间自动机的区别是什么？ 什么是网络时间自动机？
11. Petri 网中的库所和变迁是什么？ 令牌的功能是什么？
12. 主要的 UML 图有哪些？
13. UML 用例图的功能是什么？

⊖ 即 DFD 中用圆圈表示的过程。——译者注

10.12 本章提要

本章描述了与实时系统相关的基本的软件工程概念。虽然软件工程方法已经相当成熟，但是对于实时系统，无论是单处理器系统还是分布式系统，都没有任何传统的形式化软件工程方法可供借鉴。实时系统在许多情况下是嵌入式的，因此在设计过程的早期阶段就需要进行硬件和软件的协同设计。此外，自底向上的设计方法已被许多项目采用。

软件工程的主要步骤是需求分析、设计、实现、测试和维护。软件开发生命周期模型有很多类型，主要有瀑布模型、V 模型和螺旋模型。瀑布模型是一种经典的模型，它将一个阶段的结果作为下一个阶段的输入。这种方法在实践中会遇到问题，因为实现某一个阶段可能需要返回并修改前一个阶段。增量瀑布模型因此被引入，它允许在开发阶段之间进行反馈。V 模型在 V 形图的左侧显示设计过程，在图的右侧显示测试过程，在底部显示编码实现过程。螺旋模型由周期组成，每个周期都要经过问题分析、风险分析、实现和规划阶段。这种方法可用于复杂系统的开发，在这些系统中，需求可能从一开始就不清晰。

需求分析通常是软件开发的第一阶段。客户需求形成系统需求规格说明（SRS）文档，是高层设计的基础，也是设计人员与客户 / 用户之间的合同。高层设计方法可分为过程设计方法和面向对象设计方法。数据流图、结构化流程图是高层过程设计的常用工具，面向对象的统一建模语言可用于软件工程项目的高层设计和详细设计。

实时系统的详细设计方法通常采用有限状态机、时间自动机和时延 Petri 网。FSM 由状态和状态之间的迁移组成。时间自动机基本上是一个有限状态机加上时间转换。Petri 网由库所和变迁组成，时延 Petri 网提供库所之间的定时变迁。所有这些方法都可以用来说明和实现实时系统的详细设计。分布式实时系统给设计带来了另一层复杂性：应该根据端到端的满足截止期限的要求进行时序分析，还应该考虑网络延迟分析。UML 是一个面向对象的软件系统设计、分析和实现平台。它可以应用于实时系统，具有数据封装、继承和多态性等优点。但是 UML 的可预测系统设计、调度和实时建模功能尚不成熟。

最后，我们给出了一种经过测试的、简单实用的实时系统设计方法。需求规格说明阶段是在非实时系统中进行的，高层设计由 DFD 执行，对级别图进行递归构造，直到一个 DFD 气泡对应一个函数为止。这个函数随后由可以采用 POSIX 线程编码的 FSM（或时间自动机）实现。这样的方法可以访问与 POSIX 线程相关的所有库函数，而且所使用的 RTOS 可以提供其他所需的函数，例如中断处理和时钟管理。软件工程是一门成熟的非实时系统学科，对软件工程概念的详细分析见文献 [9] 和 [7]。实时系统的软件工程方法仍处于发展的早期阶段，需要形式化的、适用的技术。

10.13 编程练习题

1. 一部电梯在两层楼之间运行，请为这部电梯设计控制软件。从环境图开始绘制 DFD，识别任务并使用 POSIX 线程实现它们。

2. 人类 DNA 中的四种核苷酸是腺嘌呤（A）、胸腺嘧啶（T）、鸟嘌呤（G）和胞嘧啶（C），设计一个在人类基因组中寻找核苷酸模式 ACCGTA 的 FSM。绘制 FSM 图和状态迁移表来检测这个模式，并用 C 语言编写代码实现 FSM。

3. 比较有限状态机、时间自动机和 Petri 网在表示时间和实现分布式处理方面对分布式实时系统的建模方法。

4. 绘制 POS 终端（包括客户、店员和 POS 机）的 UML 用例图。

参考文献

[1] Alur R, David L, Dill DL (1994) A theory of timed automata. Theor Comput Sci 126:183–235
[2] Balaguer S (2012) Concurrency in real-time distributed systems. PhD thesis, Laboratoire Specification et Verification
[3] Booch G, Rambaugh JE, Jachobson I (1998) UML user guide. Addison Wesley
[4] Harel D (1987) Statecharts: a visual formalism for complex systems. Sci Comput Program 8:231–274
[5] Merlin PM (1974) A study of the recoverability of computing systems. PhD thesis, Department of Information and Computer Science, University of California, Irvine, CA
[6] Petri CA (1962) Kommunikation mit Automaten. PhD thesis, University of Bonn
[7] Pressman RS (2014) Software engineering: a practitioner's approach, 8th edn. McGraw-Hill Education
[8] Sommervilee I (2011) Software engineering, 9th edn. Addison Wesley
[9] Sommervilee I (2011) Software engineering, 9th edn. Addison Wesley (Chap. 20)
[10] Zuberek WM (1991) Timed Petri Nets—definitions, properties, and applications. Microelectron Reliab 31(4):627–644

实时编程语言

11.1　引言

高层设计和详细设计完成之后，实时系统开发的下一个阶段就是编码。编码通常使用某一门实时编程语言，这类语言的特点是具备时间管理、任务同步和通信、异常处理和调度等功能。另一个需要探索的重要属性是这门语言是否支持分布式处理。乍看之下，这些功能应该由实时操作系统层面提供，正如我们在第 4 章中回顾的那样。然而，将这些功能扩展到编程层面是切实可行的，因为实时软件设计有一部分留给了程序员完成，代价是需要一些有实时编程经验的程序员。此外，使用实时编程语言编写的代码可以跨不同的操作系统进行移植，并且更容易维护。另一方面，操作系统采用的模型可能与语言中使用的模型完全不同，这将使系统的实现变得困难 [2]。汇编语言最靠近硬件，很多时候实时编程人员需要编写一些汇编语言补丁来访问裸硬件。

高级实时编程语言屈指可数，我们选择 C/Real-time POSIX、Ada 和 Java 进行讨论。本章首先对 C/Real-time POSIX 进行简要描述，然后讨论 Ada 和 Java。对这些语言进行分析时，重点介绍使它们适合于实时应用程序的特性。

11.2　需求

如前所述，来自实时编程语言的需求要求在非实时语言上增加一些功能。实时编程语言和非实时语言有一些共同的需求，如下所示：

- **模块管理**：大型项目需要独立开发软件。因此，为软件的模块分解提供方便是实时或非实时编程语言的基本要求。
- **数据封装**：数据需要防止被错误使用。面向对象的范例提供了方便的数据封装机制。

以下属性在实时编程语言中比在非实时语言中更为突出：

- **并发支持**：实时系统通常与包含异步事件的外部世界相连接，这些事件需要进行并行处理。这可以由支持多任务处理的操作系统或编程语言方便地实现，此外还可以在多任务系统中进行任务时序和关系分析以实现可调度性分析。任务间的同步和通信以及资源共享是第 4 章中讨论的并发系统中需要处理的主要问题。Ada 语言和 Java 语言都提供了并发支持，而具有 POSIX 接口的 C 语言也可用于并发应用程序。
- **输入 / 输出支持**：编程语言应该提供使用寄存器和机器级操作访问 I/O 硬件的机制。
- **时间管理**：时间是实时系统中最宝贵的资源，实时编程语言应该具有管理定时器的功能，并能够方便地对周期性和非周期性任务进行编码。
- **调度支持**：实时系统在大多数情况下采用基于优先级的调度。因此，实时编程语言应该具有为任务分配优先级的功能，并支持基于优先级的调度。
- **异常处理支持**：任何软件系统（无论是否实时）都需要处理异常。但是，在实时系统中，故障的后果可能比非实时系统更加严重。因此，实时编程语言的一个特性是能够有效地处理异常。

注意，这些属性中的大多数在实时操作系统中被认为是必不可少的。我们将基于上面描述的属性简要回顾一下 C/Real-time POSIX、Ada 和 Java 编程语言。

11.3　一个实时应用程序

我们将描述一个实时应用程序，它可以用来展示编程语言如何实现所要求的功能。该应用程序用于监测过程控制系统中的温度和湿度。有两个传感器用来检测环境的温度和湿度，两个输入都经过 A/D 转换器进入实时计算机的输入接口。实时计算机有三个任务：Temp（用于温度控制）、Humid（用于湿度控制）以及 Disp（用于监视器显示），如图 11.1 所示。开关用于打开或关闭加热器或干燥器。

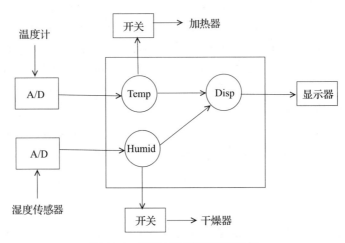

图 11.1　实时过程控制系统示例

11.4　C/Real-time POSIX

C 语言是一门通用编程语言，通常用于底层编程、操作系统代码编写和嵌入式系统应用程序。与其他编程语言相比，C 语言的关键字数量相对较少。我们将详细介绍 C/POSIX 的一些特性，这些特性与实时编程语言所需要的属性密切相关。

11.4.1　数据封装和模块管理

C 语言的模块通常在扩展名为".h"的头文件中声明数据结构，在扩展名为".c"的文件中存放代码，正如我们在示例操作系统内核 DRTK 的各个模块中已经实现的那样。当所要实现的软件比较大并且必须在团队的软件设计人员之间共享时，可以选择分开编译。我们以一个简单的栈的实现为例描述 C 语言中的数据封装和分开编译，假设该栈结构存储的是整数值。下面给出的头文件 stack.h 定义了与栈和栈数据结构相关的一些常量。

```
/***************************************************************
                    stack data structure
***************************************************************/
// stack.h file
```

```
#define      STACK_SIZE       1024
#define      STACK_FULL        -1
#define      STACK_EMPTY       -2
#define      DONE               1

typedef struct {
    int state;
    int data[STACK_SIZE];
    ushort index;
}stack_t;

typedef stack_t *stack_ptr_t;
```

栈数据类型的两个操作是 push 和 pop 函数，它们包含在 stack.c 文件中，该文件还包含了头文件 stack.h。

```
/*****************************************************************
                      stack functions
*****************************************************************/
// stack.c file
#include <stack.h>

int push(stack_ptr_t stack_pt, int item){
    if (stack_pt->index == 0)
        return(STACK_FULL);
    stack_pt->data[stack_pt->index]=item;
    stack_pt->index--;
    return(DONE);
}

int pop(stack_ptr_t stack_pt){
    if (stack_pt->index == STACK_SIZE)
        return(STACK_EMPTY);
    stack_pt->index++;
    return(stack_pt->data[stack_pt->index]);
}
```

stack_test.c 文件中有一个测试程序，它将 1~10 的 10 个整数压入栈，然后逐个弹出并打印每个数据项。

```
/*****************************************************************
                      main program
*****************************************************************/
// stack_test.c file
 #include <stdio.h>
 #include "stack.h"
void main(){
    int i, data;
    stack_t stack_ex={0,{0},STACK_SIZE-1};
    stack_ptr_t spt=&stack_ex;
    for(i=1; i<=10; i++)
       if(push(spt,i) <0)
          exit(0);
    for(i=1; i<=10; i++)
       { if((data=pop(spt)) <0)
          exit(0);
         printf(" data retrieved: \%d \\n",data);
       }
}
```

我们可以分别编译 C 源文件来测试它们是否包含错误，最后将编译后的文件链接到一个可执行文件 stack_test 中，如下所示。

```
gcc -c stack.c
gcc -c stack_test.c
gcc -o stack_test stack_test.o stack.o
```

11.4.2　POSIX 线程管理

我们已经使用 POSIX 线程实现了一些示例。因此，这里只列出 POSIX 接口的主要线程管理函数。

```
int pthread_attr_init(pthread_attr_t *attr);

int pthread_create(pthread_t *thread,const pthread_attr_t *att,
void *(*start_routine)(void *), void *arg);

int pthread_join(pthread_t thread, void **value_ptr);

int pthread_exit(void *value_ptr);

pthread_t pthread_self(void);
```

通常从主线程调用 pthread_create 函数，它可能带有一些输入参数。主线程通过调用 pthread_join 函数等待它所创建的线程的返回（称为"合并"）。线程结束执行时调用 pthread_exit 函数，它还可以将参数地址传递给调用 pthread_join 等待合并的线程。当线程需要获得其 POSIX 标识符时，可以用上面列出的最后一个函数 pthread_self 调用。注意，我们可以在线程创建时将一个整数传递给线程，这个整数可以被指定为线程标识符，这与操作系统分配给线程的标识符不同。当多个线程进行并行处理时，用户指定的线程标识符很有用，每个线程可以基于其标识符处理数据的特定部分。下面的代码段说明了如何分配标识符和合并线程。主线程创建 10 个线程，并将循环控制变量的值作为标识符传递给被创建的线程，线程计算的输出被收集在数组 results 中[⊖]。

```
#include <pthread.h>
#define N_THREADS    10
pthread_t tid[N_THREADS];
int results[N_THREADS];

void Thread((void *)me)
{
  // do some computation
  // compute result
  pthread_exit(&result);
}

void main() {
 int i;
 for ( i=1; i<=N_THREADS; i++)
    pthrad_create(&tid[i], NULL, T, (void *)i);
 for ( i=1; i<=N_THREADS; i++)
    pthread_join(&results[i]);
}
```

11.4.2.1　时间管理

C 语言中管理时间的标准方法是使用如下所示的数据结构 timespec：

⊖　本段程序只用于线程函数的展示，实际上直接向线程传递主线程的 i 值可能出现竞争条件，导致并发计算结果错误。——译者注

```
struct timespec {
time_t tv_sec; // number of seconds
long tv_nsec; // number of nanoseconds
}
```

可以通过 POSIX 接口的以下函数设置和获取时间：

```
int clock_gettime(clockid_t clock_id, struct timespec *tp);
int clock_settime(clockid_t clock_id, const struct timespec *tp);
int clock_getres(clockid_t clock_id, struct timespe *res);
```

其中 clock_t 描述要使用的实时时钟的类型。RT-POSIX 中任务的延迟是通过 sleep 或 nanosleep 系统调用实现的。

```
unsigned sleep(unsigned seconds);
int nanosleep(const struct timespec *ts, struct timespec *tw)
```

其中 ts 指挂起线程的时间间隔。当休眠线程被中断时，除非 tw 为 NULL，否则其剩余时间将写入 tw 所指向的结构。如下面的代码所示，周期线程可以通过 nanosleep 系统调用来实现，这里周期为 80 加上计算时间（毫秒）。

```
void *thread(void *arg) {
  struct timespec period;
  period.tv_sec = 0;
  period.tv_nsec = 80 * 1000000; // 80 msec
  while(1) {
  // do some computation
  nanosleep(&period, 0);
  }
}
```

11.4.2.2　线程同步与通信

C/POSIX 接口提供了两种管理并发性的方法：使用 UNIX 进程间通信和同步的进程管理方法，以及使用 POSIX 线程的方法。我们在第 4 章中详细讨论了这两个概念。POSIX 接口中通常有四种线程同步方法。

- 信号。
- 互斥。
- 条件同步。
- 信号量。

下面将简要回顾这些方法，并重点介绍它们的实时特性。

11.4.2.3　信号

UNIX 进程使用信号进行同步。想要捕获信号的进程使用如下的 signal 调用：

```
signal(int signum, sighandler_t handler);
```

其中 signum 是要捕获的信号编号，handler 是接收到信号时被调用的信号处理函数的地址。handler 字段可以设置为 SIG_IGN（忽略信号）或 SIG_DFL（执行默认操作）。向指定进程发送信号是通过系统调用 kill 实现的，如下所示：

```
int kill(pid_t pid, int signum);
```

其中 pid 是接收信号的进程标识符，signum 是信号编号。线程还可以使用下面的调用向同一进程的另一个线程发送信号：

```
int pthread_kill(pthread_t thread, int signum);
```

pause() 系统调用让调用进程或线程等待信号。调用函数 sigwaitinfo、sigtimedwait 和 sigwait 可用于等待，直到接收到指定信号集中的某个信号。下面的示例演示如何捕获当时间耗尽时所产生的 SIGALRM 信号。

```
#include <signal.h>

void my_handler(int sig) {
    signal(SIGALRM, my_handler);
    .... // do interrupt serving
}

main(void) {
  signal(SIGALRM, my_handler);
  while(true) {
    alarm(20);
    ....    // do some work
  }
```

11.4.2.4 互斥

线程中可能存在对全局可访问数据进行操作的临界区，对这些临界区的访问必须是互斥的。POSIX 库提供了数据结构 pthread_mutex_t，可以在进入临界区时设置，在退出时重置。在此之前，必须先声明一个互斥变量 m，如下所示。

```
pthread_mutex_t m;
```

互斥量数据结构和与互斥量相关的函数如下所示。

```
int pthread_mutex_init(pthread_mutex_t *mutex, NULL);
int pthread_mutex_lock(pthread_mutex_t *mutex);
int pthread_mutex_trylock(pthread_mutex_t *mutex);
int pthread_mutex_timedlock(pthread_mutex_t *mutex,
  const struct timespec *abstime);
int pthread_mutex_unlock(pthread_mutex_t *mutex);
```

第一个函数初始化创建的互斥体，函数 pthread_mutex_lock 和 pthread_mutex_unlock 分别用于锁定互斥体和解锁互斥体。注意，调用上述两个函数将解锁或锁定一个数据结构，而不是解锁或锁定其他线程。互斥的基本规则是每当两个或多个线程访问同一全局数据时，应该通过锁定和解锁一个互斥变量来封装它们的访问，以防止出现竞争条件。pthread_mutex_trylock 调用尝试锁定一个互斥体，如果该互斥体已经被锁定，则会给出一个错误。pthread_mutex_timedlock 调用也是尝试锁定一个互斥体，如果无法在指定的时间间隔内锁定该互斥体，则会给出一个错误。实时任务可以使用这两个例程来防止不可预知的阻塞。

11.4.2.5 条件同步

pthread_cond_t 类型的条件变量用于线程间同步。线程可以通过调用 pthread_cond_wait 等待，并且由另一个线程通过调用 pthread_cond_signal 将其唤醒。主要的条件函数如下。

```
int pthread_cond_init(pthread_mutex_t *mutex, NULL);
int pthread_cond_wait(pthread_mutex_t *mutex);
int pthread_cond_timed_wait(pthread_mutex_t *mutex);
int pthread_cond_signal(pthread_mutex_t *mutex);
int pthread_cond_destroy(pthread_mutex_t *mutex);
```

当实时线程只能在有限的时间内等待特定的条件时，对条件的定时等待提供了便利性。pthread_cond_destroy 函数调用从系统中删除条件。注意，条件同步是在互斥变量上执行的。

11.4.2.6 信号量

POSIX 接口中的信号量是一种数据结构，可用于互斥、线程间和任务间同步。我们已经在第 4 章中回顾了 POSIX 信号量的实现，因此这里只列出主要的信号量操作[一]。

```
int sem_init(sem_t *sem, int pshared, unsigned int value);
int sem_wait(sem_t *sem);
int sem_post(sem_t *sem);
int sem_getvalue(sem_t *sem, int *valpt);
int sem_destroy(sem_t *sem);
```

信号量由系统调用 sem_init 用一个初始值初始化，变量 pshared 说明该信号量是否将在其他活动进程之间共享。如果资源不可用，sem_wait 系统调用将阻塞调用者。sem_post 调用增加信号量的值，并解锁信号量队列上的一个等待线程。最后一个例程 sem_destroy 从系统中删除信号量。

11.4.3 异常处理和底层编程

C/POSIX 接口没有显式的异常处理过程。然而，当函数的调用返回错误时，可以使用异常处理过程来实现简单的容错。C 语言的汇编语言编程接口由 pragma asm 提供，如下面的代码段所示。封装在代码块中的汇编指令被执行，然后才开始执行其他的 C 指令。

```
extern void test();

void main( void ) {
  ....
pragma asm
 JMP address
pragma endasm
}
```

11.4.4 C/Real-time POSIX 过程控制的实现

现在我们使用 C/POSIX 实现图 11.1 中的过程控制。这三个任务由 POSIX 线程表示：Temp 和 Humid 任务是时间触发的周期性任务，而 Disp 任务是事件驱动的。Temp 线程如下所示，这是一项周期性任务，每 200ms 唤醒一次，输入温度数据并对照下限值进行检查。如果设备温度低于下限值，Temp 将打开加热器开关。

```
/***************************************************************
                 Temp Task
***************************************************************/
#define LOW_T_LIMIT   12
#define INTERVAL_T    0.2

typedef struct {
     int type;
     int alarm_cond;
     float value;
     }data_t;
```

[一] 这里给出的是 POSIX 匿名信号量，用于有亲缘关系的线程间通信；其他情况下，一般需要使用 POSIX 命名信号量。——译者注

```
typedef struct{
    data_t temp_data;
    data_t humid_data;
    }disp_data_t

disp_data_t disp_data;

void Temp(void *) {

    while(true) {
      sleep(INTERVAL);
      temp_value=Read_T();

      sem_wait(temp_sem);
      if (temp_value<LOW_T_LIMIT) {
         Turn_H_Switch();
         disp_data.temp_data.alarm_cond=ON;
      }
      disp_data.temp_data.value=temp_value;
      sem_post(disp_sem);
    }
}
```

Humid 任务的工作原理与 Temp 任务类似，不过具有不同的下限值和周期，如下面的代码所示。

```
/****************************************************************
                   Humid Task
****************************************************************/
#define LOW_LIMIT    12
#define INTERVAL_H   0.1

void *Humid(void *) {

    while(true) {
      sleep(INTERVAL);
      humid_value=Read_H();
      sem_wait(temp_sem);
      if (humid_value<LOW_H_LIMIT) {
         Turn_D_Switch();
         disp_data.humid_data.alarm_cond=ON;
      }
      disp_data.humid_data.value=humid_value;
      sem_post(disp_sem);
    }
}
```

Disp 任务总是在它的信号量上等待，被激活时首先确定数据源，然后检查报警条件，最后显示数据，如下面的代码所示。

```
/****************************************************************
                   Disp Task
****************************************************************/
#define LOW_LIMIT    12
#define INTERVAL_H   0.1

void *Disp(void *) {

    while(true) {
      sem_wait(disp_sem);
```

```
        if (disp_data.type=TEMP){
          printf("Temperature: f", disp_data.value);
          if(disp_data.alarm_cond==ON)
            Start_T_Alarm();
          sem_post(temp_sem);
        }
        else {
          printf("Humidity: f", disp_data.value);
          if(disp_data.alarm_cond==ON)
            Start_H_Alarm();
          sem_post(humid_sem);
        }
}
```

我们没有列出示例代码的主程序。主程序将初始化包括信号量在内的数据结构，并激活这些线程。

11.5　Ada

Ada 语言是按照美国国防部的要求开发的，目的是为关键任务型系统提供一种编程语言。Ada 是一门广泛使用的语言，支持并发性和实时性。1983 年 Ada 语言作为 ANSI/MIL 标准发布，在 1987 年成为 ISO 标准 [1]。Ada 语言第二次大规模修订产生了 Ada 95，我们将对其进行简要回顾。Ada 是块结构化的，由以下一个或多个模块组成：

- **子程序**：类似于通用编程语言中的过程或函数。
- **包**：用于封装和模块化设计。
- **任务**：表示操作系统任务的基本并发单元。
- **受保护单元**：主要用于保护增加了同步功能后的共享数据。

Ada 中的块具有以下结构 [2]。

```
declare
-- definitions of objects, subprograms, types, etc.
begin
-- sequence of statements
exception
-- exception handling
end;
```

我们来看如何实现一个 Ada 函数，让它计算整数向量的元素之和。Summation 函数返回 Sum 变量，注意，我们要做的就是让循环指针 I 在 V'Range 中遍历向量 V 的所有值。

```
function Summation(V: Vector) return Integer is
   Sum : Integer := 0;
begin
  for I in V'Range loop
      Sum := Sum + V(I);
  end loop;
  return Sum;
end Summation;
```

Ada 具有面向对象语言的基本特性，模块可以将它的一些变量和函数声明为**私有**，这样它们就不会被外部访问。另外，Ada 95 还提供了面向对象的编程工具，如继承、构造函数、析构函数和多态性。

11.5.1 并发

Ada 中并发的基本单元称为**任务**，由关键字 task 进行显式声明。多个 Ada 任务就像操作系统任务一样，使用共享变量、受保护单元或一种称为**汇聚**（rendezvous）的方法进行同步和通信。任务的说明包括其名称、创建时可能的输入参数、可见部分和私有部分。任务的任务体包含其可执行代码，如下例所示。

```
procedure Example1 is
task type A_Type;
task B;
A,C : A_Type;
task body A_Type is
--local declarations for task A and C
begin
--sequence of statements for task A and C
end A_Type;
task body B is
--local declarations for task B
begin
--sequence of statements for task B
end B;
begin
--task A,C and B start their executions before the first
-- statement of this procedure.
end
```

我们在这个程序段定义了一个任务类型 A_type，可以用来对任务进行分类。任务体声明包含本地声明和任务的实际代码。上述实例过程启动时，所有任务开始并发执行。

11.5.1.1 时间管理

Ada 95 使用一个称为 Time 的数据类型表示分辨率为 1 ms 的实时时间。当前的实时时间值可以通过函数 Clock 读取。下面的示例演示了如何测量一个循环所花费的时间。

```
task body Example2 is
  First, Second, Interval : Time;
  begin
    First := Clock;    -- record the time before loop starts
   loop
   ...
   end loop;
   Second := Clock;   -- record the time when loop ends
   Interval := Second - First;
  end Example2;
```

在上述代码中，我们不可以用 Interval:=Clock-First; 来取代循环结束后的两条语句。作为另外的选择，Ada 提供的 Calendar 包可以用来有效地管理时间。

11.5.1.2 周期性任务

Ada 中的周期性任务可以使用 delay until 结构来指定，如下例所示。设置 Interval 的大小以反映周期的长短。注意，Interval 应该设置为任务的 $T-C$ 值。例如，如果任务执行 20 ms 并且应该每 100 ms 激活一次，那么需要将 Interval 设置为 80 ms。

```
task  T1 is
Interval : constant Duration := 0.08;
Next_Time : Time;
begin
```

```
Next_Time := Clock + Interval;
loop
  Action;   -- procedure doing useful work
  delay until Next_Time;
  Next_Time := Next_Time + Interval;
end loop;
end T;
```

11.5.1.3　任务优先级

Ada 提供了对静态和动态任务优先级的支持。任务的静态优先级使用 pragma Priority 进行声明，如下所示。

```
task  T1 is
  #pragma  Priority(12)
end T;
```

Ada 95 增加的实时系统支持动态优先级。

```
package Ada.Dynamic_Priorities is
  procedure Set_Priority(...);
  function Get_Priority(...) return Any_Priority;
end Ada.Dynamic_Priorities;
```

使用这个包可以在任务执行期间读取和更改任务的优先级。

11.5.1.4　任务同步与通信

Ada 主要的同步和通信方法由一对 entry/accept 调用实现。两个任务（调用者和服务器）使用这两个函数调用进行同步和传输数据。调用者执行 entry 调用服务器中的一个入口，服务器执行 accept 语句接受调用。如果服务器在调用者执行 entry 调用之前执行 accept，则服务器在该执行点被阻塞。反过来，如果调用者在服务器执行 accept 之前执行 entry，则调用者在该 entry 执行点被阻塞。在服务器处理 accept 期间，调用者保持阻塞状态。这种方式实现了完整可靠的同步通信。调用者需要知道服务器及其入口，而服务器不需要知道调用者。只有一个调用者可以与服务器汇聚，而任何其他试图和该服务器汇聚的调用者都将被阻塞。下面的示例演示了一个服务器任务，它从客户端接受一个整数，计算其平方值，然后打印输出。例如，客户端需要调用 Square.Caculate(3) 以取得 3 的平方。输出由 Put 调用实现。

```
task Server is
    entry Square(x in Integer);
  end Server;

  task body Server is
      a : Integer;
  begin
    accept Square(x : in Integer, a : out integer) do
      a := x * x;
      Put(a);
    end Square;
  end Server;
```

当服务器想要等待两个或更多不同类型的 accept 调用时，可以使用 select 语句。下面的示例演示如何使用 select 语句，其中服务器任务以任意次序接受 Add 或者 Subtract 入口调用并阻塞，直到完成一个 accept 调用。

```
task Calculate is
     entry Add(x,y in Integer, z: out Integer);
     entry Subtract(x,y in Integer, z: out Integer););
   end Calculate;

   task body Calculate is
       a : Integer;
   begin
     loop
       select
          accept Add(x, y: in Integer, a: out Integer) do
             a:= x + y;
             Put(a);
          end Add;
       or
        accept Subtract(x, y:in Integer, a:out Integer)do
             a:= x - y;
             Put(a);
          end Subtract;
   end Calculate;
```

11.5.2 异常处理

Ada 语言中的异常是程序执行过程中出现的错误情况。**异常处理**是这样一个过程，它在运行时捕获这些错误并执行某些补救操作或显示错误状态。Ada 的块语句包括声明部分、语句序列以及异常处理部分。Ada 中预定义的异常类型在 Standard 包中定义：

- **约束错误**（Constraint_Error）：约束范围被违反时引发。
- **数字错误**（Numeric_Error）：由于一些情况（如溢出或除以零）而无法执行数字操作时引发。
- **程序错误**（Program_Error）：到达函数结尾未遇到 return 语句时引发。
- **存储错误**（Storage_Error）：由于对象的动态创建而耗尽内存空间，或者栈空间耗尽时引发。
- **任务错误**（Tasking_Error）：在任务通信过程中引发。例如，任务试图通过汇聚操作与休眠任务同步时。

异常可以由位于块末尾的 exception 部分进行处理，并由 when 关键字指定异常类型。我们用一个计算输入整数的阶乘的递归函数为例来说明这些概念。如果输入值太大而无法计算，则会引发异常。

```
function Factorial(n:integer) return integer is
begin
  if n=1 then return 1;
  else return n * Factorial(n-1);
  end if;
exception
 when NUMERIC_ERROR
    Put_Line("Input too large");
end
```

一个块中可以有多个异常处理，下面举例说明用于打开文件并对其执行某些操作的异常处理。多个异常处理的执行方式与 case 语句类似，每种情况都包含了一个异常处理程序。

```
begin
 -- operations on the file
exception
```

```
   when File_Not_Found
      Put_Line("File does not exist");
    when End_Of_File
      Close(file);
    when others
      Put_Line("Error");
end
```

用户可以调用 raise 激活异常，然后在程序中的任意位置声明异常类型，例如：

```
raise CONSTRAINT_ERROR
```

用户可以在声明部分插入自定义的异常，例如：

```
my_exception: exception;
```

使用 pragma suppress 可以抑制异常。例如，抑制存储错误的语法如下：

```
pragma suppress (storage_check);
```

11.5.3　Ada 过程控制的实现

图 11.1 的过程控制系统的实时软件的 Ada 实现类似于 C/POSIX 的实现，其中涉及三个 Ada 任务。**受保护**对象 Display 可以提供任务 Temp 和 Humid 之间的互斥机制，这个对象中的任何过程只能由一个任务执行，如果被调用的任何过程已经由另一个任务执行，则调用任务将被阻塞。

```
protected type Display is
  procedure Temp_Disp(data: in Temp_Data);
  procedure Humid_Disp(data: in Humid_Data);
end Display;
protected body Display is
begin
  procedure Temp_Disp(data : in Temp_Data) is
    begin
        Printline("Temperature: ", data);
    end Temp_Disp;
  procedure Humid_Disp(data : in Humid_Data) is
    begin
        Printline("Humidity: ", data);
    end Humid_Disp;
end Display;
```

两个任务 Temp 和 Humid 现在可以按如下方式编码：每个任务从其传感器读取数值后，检查该值是否低于或高于阈值，并在对象 Display 中调用其过程。

```
procedure Process_Control is
    task Temp;
    task Humid;
    task body Temp is
        temp_Uthreshold: constant := (some_value);
        temp_Lthreshold: constant := (some_value);
    begin
      loop
        Read_Temp(temp_value);
        if temp_value > temp_Uthreshold or
         temp_value < Ltemp_threshold  then
           Set_Temp(Temp_Switch, temp_value);
        end if
```

```
        Display.Temp_Disp(temp_value);
      end loop
   end Temp;
   task body Humid is
   begin
       Humid_Hthreshold: constant := (some_value);
       Humid_Lthreshold: constant := (some_value);
       loop
           Read_Humid(humid_value);
           if humid_value > Humid_Uthreshold or
               temp_value < Humid_Lthreshold  then
               Set_Humid(Humid_Switch, humid_value);
           end if
           Display.Humid_Disp(humid_value);
       end loop
   end Humid;

   begin
      null; -- Temp and Humid tasks run concurrently
   end Process_Control;
```

11.6 Java

Java 是一种与平台无关的面向对象语言，它的语法与 C/C++ 的语法类似。Java 的目标之一是可移植性，因此，Java 源代码被编译成称为 Java **字节码**的中间代码，它可以在任何 **Java 虚拟机**（Java Virtual Machine，JVM）上运行。Java 展示了面向对象编程的所有基本特性，例如类、继承和多态性。现在我们在 Java 中实现之前的向量元素求和函数。首先定义一个类 Vectors，然后在类中定义名为 Summation 的方法用于计算输入向量的元素的和。

```
class Vectors
{ public int   Summation(Vector V )
  { int sum = 0;
    int i;
    for (i=0; i<V.length; i++)
      sum = sum + V[i];
    return sum;
  }
}
```

Java 中的类包括数据和方法，一个类可能属于一个包。Java 中的方法和实例变量可以是**公共的**（在类外可见），也可以是**受保护的**（仅在包内或类中可见），甚至可以是**私有的**（不可在类外访问）。

11.6.1 Java 线程

Java 中的线程是基本执行单元，它可以是一个 POSIX 线程，也可以是一个 Java 任务。JVM 主线程首先调用 main 方法。java.lang.Thread 类可以扩展以创建线程。还有一个如下所示的标准接口可用于并发执行：

```
public interface Runnable
    public abstract void run();
```

作为第一个线程创建的例子，我们在下面的示例中使用 Thread 类，这个类被扩展到 thr 类，而 thr 类的实例 T1 由主线程调用 new 创建，创建的线程只是简单地在屏幕上显示"Hello"。在这个实现中，可以将线程的特定代码放在 run 方法中。

```
class thr extends Thread {
  public void run() {
    System.out.println("Hello");
  }
  public static void main(String args[]) {
    thr T1= new thr();
    T1.start;
  }
}
```

第二种实现类型涉及使用 Runnable 接口，并从 **class** thr **implements** Runnable 标题开始指定 run 方法。线程可以动态创建，主程序在所有的用户线程结束时终止。Java 线程可以是**用户线程**，也可以是称为**守护线程**的服务器线程。Java 线程的常用方法如下：

- void run()：线程的入口点。
- void start()：通过激活线程的 run 方法来启动线程。
- boolean isAlive()：确定线程是否仍在运行。
- sleep(long ms)：在指定的时间段内暂停线程。
- void join()：等待线程完成。

11.6.2 线程同步

Java 中的临界区由 lock 对象保护。lock 对象上定义的两个方法是 lock 和 unlock，如下面的代码段所示。

```
import java.util.concurrent.locks.*;
// non-critical section
Lock my_lock;
while (true) {
  my_lock.lock(); // enter critical section
  try {
  // critical section
}
finally { // this is needed to ensure releasing
//  of the lock even when an exception is raised
my_lock.unlock(); // return to normal mode
  }
}
```

Java 中公共的 semaphore 类可实现的方法如下：

- count()：返回信号量的当前值。
- up()：增加信号量计数（类似于 DRTK 中的 signal_sema 调用）。
- down()：等待计数为正，然后递减计数（类似于 DRTK 中的 wait_sema 调用）。

信号量可用于线程间同步，也可以作为锁用于互斥。假设我们已经创建了信号量对象 sem，那么在临界区的入口和出口处分别调用 sem.down 和 sem.up 可以使临界区得到保护。

时间和调度管理

Java 提供了公共类 Clock 和 getTime 以及该类上的其他方法来进行时间管理。Java 中的线程可以被另一个线程使用函数 interrupt() 中断，该函数会引发一个异常 InterruptedException。休眠线程或等待线程可以捕获该中断，但是，正在运行的线程无法捕获该中断。函数 interrupted() 在中断发生时返回布尔真值，下面的代码段演示了一个检查该函数以捕获中断的线程。这个周期性线程在下次激活之前休眠 200ms，但它可以接收中断并为其提供服务。

```
class thr extends Thread {
    public void run() {
        try {
            for(;;) {
                while(!interrupted) {
                    // do some work
                    Thread.sleep(200);
                }
            }
        } catch(InterruptedException e) {
            // do interrupt serving
        }
    }
}
```

11.6.3 异常处理

Java 中的异常处理是通过 try_block 实现的，try_block 提供了对块的保护。

```
try
// code that may cause exception
// ...

catch  (exception type x)
  // exception handler for x

finally  (exception type y)
  // code executed in all cases
```

Java 中可能存在以下类型的异常：

- 当空指针被传递给 stop 方法时，抛出 NullPointerException。
- 当调用 start 方法而线程已经启动时，抛出 IllegalThreadStateException。
- 当在线程上调用 stop 或 destroy 方法，而调用者没有获得所请求的操作的许可时，抛出 SecurityException。
- 等待或休眠的线程被中断时，抛出 InterruptedException。

11.7 复习题

1. 实时编程语言的主要需求是什么？
2. C 语言如何提供并发性？
3. UNIX 中延迟任务的主要函数是什么？ POSIX 接口中延迟任务的函数是什么？
4. Ada 用于生成周期性任务的主要系统调用是什么？
5. Ada 任务同步的主要方法是什么？
6. Ada 的主要异常类型是什么？
7. Java 有别于其他编程语言的主要特点是什么？
8. Java 创建线程的两种主要方法是什么？
9. Java 访问共享变量时如何实现互斥？
10. Java 信号量类的主要方法是什么？
11. 如何在 Java 中捕获异常？
12. Java 的主要异常类型是什么？

11.8 本章提要

实时编程语言的主要需求是有效的时间管理、并发支持、异常处理、中断处理和实时调度支持。我们回顾了三种主要的实时编程语言：C/POSIX、Ada 和 Java。C 语言仍然被广泛用于实现实时软件，但它本身并不是实时的。实时 POSIX 扩展提供了方便的时间管理、使用线程的多任务处理、定时任务同步和通信原语。Ada 是为关键任务型系统设计的，拥有上述所有用于实时编程的功能。Ada 把任务定义为单个可执行单元，并且提供了用于任务间同步和通信的各种方法。Ada 也拥有异常处理和调度功能。Java 语言可用于实时系统的软件开发，它通过线程提供开发性，并且具有中断和异常处理功能。

我们的根本问题是需要决定使用实时操作系统还是实时编程语言来实现实时软件。前者意味着我们将在实时操作系统上使用一门通用的编程语言（例如 C/C++），产品容易移植，并且可能具有比实时编程语言更为丰富的系统调用库。此外，如果实时编程语言使用的模型和操作系统的完全不同，问题可能会变得复杂。我们扼要介绍了上述三种语言的实时特性，实时 C/POSIX 在文献 [2] 中有描述，关于 Ada 的深入研究可以在文献 [3] 中找到，Java 在实时应用程序中的使用可以参考文献 [4]。

11.9 编程练习题

1. 用 C/POSIX 编写一个程序。设有三个线程 T_1、T_2 和 T_3，其中 T_1 从用户输入一个整数，并将其写入一个共享内存位置。T_2 读取这个整数，对照下限和上限检查它，再将它与一个常量相乘，然后将结果放入另一个共享内存位置，以便 T_3 输入并显示。注意保护所有临界区。

2. 用 Ada 编写一个程序。服务器任务充当计算器，执行四个基本算术运算。调用者任务接收用户输入的两个数字和所要求的运算。调用者调用服务器相应的入口。

3. 用 Ada 编写一个程序。声明一个由 10 个整数组成的数组 X，初始化其中的每项，使 $X(I)=2I$。执行程序从用户输入一个下标，显示 X 中该下标对应的项的值。给出程序的异常处理部分，使得在用户输入无效下标时引发 CONSTRAINT_ERROR 并显示错误消息。

4. 由 Java 模块提供周期性实时任务 τ_1、τ_2 和 τ_3。任务 τ_1 从文件中读取数据，然后向任务 τ_2 发送中断，任务 τ_2 将该数据写入另一个文件，并对任务 τ_3 正在等待的信号量执行 up。任务 τ_3 读取文件的内容并显示。用 Java 编写这个程序并附带简短的注释。

参考文献

[1] Ben-Ari M (2005) Ada for software engineers. Weizmann Institute of Science
[2] Burns A, Wellings A (2001) Real time systems and programming languages: Ada 95, real-time Java and real-time C/POSIX, 3rd edn. Addison-Wesley
[3] Burns A, Wellings A (2007) Concurrent and real-time programming in Ada, 3rd edn. Cambridge University Press
[4] Real-time specification for Java 2.0 (RTSJ 2.0). https://www.aicas.com/cms/en/rtsj

容　错

12.1　引言

计算机系统中的故障表现为与系统的硬件或者软件有关的部件不能正常工作。硬件部件缺陷的原因可能是制造缺陷、老化（比如由于长期使用造成的磨损效应）或者某些环境因素的影响（例如部件的使用环境超出了规定的温度或振动范围等）。软件故障可能是由于各种原因（比如软件 bug、错误的设计）引起的。一个故障会导致一个错误，从而可能会引起系统的一部分或者整体失效。过去的悲剧性灾难（如飞机坠毁、火箭坠落等）通常都遵循这种模式。例如，飞机高度显示器的电路元件故障将导致显示器读数错误（显示器故障），从而可能误导飞行员而造成事故。

故障需要得到检测，然后调用故障恢复操作以防止系统失效（如果可能的话）。容错性是系统在出现故障时继续正常工作的能力。容错性在实时系统中必不可少，因为由于故障所产生的失效可能会导致生命和财产损失。

本章首先介绍与容错相关的基本概念和术语，然后讨论一些基本的硬件和软件故障示例以及故障恢复方法，并描述实时系统中的容错调度。在分布式（实时）系统中，采用任务组是实现容错的基本方法，为此，我们将讨论一些把消息有序可靠地传递给任务组的方法。

12.2　概念和术语

计算机系统中的故障是由许多原因引起的，其中最基本的原因是不适当的需求规格说明，软件设计错误，硬件部件失效以及主要由于干扰引起的网络错误。激活的故障可能导致错误，而错误是可能导致系统失效的系统局部状态。错误可能会传播并导致一系列错误。我们需要定义以下几个关于容错的术语 [8,10]：

- **可信赖性**：这是系统向用户提供预期服务水平的能力 [10]。可信赖性的主要特征是可靠性、可用性和安全性。
- **可靠性**和**不可靠性**：假定系统在时刻 0 正常运行，可靠性 $R(t)$ 是指系统按照其规范在时间区间 $[0, t]$ 内正常运行的概率，不可靠性 $F(t)$ 是系统在区间 $[0, t]$ 内任何时刻发生故障的概率。因此 $R(t) = 1 - F(t)$。
- **可用性**：可用性 $A(t)$ 是指系统在时刻 t 按照其规范正确运行的概率。注意，可用性是针对特定的瞬续 t 进行评估的，而可靠性是针对时间区间 $[0, t]$ 进行评估的。
- **可靠安全性（Safety）**：可靠安全性 $S(t)$ 是指系统在时间区间 $[0, t]$ 内不发生失效，能够正常工作，不会对人员、财产或环境造成损害的概率。
- **可维护性** $M(\Delta t)$：失效的系统在指定时间间隔 Δt 内恢复的概率。
- **安全关键型系统**：一类系统，其失效可能导致人员、财产损失和（或）环境损害。分布式实时系统和一些嵌入式系统通常属于这一类。

- **保密安全性**（Security）：系统保护自身免受潜在损害的能力。
- **失效、错误和故障**：已经设计好的系统应该具备说明其行为的规范。当系统的行为偏离其规范时，系统就处于**失效**状态。失效由错误引起，而错误是故障的结果⊖。图 12.1 描述了这种关系。
- **错误延迟**：这是发生错误和导致失效之间的时间。

图 12.1 故障、错误和失效之间的关系

故障预防是防止故障发生的一套方法。处理故障的两种主要方法是**故障屏蔽**和**故障重构**。故障屏蔽是防止系统发生故障的过程，而故障重构则是从系统中剔除故障部件并让系统恢复运行状态。故障重构通常包括以下连续步骤：

1）**故障检测**：在开始恢复程序之前，需要检测故障。

2）**故障定位**：查找故障的位置。

3）**故障遏制**：需要隔离故障以防止其在系统中传播。

4）**故障恢复**：故障发生后，将系统恢复到运行状态的过程。

12.3 故障分类

故障可能是由各种原因引起的，例如需求规格说明错误或者由于外部干扰（如噪声或辐射等）引起的错误。根据故障的发生和持续时间，可以把故障分为以下几类。

- **永久性故障**：永久性故障通常由失效部件引起，只能通过更换或修理该部件才能从此类故障中恢复⊖。
- **瞬时性故障**：瞬时性故障仅在特定的时刻发生，并且在短时间内消失，随后系统通常继续正常工作。许多通信网络故障都属于这种类型。
- **间歇性故障**：间歇性故障是一种难以检测的反复出现的故障。系统发生故障，随后又正常运行，这种情况频繁出现。电子电路中的连接松动可能会导致这种故障。

从另一个角度看，可以根据产生失效时的有关的值和时间对故障进行如下分类 [1, 6]：

- **失效安全**：系统在出现临时故障时能够继续正常工作。
- **失效延迟**：系统能够产生正确的值，但产生这些值的时间有延迟。
- **故障弱化**或**失效软化**：系统在发生故障时能够继续执行其主要功能，同时将某些服务降级。
- **失效沉默**：系统在时间域和值域正常工作，直到发生遗漏失效（例如在进程或通信链路中）。在此之后，所有服务都会发生遗漏失效。

12.4 冗余

冗余指的是复制系统的关键硬件和软件组件，以便在组件失效时及时使用副本进行替

⊖ 软件测试理论认为，软件错误是一种人为错误，它会造成软件故障。软件故障如果没有及时的容错措施加以处理，便可能在一定条件下导致软件失效。很多时候"错误"和"故障"被当作同义词使用。——译者注

⊖ 软件的永久性故障需要对错误模块重新设计或编码才能解决。——译者注

代，从而提高可靠性。冗余的主要类型有硬件冗余、信息冗余、时间冗余和软件冗余。

12.4.1   硬件冗余

计算机系统中的硬件冗余可以由**被动冗余**、**主动冗余**或**混合冗余**三种类型加以实现[5]。被动硬件冗余采用了故障屏蔽技术，通常由 n 个独立的相同硬件模块执行相同的功能，对这些模块的输出进行表决以确定正确的输出。一个 $M\text{-}of\text{-}N$ 系统由 N 个组件组成，由至少 M 个组件的正常工作来保证系统的正确运行。三模块冗余（Triple Modular Redundancy，TMR）系统是一个 2-of-3 系统，这里 $M = 2$，$N = 3$，需要两个正确运行的组件系统才能正确运行。

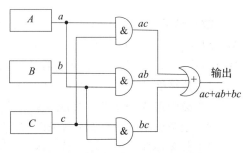

TMR 由三个执行相同操作的组件实现，并对结果进行表决。TMR 的表决电路可以由被称为 1 位择多表决器的与或门实现，如图 12.2 所示。三个模块 A、B 和 C 分别产生 1 位输出 a、b 和 c。我们假设错误状态将产生 false 输出，正确状态将产生 true 输出。注意，在这种情况下，即使有一个组件失效，或门的输出也是 true。n 位择多表决器是 n 个 1 位择多表决器的并行结构。这样的表决器的总延迟是与门和或门的 2 门延迟。

图 12.2   带逻辑输出的 TMR 的实现

TMR 表决可以通过一个简单的程序用软件实现，该程序对来自各个模块的输出进行三次比较，其输出与至少两个模块的输出相同。硬件表决器比软件表决器更为昂贵，因为需要额外的电路，但是速度更快。图 12.3 的示例是更为通用的三级 TMR 的实现，它不需要逻辑变量。此外，人们认为表决器可能会发生故障，因此需要三模块冗余。

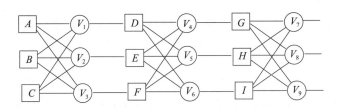

图 12.3   通用 TMR 的实现（改编自文献 [13]）

N 模块冗余是 TMR 的 N 模块推广。当 $N > 2k$ 时，最多可以检测到 k 次故障。看门狗定时器由系统或者应用程序任务定期重置，如果重置失败，则表明存在故障。看门狗定时器通常用于实时系统。主动硬件冗余通过执行故障检测，故障定位，故障抑制和恢复一系列过程来实现。混合硬件冗余结合了被动冗余和主动冗余方法，其中采用了故障预防和主动冗余步骤[5]。

12.4.2   信息冗余

从一个存储位置传输到另一个存储位置的数据（或者更常见的从网络中的一个节点传输到另一个节点的数据）可能包含错误。**信息冗余**向数据添加更多信息以检测错误。

校验编码

把校验位添加到数据中的在数据字层面的操作称为**校验编码**。一个 d 位的数据字被编码为 c 位的码字，数据的接收方或者用户将码字**解码**并恢复原始数据[8]。可以设计一个编码方案，使得在码字中引入的错误会导致码字越界，从而检测错误。编码还可以被设计成纠错码，能够对错误的码字进行纠正。

两个二进制字 x 和 y 的**汉明距离**是它们之间值不相同的二进制位的数目。例如，给定两个二进制字 $x = 0100\ 1000$ 和 $y = 0101\ 1010$，x 和 y 的汉明距离 $H_d(x, y)$ 为 2。

奇偶校验码

把一个额外的二进制位加到一个二进制字上，使得到的码字有偶数个 1（**偶校验**）或奇数个 1（**奇校验**）。例如，给定 7 位二进制字 0110 101，我们给它添加一个 0 作为最后一位，表示偶校验；或者添加一个 1 表示奇校验。码字的接收方可以测试奇偶校验码并检测出 1 位错误。这种方法的简单性使得它可以用于保护内存中的数据。奇偶校验码的生成和检测通常利用硬件的异或门来执行，如图 12.4 所示。图 12.4a 中生成使用偶校验的 3 位二进制数据的校验位，图 12.4b 中测试 4 位码字的偶校验并输出错误位（E）。

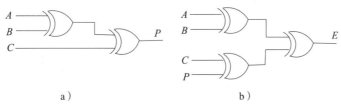

图 12.4 由异或门实现的偶校验编码和检测

为了检测超过 1 位的错误，可以使用水平与垂直奇偶校验码生成和测试方法。这个方法如前所述添加水平奇偶校验位，并添加垂直奇偶校验位，在底部形成一个新的码字。这样可以纠正数据块中的单个位错误。码字中的某个错误位在它所属的行和列上都会出现奇偶校验错误。表 12.1 给出了一个水平与垂直奇偶校验方法的偶校验示例，其中四个 4 位（c_4 到 c_1）二进制数据字在水平方向各添加一个偶校验位（c_0），得到四个 5 位码字，然后这些码字的各个二进制位 $c_4, \cdots, c_1, c_0$ 在垂直方向按位相加⊖，得到 5 个垂直偶校验位，这些垂直偶校验位构成一个新的校验字作为第五个码字。表 12.1 中所有添加的校验位均以粗体显示。

表 12.1 水平与垂直偶校验的码字矩阵示例

c_4	c_3	c_2	c_1	c_0
1	0	1	0	**0**
0	1	1	1	**1**
1	0	0	1	**0**
1	1	1	1	**0**
1	**0**	**1**	**1**	**1**

循环冗余校验

循环冗余校验（Cyclic Redundancy Check, CRC）是 OSI 七层模型的数据链路层常用的一种有效的错误检测方法。一个 CRC 节点计算一个称为 check value 的短二进制码，并将其附加到要发送或者写入的数据中形成码字。这是通过对 n 位二进制数据 $D(n) = \{d_{n-1}, \cdots, d_0\}$ 应用以下步骤来实现的。

1）选择一个 k 位二进制多项式 $P(k)$。

⊖ 分别按位做模 2 加法。——译者注

2）追加 $k-1$ 个 0 到 $D(n)$ 的末尾，得到 $D(n + k - 1)$。

3）使用模 2 算术将 $D(n+k-1)$ 除以 $P(k)$。这就像丢弃进位的二进制加法。

4）把得到的余数 $R(k-1)$ 附加在 $D(n)$ 的末尾，得到 $D^*(n+k-1)$ 用于发送或者写入。

接收器或者读取器执行以下步骤：

1）使用模 2 算术将接收或者读取到的数据 $D^*(n + k - 1)$ 除以同一个 $P(k)$。

2）如果余数为零，则接收到的消息不包含错误，可以将 $D^*(n)$ 提交给应用程序。

3）否则，通知数据出错。

图 12.5 是发送侧和接收侧的示例，其中 $D(5) = 10110$，$P(4) = 1101$。图 12.5a 从模 2 除法得到的余数是 101，它被附加到 $D(5)$，得到 10110101 并执行发送 / 写入操作。图 12.5b 接收器或者读取器将这个二进制数除以相同的多项式并得到零，这意味着在这种情况下没有发生错误。

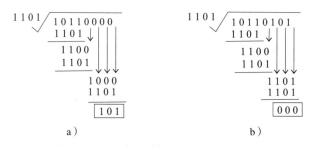

图 12.5 CRC 示例

可以证明，使用这个方法，在没有错误的情况下接收器处的余数总为零。多项式 $P(k)$ 的选择很重要，它应该能够最大限度地提高错误检测能力，最小化碰撞概率。最常用的 CRC 多项式长度是 9、17、33 和 65 位。

12.4.3 时间冗余

时间冗余是通过分配额外的时间用于检查故障来实现的。例如，重复执行软件模块并对执行结果进行比较，可以提供对瞬时故障的检测，因为这类故障在整个系统生命周期中通常只发生几次。图 12.6 描述了时间冗余的逻辑图，其中在三个时间点 t_1、t_2 和 t_3 用相同的输入 x 重复相同的计算，并比较三个输出 a、b 和 c。如果前两个输出中的一个与 c 不同，则发生瞬时故障。注意，如果 c 与 a 和 b 都不同，我们需要在另一个时间点执行另一次测试以确定 t_3 时刻的故障是永久性的还是瞬时性的。这种类型的冗余不需要任何额外的硬件，但可能导致计算开销很高。

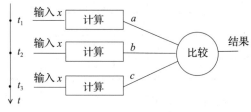

图 12.6 时间冗余

12.4.4 软件冗余

在特定输入序列或条件下发生的软件故障通常是错误设计的结果。软件冗余方法主要通过额外的软件存储和运行来防止软件故障的发生。这一类容错技术大致可以分为**单版本**方法和**多版本**方法。

12.4.4.1 单版本方法

单版本方法在软件模块的单一版本上增加软件模块来实现故障恢复。故障恢复的两种技术是**异常处理**和**检查点**。

异常处理

异常是由于某些意外情况（例如被零除、内存损坏以及错误设计的影响）造成的软件中断。异常需要得到正确处理，因为它们可能导致系统失效。异常处理方法大致可分为**编程异常处理**和**默认异常处理**。在编程异常处理中，可能发生的异常类型是已知的，因此可以由程序员编写异常处理程序执行相应的操作。异常处理程序尝试屏蔽故障，如果无法做到，则可以通过检查点恢复将系统恢复到以前的安全状态。默认的异常处理程序应该利用编程语言的结构来处理所有不可预测的异常。各种编程语言（如 Ada 和 Java）提供了对异常处理的说明（正如我们在第 11 章中所回顾的），程序员通常使用现有的编程语言结构来实现默认的异常处理。

异常处理在实时系统中非常重要，因为这类系统失效可能会导致灾难性的结果。实时系统中的一个异常会增加计算开销，可能导致某些硬实时任务错过截止期限。因此，实时系统中的异常处理代码应该非常高效。

检查点

检查点方法在系统失效时，将系统状态恢复到失效之前的无故障状态。系统的当前状态定期或在关键代码执行之前被保存在非易失性存储器中。**增量检查点**只保存上一检查点之后被修改的系统状态，可以省去存储系统状态的时间和空间。失效检测是检查点软件的一部分。检查点软件通常由某一条件（例如检测一个本应该持续工作的任务终止运行）启动。系统的恢复是通过加载最后一次记录的状态，然后继续正常运行来实现。在增量检查点的情况下，先恢复最后一次完整的检查点状态，然后进行增量更改。

检查点方法能够检测到瞬时性故障，但永久性故障将持续引发更多的恢复过程。未发现的错误可能与系统状态一起被存储，恢复系统状态并不会消除原有的错误。在这种情况下，可以重新启动系统或报告故障，还可以使用不同而且可能效率较低的软件模块实现故障弱化。

12.4.4.2 多版本方法

多版本方法利用软件组件的多个版本进行冗余以实现故障恢复。这项技术中使用的两种主要方法是**恢复块**和 *N* **版本编程**。

恢复块

这个方法将软件划分为多个块，每个块有多个功能等效的块与主块并行运行。块的入口点是**自动恢复点**，并且在输出端形成一个**验收测试点**。系统执行主块后接着执行验收测试，测试系统是否处于可接受状态。如果验收测试失败，则执行转移到处于块的开头的自动恢复点，并选择另一个块执行。再次失败将导致执行另一个并行块，如果所有块都失败，则报告失败情况，这种情况下恢复过程应该在更高的抽象级别上处理。

***N* 版本编程**

软件冗余可以通过 *N* 版本编程来实现。这种技术的主要思想是测试一个程序的不同版本，并测试输出是否相同，从而找到故障组件 [3]。*N* 版本编程方法类似于硬件的 NMR。程序的功能等价物称为**版本**。在这个方法中，*N* 个不同版本的程序并行执行，并通过一个**驱动**进程对输出进行比较。当所有版本的初始条件相同，输入相同，而且决策算法可靠时，所有版本的输出应该相同。这些版本通常由不同的团队开发，这些团队在开发过程中不进行交互。不同的算法、不同的编程语言和不同的开发环境将产生本质不同的设计[12]。不同版本的顺序执行也是可能的方案，但不适合实时应用程序。

N 自检编程

N 自检编程方法同时使用 *N* 版本编程和恢复块。软件模块有 *N* 个版本，每个模块的输出都有一个验收测试（Acceptance Test，AT）。通过验收测试的最高排名版本作为 *N*-to-1 多路复用器的输出，如图 12.7 所示[5]。使用比较方法的 *N* 自检编程比较每一对版本的输出，并选择最高排名者作为多路复用器的稳定输入。

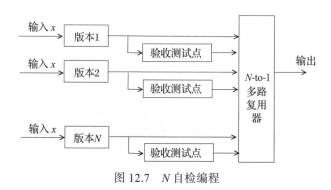

图 12.7 *N* 自检编程

12.5 容错实时系统

容错在实时系统中是必不可少的，因为失效可能会导致灾难性事件。上面描述的所有冗余技术（包括硬件、信息、软件以及时间冗余）都适用于这样的系统。在现实中，硬件冗余经常被用于飞机等安全关键型系统。实时系统的一个基本要求是保证任务在截止期限前完成。因此，除了一般的容错方法外，还需要在出现故障时提供容错调度技术。我们在第 7 章讨论了离线工作的静态调度算法和在运行时决定下一个任务调度时间的动态调度算法。下面对容错实时调度进行分析。

12.5.1 静态调度

容错静态调度方法通常在离线计算的调度方案中保留空闲时间，以便在系统发生故障时可以在线使用这个时间。容错调度中使用的三种主要方法是主 / 应急调度、屏蔽以及在线重新调度，如文献 [7] 所述。

在主 / 应急调度方法中，有一个主调度和若干预先计算的应急调度。当系统失效使任务未能在截止期限前完成时，就会启动应急调度。屏蔽方法本质上是一种软件冗余方法，它使用一个任务的 *n* 个版本，这些版本总是在一组计算元素上运行。在线重新调度分两步实现，首先离线计算一个静态调度方案，当任务失败时生成一个非周期性请求，根据该请求，一些周期性任务会在不违反截止期限的情况下重新排序，然后在保留的空闲时间激活相应的失败备份。

12.5.2 动态调度

下面将讨论如何扩展单调速率（RM）算法，使其具有容错性。RM 算法假设任务是独立的周期性任务，并根据任务周期的长度为任务分配优先级。如果任务集的利用率 $U = \sum_{i=1}^{n} C_i / T_i \leq n(2^n - 1)$，

其中 T_i 是任务 τ_i 的周期，C_i 是计算时间，则 RM 算法可提供可行的调度方案。

文献 [7, 11] 对 RM 算法进行了容错性扩展，即让任务有多个版本，使用首次适应的启发式装箱算法将每个任务版本分配给不同的处理器，如算法 12.1 所示。假设我们有一个任务集 $T = \{\tau_1, \cdots, \tau_n\}$，每项任务 τ_j 有 r 个版本 $\tau_j^1, \tau_j^2, \cdots, \tau_j^r$。算法的每一次迭代都会进行一次测试，以确定版本 τ_j^k 是否可以和处理器 P_k 上已经分配的任务进行 RM 调度。如果测试失败，那么递增处理器的数量（第 7 行）。如果处理器递增后的数字超过可用的处理器数量，则会将其还原为最大可能的数字。对于每个要考虑的新任务，处理器数量被初始化为 1（第 13 行）。

算法 12.1 容错 RM 调度

1: **输入**：n 个周期性任务的集合 $T = \{\tau_1, \cdots, \tau_n\}$

2: **输出**：T 的调度

3: **for** 所有 $\tau_i \in T$ **do**

4:     **while** 存在未分配的 τ_j^i **do**

5:         **if** 对于 $\tau_j^i \cup \{$已经分配给 P_k 的任务$\}$，存在一个 RM 调度，而且对于任何 w，不存在分配给 P_k 的 τ_j^w，**then**

6:             把 τ_j^i 分配给处理器 P_k

7:         **else** $k \leftarrow k + 1$

8:         **end if**

9:         **if** $k > m$ **then**

10:            $m \leftarrow k$

11:         **end if**

12:     **end while**

13:     $k \leftarrow 1$

14: **end for**

12.6 分布式实时系统中的容错

组件复制和表决的硬件冗余方法经常被分布式实时嵌入式系统（例如飞机）所采用。在这些系统中，称为任务组的软件冗余也很常见。本节首先定义分布式实时系统中的失效模式，并描述任务组如何提供容错性。

12.6.1 失效分类

如前所述，失效是由错误导致的。分布式系统中的任务失效可以分为以下几类 [4, 13]：

- **崩溃失效**：崩溃的任务永远停止工作。
- **遗漏失效**：由于遗漏而失效的任务无法对发送和接收消息的要求给出回复。
- **定时失效**：服务器没有在要求的时间间隔内响应。
- **响应失效**：服务器的响应不正确。值失效指服务器响应的值不正确；状态转换失效指服务器偏离了正确的控制流。
- **拜占庭失效**：拜占庭任务可能涉及任何行为，它可能复制消息，发送不真实的消息等。

失效探测器对系统中任务的状态给出预言信息。一个失效探测器可能由分布式模块组成，每个模块与系统中的一个任务相关联 [2]。

12.6.2　再次讨论任务组

我们在第 6 章对任务组作为非实时和实时系统中的通用中间件模块进行了讨论。这个模块包括创建组，加入 / 退出组以及发送和接收多播消息的系统调用。多播消息有发送给组中的所有成员的消息。任务组可以是扁平的，所有成员地位相等；也可以是包括一个领导者（或协调员）的分层结构，对组的某一个服务的请求被传送给该组的协调员，组协调员负责管理组内需要的功能。如果只有组的成员可以向组发送消息，则称该组**关闭**。组外的任务可以向**开放**组中的任务发送消息。**重叠组**允许其成员是其他组的成员，而**非重叠组**要求所有成员只能属于该组。组成员关系可以由**组服务器**管理，该服务器跟踪创建的组和组的成员。

可靠的多播协议

如前所述，多播通信涉及向组的所有成员发送消息。我们需要对消息的**接收**和**交付**进行区分。接收消息意味着消息已经到达某个节点，但尚未处理；而消息的交付意味着消息已经到达上层中间件或应用程序层。

多播通信可以由各种方法实现。在最简单的情况下，多播消息广播到网络的所有节点，然后在每个节点上进行过滤，从而提供只对本地组成员的交付。以太网协议支持消息的广播式交付。当发送方知道所有组成员时，多播通信可以通过多个单播实现（如图 12.8a 所示），代价是要接收来自各个接收方的大量的确认消息。这种类型的多播称为**基本多播**（B-Multicast），它基于可靠的一对一**发送**操作。

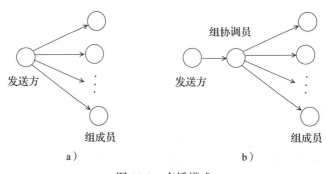

图 12.8　多播模式

多播的分层模式通常向组协调员（服务器）发送消息，再由组协调员将消息分发给组的所有成员，如图 12.8b 所示。我们在 DRTK 的任务组的实现中选择了这种操作模式。可靠的多播算法可以使用如算法 12.2 所示的基本多播算法 B-Multicast 来实现。该算法将一个消息 m 发送到组 G，并接收任务 τ 发送的多播消息。发送方使用基本多播算法将消息发送给自己和组中的所有成员。在接收到消息时，如果消息的发送方与接收方的标识符不同，则使用基本多播算法将消息多播到组，然后将消息交付给中间件或者应用程序。可靠的多播协议不对消息排序，有序交付协议可以通过可靠的交付协议来实现。

算法 12.2　可靠的多播算法 R-Multicast

```
1: received ← ∅
2:
3: procedure SEND_R-MULTICAST(m, G)
4:     B-Multicast(m, G)
5: end procedure
6:
7: procedure RECEIVE_R-MULTICAST (m, G)
8:     if m≠received then
9:         received ← received ∪ {m}
10:        if m.sender≠my_id then
11:            B-Multicast(m, G)
12:        end if
13:        R-Deliver(m)
14:    end if
15: end procedure
```

消息排序

任务组中的消息需要排序以使任务的状态保持一致。消息排序可以使用以下方法实现：

- **先进先出排序**：先进先出（FIFO）排序意味着由协议确保消息的交付顺序与发送的顺序相同。换句话说，如果一个任务在多播消息 m_2 之前多播了消息 m_1，那么正确接收消息的任务必须先接收到 m_1 后才能接收到 m_2。该协议可以通过给消息分配序列号来实现。发送方将序列号插入与组相关联的多播消息中，接收方按算法 12.3 所示顺序对接收到的消息进行排序。当序列号为 k 的消息到达时，如果序列号 k 大于预期序列号 s，则将该消息置于延迟队列中，并且仅当所有序列号在区间 (k, s) 内的消息都得到交付后，该消息才被交付。

- **因果排序**：Lamport 给出了分布式系统中任务的因果关系的定义[9]。事件 e_i 和 e_j 之间的优先关系（→）意味着 e_i 先于 e_j：
  ○ 事件 e_i 和 e_j 是分布式系统中同一个节点上的两个事件；
  ○ 事件 e_i 是消息 m 的一次发送，e_j 是消息 m 的接收；
  ○ 有一个事件 e_k，使得 e_i→e_k，e_k→e_j。

  因果排序多播可以使用第 6 章中讨论的时间同步的向量时钟概念来实现，如算法 12.4 所示，其中 p_i 是任务标识符，p_j 是接收到的消息的发送方，p_i 关于组 G 的向量时钟是 $V_i^G[N]$。在将消息交付给接收方之前，我们需要确保两个条件，即在当前消息之前由 p_j 发送的所有消息已经得到交付，并且之前由 p_j 交付的所有消息已经得到交付。算法第 10 行的两个检查保证了因果排序交付，并且只有当这些条件成立时消息才会被交付。

- **全局排序**：这类排序保证了所有正确接收多播消息的任务以相同顺序接收消息。实现全局排序多播的一种简单方法是使用令牌以某种预先定义的顺序在网络中循环。任何持有令牌的任务可以使用 FIFO 多播进行多播。

算法 12.3 先进先出排序

1: seq_no$_G$←O
2:
3: **procedure** SEND_FIFO-MULTICAST(m, G)
4:　　m.seq_no$_G$←seq_no$_G$
5:　　B-Multicast(m, G)
6:　　seq_no$_G$←seq_no$_G$ + 1
7: **end procedure**
8:
9: **procedure** RECEIVE_FIFO-MULTICAST(m, G)
10:　　**if** m.seq_no$_G$ = seq_no$_G$ **then**
11:　　　FIFO-Deliver（m）
12:　　**else if** m.seq_no$_G$ > seq_no$_G$ **then**
13:　　　把消息**插入**延迟消息队列
14:　　　当所有位于序列号区间的消息都已经交付时，FIFO-Deliver(m)
15:　　**end if**
16: **end procedure**

算法 12.4 因果排序

1: $V_i^G[N]$ ← 0
2:
3: **procedure** SEND_CASUAL- MULTICAST(m, G)
4:　　$m.V_i^G[j]$ ← $V_i^G[j]$ + 1
5:　　*B-Multicast*(m, G)
6: **end procedure**
7:
8: **procedure** RECEIVE_CASUAL- MULTICAST (m, G)
9:　　把 m 插入延迟消息队列
10:　　等待，直到 $m.V_i^G[j] = V_i^G[j] + 1$ 而且 $V_j^G[k] \leqslant V_i^G[k], k \neq j$
11:　　*Casual-Deliver*(m)
12:　　$V_i^G[j] = V_i^G[j] + 1$
13: **end procedure**

12.7　DRTK 的实现

　　我们使用向量时钟实现因果排序多播。每个节点都有一个组管理器用于发送和接收多播消息，多播消息设计成在消息数据字段中包含向量时钟值，如图 12.9 所示。我们需要在消息数据字段中构造一个联合结构，以便能够将此区域用于不同的中间件函数。

图 12.9　多播的消息格式

下面我们实现这个协议。假设多播消息存放在组邮箱中，而不是单独交付给每个组成员。注意，组管理员邮箱和组邮箱是两个不同的存储位置，所有的组邮件现在都必须通过组管理员邮箱。第 6 章描述的数据链路层输入任务（DL_In）只是简单检查消息中的类型字段，如果消息是多播消息，则将消息放入称为因果顺序组管理员（Causal Order Group Manager，COGM）的组管理员的邮箱。COGM 任务在自己的邮箱上持续等待，当接收到多播消息时，它实施向量时钟规则，通过组邮箱按照因果顺序将消息交付给接收方。任何无序的消息都应该延迟并排队。现在，我们需要修改 DRTK 的组控制块数据结构，我们有一个向量数据数组和一个数据单元队列，它们存储在组的组控制块中，如下所示。应用因果顺序规则后，所有延迟消息都将放入数据队列。

```
/****************************************************************
                 group data structure
****************************************************************/
/* group.h */
 #define ERR_GR_NONE    -2
 #define N_MEMBERS       30

typedef struct group  { ushort id;
                        ushort state;
                        ushort mailbox_id;
                        vector_t vector;
                        data_unit_queue data_que;
                        ushort n_members;
                        ushort local_members[N_MEMBERS];
                      }group_t;
typedef group_t* group_ptr_t;
```

我们还需要一个使用因果顺序规则比较两个向量内容的 compare_vector 函数，如下面的代码所示。

```
/****************************************************************
        casual order data structures and functions
****************************************************************/
/* casual_order.c */

 #define WAIT_MSG  -1
 #define DELIVER    1

int compare_vec(ushort* local_pt, ushort* rem_pt){
   int i;
   for (i=0;i<N_GROUP_MEM;i++)
     if (*local_pt++>*rem_pt++)
       return(WAIT_MSG);
   return(DELIVER);
}
```

COGM 任务可以由以下步骤实现：

1）从数据链路接收多播消息。

2）检查传入的消息 m 中的向量时钟的内容。假设 j 是发送方的任务标识符，i 是本节点。如果 $m.V_i^G[j] = V_i^G[j]+1$，$V_j^G[k] \leqslant V_i^G[k]$，$\forall k \neq j$，则交付消息（通过将消息存储在指定组的邮箱中实现）。否则，消息与其对应的向量一起存放在指定组的组控制块的向量表中。

3）在交付消息时，我们需要检查组控制块中向量表的条目。任何符合因果顺序规则的消息都应该被交付。

下面展示的 COGM 任务代码中应用了上述步骤。当消息需要延迟时，COGM 任务让消息在向量表中排队。它更新组控制块中的向量，然后搜索数据单元队列的数据向量字段，检查是否存在积压消息需要立即交付。积压消息（如果找到的话）被从队列中取出并交付到组邮箱。这里没有展示 take_data_unit 函数的细节。

```
/**************************************************************
                  Casual Order Group Manager
 **************************************************************/
TASK COGM() {

    data_unit_ptr_t recvd_pt, data_pt;
    group_ptr_t group_pt;
    ushort group_id, sender_id, mbox_id2;
    ushort mbox_id1=&(tcb_tab[current_pid])->mailbox_id;

    while(TRUE) {
     recvd_pt=recv_mailbox_wait(mbox_id1);
     group_id=(recvd_pt->TL_header).receiver_id;
     group_pt=&(group_tab[group_id]);
     mbox_id2=group_tab[group_id].mailbox_id;
     sender_id=data_pt->MAC_header.sender_id;
     if (recvd_pt->data.vector[sender_id]==
         group_pt->vector[sender_id]+1) &&
        (compare_vec(data_pt->data.vector,group_pt->vector)) {
        send_mbox_notwait(mbox_id2,data_pt);
        group_pt->vector[sender_id]++;
        data_pt=(group_pt->data_que).front;
        while (data_pt->next!=NULL)
         if (compare_vec(recvd_pt->data.vector,
                data_pt->data.vector)) {
          data_pt=take_data_unit(group_pt->data_que);
          group_pt->vector[data_pt->sender_id]++;
          send_mbox(mbox_id2,data_pt);
         }
        }
        else
         enqueue_data_unit(group_pt->data_que, recvd_pt);
    }
}
```

发送多播消息类似 DRTK 的 send_msg_notwait 过程，但是需要额外增加接收方的消息计数，并在发送之前将其存储在消息中，如下面的代码所示，这里假设 data_pt 是消息的地址。代码的其余部分与 send_msg_notwait 相同，这里不再展示。

```
vector_tab[current_tid].V[tid]=vector_tab[current_tid].V[tid]+1;
data_pt->data.V[tid]= vector_tab[current_tid].V[tid];
```

12.8 复习题

1. 故障、错误和失效之间的关系是什么？
2. 什么是可信赖系统？
3. 可靠性、不可靠性和失效之间的关系是什么？
4. 故障如何分类？
5. 冗余方法的主要类型有哪些？
6. 软件冗余的主要类型有哪些？

7. 什么是检查点技术?

8. 软件冗余的恢复块方法是如何工作的?

9. N 版本编程和 N 自检编程有什么区别?

10. 容错静态实时调度主要采用哪些方法?

11. 如何修改 RM 调度以允许分布式实时系统中的无故障操作?

12. 分布式(实时)系统中的主要失效类型有哪些?

13. 如何使用任务组进行容错?

14. 什么是可靠多播?

15. 向量时钟和因果排序之间的关系是什么?

12.9 本章提要

本章回顾了非实时系统和实时系统中的基本容错方法。复制或者额外形式的硬件或软件冗余是容错的基本技术。冗余的基本类型有硬件冗余、信息冗余、时间冗余和软件冗余。硬件冗余通常复制硬件部件并在所有部件中运行软件,然后通过表决获得正确的结果。信息冗余主要使用额外的数据进行编码以检查错误。时间冗余让计算任务在不同的时间点重复执行,然后比较得到的结果。软件冗余可以采用单版本或多版本技术。单版本技术将额外的软件模块(如异常处理和检查点)加入单个软件模块中,从而检测故障并从中恢复。多版本技术则使用恢复块、N 版本编程和 N 自检编程方法。多版本软件冗余方法通常运行 N 个版本的软件,并比较得到的结果。

所有这些冗余方法都可以在实时系统中实现。此外,实时系统的主要需求是在出现故障时也能满足任务的截止期限。我们对基于静态调度和动态调度的相关研究做了综述,本章的一些主题的详细讨论可以参考文献 [8],容错设计方法可以参考文献 [5]。

12.10 练习题

1. 给定表 12.2 中的四个 4 位二进制数据,求出它们的水平奇偶校验位和垂直奇偶校验位。

表 12.2 练习 1:四个 4 位二进制数据示例

c_4	c_3	c_2	c_1	c_0
0	1	1	0	
1	0	1	1	
1	0	1	0	
1	1	1	1	

2. 使用多项式字为 11011 的 CRC 错误检测方法,计算需要附加到二进制数据 1000 0110 11 的 4 位校验字。

3. 对可靠的多播排序协议 FIFO、因果协议及原子协议进行比较。

4. 利用 DRTK 结构实现 FIFO 多播协议。编写 C 代码,并附带简短的注释。

5. 设计一种基于令牌的全局排序多播协议。从协议的 FSM 开始设计,编写与 DRTK 接口的 C 代码,并给出简短的注释。

参考文献

[1] Burns A, Wellings A (2009) Real-time systems and programming languages, 4th edn, Chap. 2. Addison-Wesley

[2] Chandra TD, Toueg S (1996) Unreliable failure detectors for reliable distributed systems. J ACM 43(2):225–267

[3] Chen L, Avizienis A (1978) N-version programming: a fault tolerance approach to reliability of software operation. In: Digest of 8th annual international symposium on fault tolerant computing, pp 3–9

[4] Defago X, Schiper A, Urban P (2004) Totally ordered broadcast and multicast algorithms: taxonomy and survey. J ACM Comput Surv 36(4):372–421

[5] Dubrova E (2013) Fault tolerant design, Chap. 4. Springer, New York

[6] Lee PA, Anderson T (1990) Fault tolerance: principles and practice, 2nd edn. Springer

[7] Kandasamy N, Hayes JP, Murray BT (2000) Task scheduling algorithms for fault tolerance in real-time embedded systems. In: Avresky DR (ed) Dependable network computing. The Springer international series in engineering and computer science, vol 538. Springer, Boston, MA

[8] Koren I, Krishna CM (2007) Fault tolerant systems. Morgan-Kaufman

[9] Lamport L (1978) Time, clocks, and the ordering of events in a distributed system. Commun ACM 21(7):558–565

[10] Laprie JC (1985) Dependable computing and fault tolerance: concepts and terminology. In: The 15th international symposium on fault-tolerant computing, pp 2–11

[11] Oh Y, Son S (1994) Scheduling hard real-time tasks with tolerance of multiple processor failures. Microprocess Microprogr 40:193–206

[12] Punnekkat S (1997) Schedulability analysis for fault tolerant real-time systems. PhD thesis, Department of Computer Science, University of York

[13] Tanenbaum AS, Van Steen M (2006) Distributed systems, principles and paradigms, Chap. 8. Prentice Hall

案例研究：无线传感器网络实现的环境监控

13.1 引言

无线传感器网络（WSN）由小型计算节点组成，每个节点都配备了无线通信设施。WSN通常用于危险环境中的监测和救援行动。我们将展示一个案例的实现，即使用示例分布式实时操作系统内核 DRTK，通过 WSN 对一个复杂建筑物进行监测，防范火灾、洪水和入侵者。这个小项目有助于加深你对本书讨论的许多概念的理解。我们设计的系统是一个分布式嵌入式实时系统，我们将实现前面描述的所有设计步骤，从高层设计开始，直到获得 C 语言代码。我们从需求规格说明开始，以通常的方式形成 SRS 文档。下一步进行时序分析，然后进行包括软硬件协同设计的高层设计。高层设计采用数据流图（DFD）作为设计工具，并从形成系统的环境图开始这个过程。系统的详细设计包括实现 DRTK 任务的 C 函数。

我们还提供了一个不使用 DRTK 实现本项目的替代方案，这种情况下需要遵循第 10 章中所描述的实用设计方法。系统功能由 POSIX 线程实现，所有的 POSIX 线程同步方法都可以采用。至于线程通信，则可以采用第 4 章中描述的新的线程间通信方法。

13.2 基本思想

我们将使用这个案例研究来实现分布式实时系统设计的所有步骤，具体如下：
1）**需求规格说明**：对用户/顾客需求的正式说明。这个阶段结束时将生成一个 SRS 文档。
2）**时序分析**：在进行高层设计之前，我们需要检查如何满足时间需求。
3）**高层设计**：我们将使用数据流图，逐步将系统功能细化到任务级。
4）**详细设计**：我们将使用实时任务来实现所需的功能，这些任务将表示为 DRTK 的任务。
5）**编码**：所有的编码都使用 C 语言实现。
我们将描述实现设计的两种方法：使用 DRTK 作为操作系统内核和使用 POSIX 接口。

13.3 需求规格说明

系统的主要需求是利用 WSN 对一个大型复杂建筑物进行危险状态监测。SRS 文档对以下内容做了说明：
- **简介**：需要监测的建筑物共 25 层，每层 20~30 个房间，有地下室和停车场设施。建筑物需要防止发生火灾、洪水和漏水，还需要连续监测温度、烟雾和湿度，并探测任何入侵者。
- **功能需求**
  - 应监测建筑物内部的每个房间、每个楼层以及其他地方的温度。在建筑物内部的每个房间、每个楼层和其他地方都将安装 LED 显示温度值。当某个位置的温度超过或低于规定的极限值时，应启动声音和显示警报。管理计算机应定位检测值超出限制的位置。

  ○ 通过探测建筑物内部每个房间、每个楼层和其他地方的烟雾来提供防火保护。每个房间、每个楼层以及大楼的其他地方都将安装声光报警器。如果发生火灾，走廊里的短跑运动员标识将被点亮，声光报警器也会启动。管理计算机应检测到起火楼层的位置。

  ○ 应监测建筑物的湿度，以便采取措施防范洪水或其他漏水情况。建筑物内部的每个房间、每个楼层以及其他地方将安装关于湿度的声光报警器。当湿度过高时，应设置湿度警报并将位置通知管理人员。

  ○ 当建筑物关闭时，应检测任何入侵者及其位置，设置入侵者警报，并将入侵者的位置告知管理计算机。

  ○ 建筑物内所有这些参数的值都应简略（例如每个楼层的平均温度和湿度值）显示在管理计算机上。

- **非功能需求**
  - ○ 系统应该具有容错能力。无法检测到某个位置的烟雾、温度或湿度时不应导致整个系统故障。
  - ○ 该系统应保证在 5 年内正常工作。

这个文档是用户 / 客户和系统设计者之间的合同。此外，它将指导整个设计过程。

13.4 时序分析和功能规格说明

  仔细研究系统需求可以发现，将要设计的系统对时间的限制并不严格。系统需要周期性地输入缓慢变化的温度值和湿度值，而入侵检测随时可能发生。因此，该系统具有时间触发和事件触发两种特性。采用多跳通信的 WSN 可以为我们的设计提供便利，因为不需要布线，并且每个传感器节点需要处理的工作量并不大。

  这就是为什么我们需要考虑硬件软件协同设计。采用多跳通信的 WSN 会影响系统的软件结构。以 WSN 的**汇聚节点**（本例中为管理计算机）为根节点的生成树通常用于 WSN 中汇聚节点和普通节点之间的多跳通信。因此，我们首先需要构造 WSN 的生成树。管理计算机需要某种简略显示功能，这意味着在传感器数据被传递到汇聚节点之前，需要在中间节点执行某种形式的预处理。如果将物理上彼此接近的传感器节点分配到同一个簇中并由簇头管理数据操作和通信流量，则可以满足这一要求。注意，在初期对特殊硬件的考虑会对高层软件设计产生重大影响。

13.5 生成树和簇

  图 $G = (V, E)$ 的一棵生成树 T 是 G 的一个无环子集，它和 G 具有相同的顶点集，即 $T = (V, E')$，$E' \subseteq E$。换句话说，原图 G 的每个顶点都属于生成树 T，但 G 的边只有一个子集属于 T。构建 WSN 的一棵生成树是这类网络中一种实用的通信方法（因为可以有选择地定义消息的发送方和接收方）。汇聚节点的广播可以简单地通过由每个父节点（叶节点除外）向其子节点发送消息来实现。构建完成后，WSN 节点成为生成树的一部分，并被划分成若干簇。

  通过文献 [1] 中描述的算法可以获得一棵生成树和一个簇结构。该算法中的消息类型为 PROBE、ACK 和 NACK。算法结束时，网络中的每个节点成为簇头节点（CH）、中间节点（INODE）或者生成树的叶子节点（LEAF）。WSN 的汇聚节点通过向其传输范围内的所有邻居广播一个 PROBE 消息来启动算法。任何第一次接收到 PROBE 消息的节点向发送方发送 ACK 消息，将发送方标记为其父节点，并对此后的任何其他 PROBE 消息通过发送 NACK 消息加以拒绝。这个过程提供了构造生成树的方法。我们还需要另一种机制来形成簇，这可以通过在发送的 PROBE 消息中保留一个 hop_count 字段实现。任何第一次接收到 PROBE 消息的节点也会检查消息中的 hop_count，如果该值等于声明的簇深度值 clust_depth，则该节点给自己分配一个 CH 状态，并在将 PROBE 消息发送给邻居之前重置 hop_count；如果接收到的 hop_count 小于声明值，则该节点将自己的状态更改为 INODE，并在将消息传输到邻居之前增加消息中的 hop_count 的值。该算法的有限状态机如图 13.1 所示。

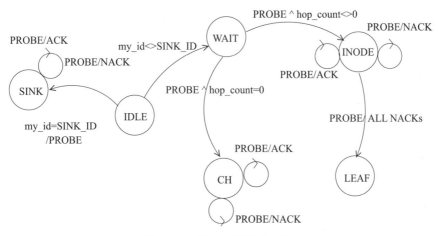

图 13.1 Cluster 任务的 FSM

从 IDLE 状态开始，在节点标识符上的一次测试将节点分类为汇聚节点（SINK）或其他节点。注意，这个状态是内部状态，不需要等待任何输入。如果一个处于 INODE 状态的节点的所有邻居都用 NACK 消息对它发出的 PROBE 消息进行响应，则意味着该节点可能没有任何子节点，因此它是一个叶子节点，该节点的状态可以被转换为 LEAF 状态。表 13.1 给出了指导我们实现算法的 FSM 表。

表 13.1 簇任务的 FSM 表

状态	输入		
	PROBE	ACK	NACK
IDLE	NA	NA	NA
WAIT	act_10	NA	NA
INODE	act_20	act_21	act_22
LEAF	act_30	NA	NA

我们假设在实现代码时每个节点都有一个唯一的标识符，并进一步假设 WSN 的每个节点都配备了示例操作系统内核 DRTK，允许使用我们开发的所有 DRTK 系统调用以及网络通信方法和任务管理例程。下面列出的 C 代码展示了实现 FSM 的一种方法。头文件 tree_clust.h 定义了如下的节点消息类型和状态。

```
// tree_clust.h

#define    PROBE       1
#define    ACK         2
#define    NACK        3
#define    CH          1
#define    INODE       2
#define    LEAF        3
#define    N_STATE     4
#define    N_INPUT     3
```

我们现在可以基于 FSM 表的动作为算法 Tree_Cluster 编写代码。注意，消息的数据字段的第一个条目是为 hop_count 变量保留的。

```
/****************************************************************
                    Clustering Procedure
****************************************************************/
/* tree_clust.c */ #include "tree_clust.h"

fsm_table_t sender_FSM[N_STATE][N_INPUT];
  mailbox_ptr_t mbox_pt;
  data_unit_ptr_t data_pt;
  ushort my_id, my_parent;
  int my_state;
void act_10() {
    my_parent=data_pt->MAC_header.sender_id;
    my_neighbors[neigh_index++]=my_parent;
    if (data_pt->data[0]==N_HOPS+1) {
      current_state=CH;
      data_pt->data[0]=0;
    }
    else current_state=INODE;
    data_pt->MAC_header.sender_id=my_id;
    data_pt->MAC_header.type=ACK;
    data_pt->data->[0]++;
    send_mailbox_notwait(&(task_tab[System_Tab.DL_Out_id])
          ->mailbox_id,data_pt);
}

void act_20() {
    data_pt->sender=my_id;
    data_pt->MAC_header.type=NACK;
    send_mailbox_notwait(&(task_tab[System_Tab.DL_Out_id])
          ->mailbox_id,data_pt);
}

void act_21() {
    my_neighbors[neigh_index++]=data_pt->sender;
    return_data_unit(System_Tab.userpool1,data_pt);
}

void act_22(){
    n_rejects++;
    if(n_rejects==N_NEIGHBORS)
      my_state=LEAF;
    return_data_unit(System_Tab.userpool1,data_pt);
}

TASK Tree_Cluster() {

  clust_FSM[0][0]=NULL;    clust_FSM[0][1]=NULL;
  clust_FSM[0][2]=NULL;    clust_FSM[1][0]=act_10;
  clust_FSM[1][1]=NULL;    clust_FSM[1][2]=NULL;
  clust_FSM[2][0]=act_20; clust_FSM[2][1]=act_21;
  clust_FSM[2][2]=act_22; clust_FSM[3][0]=act_20;
  clust_FSM[3][1]=NULL;    clust_FSM[3][2]=NULL;

  mboxpt=&(tcb_tab[current_pid].rec_mailbox);
  current_state=IDLE;

  while(TRUE) {
   data_pt=recv_mailbox_wait((task_tab[current_tid]).mailbox_id);
   (*sender_FSM[current_state][data_pt->type])();
  }
}
```

图 13.2 是一个 WSN，它在一棵生成树上被划分为 6 个簇 $C_1, \cdots, C_6$，n_hop = 2。注意，汇聚节点周期性地调用这个算法，可以在移动 ad hoc 网络中的生成树上构建簇。

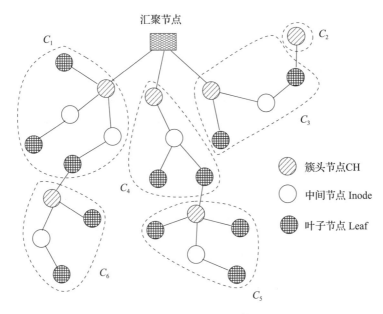

图 13.2   在一棵生成树上分簇的 WSN

13.6   设计思路

我们将根据节点的类型对 WSN 监测系统进行高层设计和详细设计。节点可以是下列四种类型之一：叶子节点、中间节点、簇头节点和汇聚节点。我们需要根据下面各节所述的需求为每一种类型设计 DFD。在生成树的边上传输的消息有以下类型：

- **节点消息**：从簇的叶子节点传输到其父节点。消息包含三种传感器值和这些传感器的警报条件。该消息类型也适用于本地传感器信息。
- **中间消息**：从一个中间节点传输到另一个中间节点或簇头节点。这类消息包含中间节点的子节点的传感器值以及这些传感器的警报条件。注意，中间节点不处理非本地传感器值，它只对这些值进行合并。
- **簇头消息**：这类消息可以在任何类型的节点之间传输，最后被传输到汇聚节点。消息将携带簇上的平均传感器值和可能的警报条件。

我们将在设计节点软件时构造这些消息结构。数据单元的数据区域需要构造成这些结构的联合结构。我们的以下假设可以通过修改 Tree_Cluster 算法来实现。

- 网络中的每个簇都有一个唯一的标识符。
- 网络中的每个节点都有一个通过将本地标识符与簇标识符合并而成的唯一标识符。
- 网络中的每个节点都知道其所在的簇的标识符。
- 网络中的每个节点通过 Tree_Cluster 知道其子节点的数量和标识符。

我们需要基本的汇聚传输操作，这种操作常用于结构化成为一棵生成树的 WSN。执行这种操作的方法是从子节点收集消息，然后将它们传输到父节点，直到数据被汇聚节点收集为止。网络中的消息分层结构如图 13.3 所示。

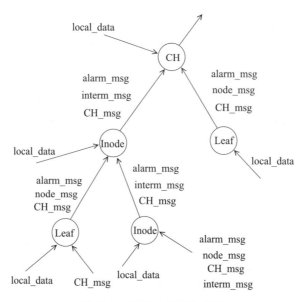

图 13.3 网络中的消息分层

节点的类型及其可以接收的消息如下所示。注意，该分层结构中的每个节点只处理本地传感器数据。

- **叶子节点**：该节点获取其本地传感器数据，并将 node_msg 中的传感器值发送给其父节点。如果出现警报情况，则立即将 alarm_msg 发送给父节点。它还将来自更低层的簇头消息（CH_msg）发送给其父节点。
- **中间节点**：发送到中间节点（Inode）的消息有来自叶子节点的 alarm_msg 和 node_msg，来自非叶子节点的任何子节点的 interm_msg，以及来自更低层的簇头消息（CH_msg）。
- **簇头节点**：发送到该节点的消息与发送到中间节点的输入消息类似。

13.7 叶子节点

叶子节点是簇的叶子，但不一定是生成树的叶子。因此，它可以从较低层簇头接收消息。但是，由于生成树的结构限制，它可能无法从中间节点接收消息。我们先描述叶子节点的高层设计，然后描述它的实现。

13.7.1 高层设计

叶子节点主要定期收集温度和湿度传感器数据，并将这些数据发送给其父节点。在接收到由入侵者引起的中断时，它将数据发送给父节点并设置警报按钮，步骤如下：

1）定期收集传感器数据并发送给父节点。

2）如果数据超出范围，则开启数据警报。

3）当检测到入侵者时，立即将此数据发送给父节点，并开启入侵者警报。

4）在接收到来自较低层簇头的簇头消息时，将其发送给父节点。

因此，叶子节点的主要输入是传感器输入和簇头消息，如图 13.4 的环境图所示。其输出是中间消息和警报显示。

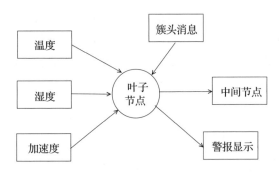

图 13.4 叶子节点的环境图

基于环境图的 1 级 DFD 如图 13.5 所示。Temp 和 Humid 任务周期性地接收来自传感器的数据，这些任务首先检查这些数据是否在允许的范围内，当数据超出范围时将数据存储在 alarm_data 数据存储区，以便唤醒 Alarm 任务进行显示。任何情况下，数据都存储在 sensor_data 数据存储区，以便发送给父节点。Accel 任务检测到任何监控区域的入侵者后，将数据存储在上述两个存储区，以激活警报并向父节点报告。Leaf_In 任务持续等待来自网络的消息，并通过 Leaf_Out 任务将传入的簇头消息发送给其父节点。

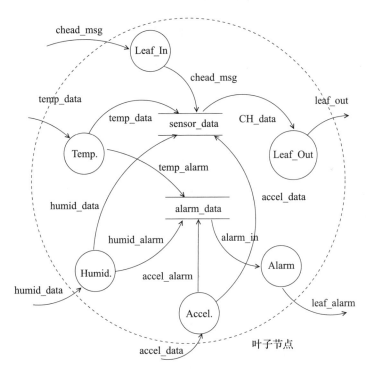

图 13.5 叶子节点的 1 级 DFD

13.7.2 详细设计和实现

首先注意到 1 级 DFD 中的"气泡"可以方便地由过程表示。我们考虑了每个任务必须完成的工作，通过直觉得出这个结论。例如，Temp 任务需要将自身延迟一段时间，然后唤醒，读取温度值，检查其范围，并将数据存储在数据存储区。图 13.6a 说明了在任务之间和在网络中传送的消息的通用格式，图 13.6b 描述对节点消息的数据区域的解析，图 13.6c 所示的传感器信息由传感器值和警报条件组成，作为底层的数据信息。MAC 报头显示发送和接收节点以及处于该层的消息类型，例如**单播**、**多播**或**广播**消息或者控制消息（如确认或否定确认）。传输层（TL）报头用于任务间通信，因为这一层的主要功能是提供用户或者应用程序任务之间的通信。

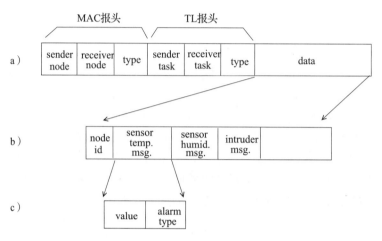

图 13.6　消息格式 a) 通用的消息格式；b) 节点消息；c) 传感器消息

由传感器输入任务填充的消息结构具有如下所述的带传感器值和警报条件的结构。

```
/****************************************************************
                 Sensor Message Structure
 ****************************************************************/
typedef struct {
        double value;
        int alarm_t;
        } sensor_msg_t, alarm_msg_t, *sensor_msg_ptr_t;
```

节点消息包含节点标识符和上述三类传感器数据消息，如下所示。

```
/****************************************************************
                   Node Data Message
 ****************************************************************/
 typedef struct {
        ushort node_id;
        sensor_msg_t temp;
        sensor_msg_t humid;
        sensor_msg_t intrude;
        } node_msg_t;
```

头文件 local.h 包含所有相关常量，如下所示。

```
//local.h

  #define     TEMP_LOW          5
  #define     TEMP_HIGH         2
  #define     HUMID_LOW         12
  #define     HUMID_HIGH        120
  #define     ERR_TEMP_LOW      -1
  #define     ERR_TEMP_HIGH     -2
  #define     ERR_HUMID_LOW     -3
  #define     ERR_HUMID_HIGH    -4
```

```
#define      ERR_INTRUDER      -5
#define      N_CLUS_NODE       20
#define      N_CHILD_MAX       10
#define      SENSOR_MSG        1
#define      NODE_MSG          2
#define      INTERM_MSG        3
#define      CHEAD_MSG         4
#define      TEMP_MSG          1
#define      HUMID_MSG         2
#define      INTRUDER_MSG      3
```

通常，我们会使用 FSM 模型来表示 1 级 DFD 中的气泡，但是这个级别的函数没有太多的外部交互，因此可以不用 FSM。我们假设 WSN 的每个节点上都有 DRTK，这就允许我们使用邮箱作为数据存储位置，并且可以与传感器连接。我们将要编写的第一个任务是 Temp，它会将自身延迟，并在唤醒时从温度设备的设备控制块读取传感器数据，检查限制范围后将数据发送到相关邮箱，如下所示。假设任务标识符、设备标识符在系统表中声明。传感器输入任务需要在将消息发送到 Leaf_Out 任务之前，用传感器数据填充传感器消息，如下面的代码所示。

```
/*******************************************************************
                    Temperature Task
*******************************************************************/

TASK Temp() {
 data_unit_ptr_t data_pt1, data_pt2;
 int dev_id, mbox_id1, mbox_id2,mbox_id3;
 ushort dev_id=System_tab.temp_devid;
 ushort mbox_id1=task_tab[current_tid].mailbox_id;
 ushort mbox_id2=task_tab[System_Tab.Leaf_Out_id].mailbox_id;
 ushort mbox_id3=task_tab[System_Tab.Alarm_id].mailbox_id;

 while(TRUE) {
   delay_task(current_tid, System_Tab.LOCAL_DELAY);
   data_pt1=get_data_unit(System_Tab.userpool1);
   read_device(dev_id,&(data_pt1->data)->value,sizeof(double));
   data_pt1->TL_header.type=TEMP_MSG;
   if (data_pt1->data.value < TEMP_LOW ||
           data_pt1->data.value > TEMP_HIGH) {
     data_pt2=get_data_unit(System_Tab.userpool1);
     data_pt1->TL_header.type=ALARM_MSG;
     if (data_pt1->data.value < TEMP_LOW) {
       data_pt1->data.sensor_msg.alarm_t=ERR_TEMP_LOW;
       data_pt2->data.alarm_msg.alarm_t=ERR_TEMP_LOW;}
     else if (data_pt1->data.value > TEMP_HIGH) {
       data_pt1->data.sensor_msg.alarm_t=ERR_TEMP_HIGH;
       data_pt2->data.alarm_msg.alarm_t=ERR_TEMP_HIGH;}
     send_mailbox_notwait(mbox_id3,data_pt2); }
   }
   send_mailbox_notwait(mbox_id2,data_pt1);
 }
}
```

记录湿度数据的 Humid 任务的工作原理与 Temp 类似，只不过它测试的湿度允许水平不同，代码如下所示。

```
/**************************************************************
                        Humidity Task
***************************************************************/

TASK Humid() {
 data_unit_ptr_t data_pt1, data_pt2;
 int dev_id, mbox_id1, mbox_id2,mbox_id3;
 dev_id=System_tab.humid_devid;
 ushort mbox_id1=task_tab[current_tid].mailbox_id;
 ushort mbox_id2=task_tab[System_Tab.Leaf_Out_id].mailbox_id;
 ushort mbox_id3=task_tab[System_Tab.Alarm_id].mailbox_id;

  while(TRUE) {
    delay_task(current_tid, System_Tab.LOCAL_DELAY);
    data_pt1=get_data_unit(System_Tab.userpool1);
    read_device(dev_id,&(data_pt1->data),sizeof(double));
    data_pt1->TL_header.type=HUMID_MSG;
    if (data_pt1->data.value < HUMID_LOW ||
        data_pt1->data.value > HUMID_HIGH) {
     data_pt2=get_data_unit(System_Tab.userpool1);
     data_pt1->TL_header.type=ALARM_MSG;
     if (data_pt1->data.value  < HUMID_LOW) {
       data_pt1->data.sensor_msg.alarm_t=ERR_HUMID_LOW;
       data_pt2->data.alarm_msg.alarm_t=ERR_HUMID_LOW; }
     else if (data_pt1->data.value > HUMID_HIGH) {
       data_pt1->data.sensor_msg.alarm_t=ERR_HUMID_HIGH;
       data_pt2->data.alarm_msg.alarm=ERR_HUMID_HIGH; }
     send_mailbox_notwait(mbox_id3,data_pt2);
     }
    send_mailbox_notwait(mbox_id2,data_pt1);
  }
}
```

Accel_Int 任务是事件驱动的,由来自加速度传感器的中断唤醒。这个任务始终等待中断,并在唤醒时向 Alarm 任务发送警报消息。

```
/**************************************************************
              Acceleration High Interrupt Handler
***************************************************************/
TASK Accel_Int() {
  data_unit_ptr_t data_pt;

 ushort mbox_id1=task_tab[current_tid].mailbox_id;
 ushort mbox_id2=task_tab[System_Tab.Leaf_Out_id].mailbox_id;
 ushort mbox_id3=task_tab[System_Tab.Alarm_id].mailbox_id;

 while(TRUE) {
   data_pt=recv_mailbox_wait(mbox_id1);
   data_pt->TL_header.type=ALARM_MSG;
   data_pt->data.alarm_t=ERR_INTRUDER;
   send_mailbox_notwait(mbox_id2,data_pt);
   send_mailbox_notwait(mbox_id3,data_pt);
 }
}
```

Leaf_Alarm 任务只是等待邮箱中的警报消息,对它们进行解码,并激活相关的显示。我们假设有一个驱动程序,它检查 write_dev 函数中的类型字段并激活警报。

```
/************************************************************
                    Alarm Task
************************************************************/
TASK Leaf_Alarm(ushort dev_id) {

    data_unit_ptr_t data_pt;
    int err_type;
    ushort mbox_id=task_tab[current_tid].mailbox_id;
    ushort dev_id=System_tab.alarm_devid;

    while(TRUE) {
      data_pt=recv_mailbox_wait(mbox_id);
      err_type=data_pt->data.sensor_msg.alarm_t;
      write_dev(dev_id,&err_type,sizeof(int));
    }
}
```

Leaf_In 任务在其邮箱中等待来自网络的消息，并将这些消息传输到 Leaf_Out 任务，如下面的代码所示。我们假设存在一个数据链路任务，该任务使用网络驱动程序接收消息，并将消息存放在 Leaf_In 任务的邮箱里。对于特定网络，这个任务的功能可以嵌入数据链路任务中。

```
/************************************************************
                    Leaf In Task
************************************************************/
TASK Leaf_In() {

    data_unit_ptr_t data_pt;
    ushort mbox_id=task_tab[current_tid].mailbox_id;
    ushort dev_id=System_Tab.alarm_dcbid;

    while(TRUE) {
      data_pt=recv_mailbox_wait(mbox_id);
      if (data_pt->TL_header.type==CHEAD_MSG) {
        mbox_id=task_tab[System_Tab.Leaf_Out_id].mailbox_id;
        send_mailbox_notwait(mbox_id,data_pt);
      }
    }
}
```

我们要实现的最后一个任务是 Leaf_Out 任务，它等待周期性的传感器消息，将它们收集到单个节点消息中，并传输到父节点。

Leaf_Out 任务调用 check_local 函数来查找消息的类型，执行如下所示的必要的内部事务处理。check_local 函数还立即传送任何传入的 CH 消息和警报消息，而不更改其内容，如下面的代码所示。

```
data_unit_ptr_t data_pt, data_pt2;
ushort my_id, parent_id, sensor_count=0;
ushort mbox_id1=&(task_tab[current_tid])->mailbox_id;
ushort mbox_id2=&(task_tab[System_Tab.DL_Out_id])->mailbox_id;

int check_local(ushort type, data_ptr_t data_pt) {

    switch(type) {
      case TEMP_MSG:
        data_pt->data.node_msg.temp_val=recvd_pt
                ->data.sensor_msg.value;
        sensor_count++; break;
```

```
        case HUMID_MSG:
          data_pt->data.node_msg.humid_val=recvd_pt
                ->data.sensor_msg.value;
          sensor_count++; break;
        case ALARM_MSG:
        case CHEAD_MSG:
          data_pt2->MAC_header.sender_id=System_Tab.this_node;
          data_pt2->MAC_header.receiver id=my_parent;
          send_mailbox_notwait(mbox_id2,data_pt2);
          data_pt2=get_data_unit(System_Tab.userpool1);
          break;
        default: return(NOT_FOUND);
    }
  return (DONE);
}
```

Leaf_Out 任务（其代码如下所示）调用 check_local 函数，当 sensor_msg 消息接收到两个传感器值时，它将它们放入一个 node_msg 中，以便传输到父节点。

```
/******************************************************************
                    Leaf Out Task
******************************************************************/
TASK Leaf_Out() {

    data_pt=get_data_unit(System_Tab.userpool1);
    data_pt2=get_data_unit(System_Tab.userpool1);
    while(TRUE) {
      delay_task(current_tid, System_Tab.LOCAL_DELAY);
      recvd_pt=recv_mailbox_wait(mbox_id1);
      check_local(recvd_pt->TL_header.type, data_pt);
      if (sensor_count==2) {
        data_pt->TL_header.type=NODE_MSG;
        data_pt->data.node_msg.node_id=System_Tab.this_node;
        data_pt->MAC_header.sender_id=System_Tab.this_node;
        data_pt->MAC_header.receiver_id=my_parent;
        send_mailbox_notwait(mbox_id2,data_pt);
        data_pt=get_data_unit(System_Tab.userpool1);
        sensor_count=0;
        data_pt=get_data_unit(System_Tab.userpool1);
      }
    }
}
```

13.8 中间节点

中间节点是除了叶子节点和簇头节点之外的其他节点。这种类型的节点的主要功能是从它在生成树上的子节点收集所有数据，将这些数据与其本地数据合并，并将所有这些数据发送给其父节点。到达这种类型节点的可能消息有叶子节点消息、中间消息和簇头消息。

13.8.1 高层设计

中间节点的环境图连同所有外部实体如图 13.7 所示。这种类型的节点收集其自身的环境数据，将数据合并到单个消息中，并将消息发送到另一个中间节点或其簇头节点。

中间节点的 1 级 DFD 如图 13.8 所示。这类节点的本地环境监控部分与叶子节点相同，因此这里不再重复 Temp、Humid 和 Accel 任务的功能以及数据结构。任务 IMerge 主要合并接收到的所有子节点的温度值和湿度值，在接收到的值中标注警报条件，并在需要时将警报消息（comp_al）存储在 comp_alarm 数据存储区以激活警报。

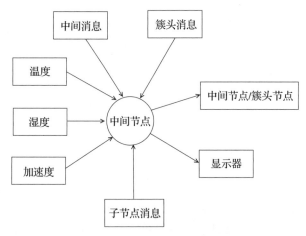

图 13.7   中间节点的环境图

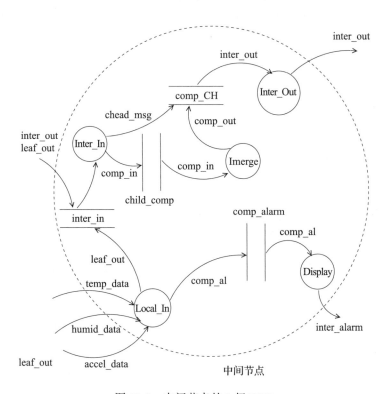

图 13.8   中间节点的 1 级 DFD

我们首先说明在中间节点和另一个中间节点或者簇头节点之间传输的消息内容。这个消息包含了中间节点的所有子节点的本地数据，如图 13.9 所示。

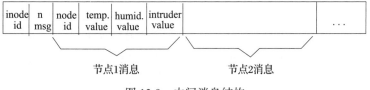

图 13.9   中间消息结构

描述这个消息结构的代码如下。

```
/******************************************************************
                   Intermediate Message Structure
******************************************************************/

typedef struct {
        ushort inode_id;
        ushort n_msg;
        node_msg_t node_msg[N_CHILD_MAX];
        } interm_msg_t, *interm_msg_ptr_t;
```

13.8.2 详细设计和实现

我们需要一个称为 Inter_In 的前端任务，该任务从节点的所有子节点收集数据，并将这些数据与本地数据合并，以便发送到另一个中间节点或簇头节点。这个任务还可以接收转发到父节点的簇头消息。我们假设所有节点都是时间同步的，任务延迟彼此接近，使来自子节点的数据能够在很短的时间内到达这个任务，并且假设所有节点都正常工作，不会出现失效情况。

```
/******************************************************************
                        Inter_In Task
******************************************************************/
TASK Inter_In() {

    data_unit_ptr_t data_pt;
    ushort mbox_id1=task_tab[current_tid].mailbox_id;
    ushort mbox_id2;

    while(TRUE) {
     delay_task(current_tid,System_Tab.LOCAL_DELAY);
     data_pt=recv_mailbox_wait(mbox_id1);
     switch(data_pt->TL_header.type) {
      case LEAF_MSG    :
      case INTERM_MSG  :
        mbox_id2=&(task_tab[System_Tab.Imerge_id])->mailbox_id;
        break;
      case CHEAD_MSG   :
      case ALARM_MSG   :
        mbox_id2=&(task_tab[System_Tab.Inter_Out_Id])->mailbox_id;
     }
     send_mailbox_notwait(mbox_id2,data_pt);
    }
}
```

中间节点合并任务（Imerge）从 Inter_In 任务输入与节点相关的所有数据，并将它们合并到单个消息中。当中间节点的所有子节点都发送了它们的数据时，可以将单个消息发送到输出任务 Inter_Out 以传输到父节点。注意，这个任务的输入是本地节点数据和需要合并到中间消息中的中间节点的子节点数据。变量 child_count 用于计算消息数量，当该值等于中间节点的子节点数量时，就可以将消息传输到父节点。我们假设本地传感器值被合并到一个节点消息中，并由一个我们未展示的 Local_In 任务传递到这个任务。这个任务可能接收本地传感器消息，并将它们放入一个 node_msg 中，也可能接收需要立即传输的警报或 CH 消息。为此，它使用叶子模块的 check_local 函数，如果消息类型在该函数中无法识别，那么在如下所示的函数 check_interm 中检查是否为其他消息类型。

```
/*****************************************************************
                    IMerge Task
******************************************************************/
  data_unit_ptr_t data_pt, recvd_pt;
  node_msg_ptr_t nddata_pt;
  inter_msg_ptr_t intdata_pt;
  ushort mbox_id1=&(task_tab[current_tid])->mailbox_id;
  ushort mbox_id2=&(task_tab[System_Tab.DL_Out_id])->mailbox_id;
  ushort child_count=0, msg_count=0,i;
  int check_local(int);

 int check_interm(ushort type, data_ptr_t data_pt) {

   if(check_local(type, data_pt)==NOT_FOUND || sensor_count==0)
     switch(type) {
       case NODE_MSG :
         memcpy(nddata_pt,
             &(recvd_pt->data.node_msg), sizeof(node_msg_t));
         msg_count++; nddata_pt++; child_count++;
         break;
       case INTERM_MSG:
         memcpy(intdata_pt,
             &(recvd_pt->data.interm_msg), sizeof(interm_msg_t));
         msg_count=msg_count+recvd_pt->data.interm_msg.n_msg;
         nddata_pt=nddata_pt+msg_count;
         child_count++;
     }
   return (DONE);
 }
```

Imerge 任务调用此函数来查找消息的类型，并根据消息类型进行必要的数据传输。当它有了来自其所有子节点的消息时，汇聚传输数据可以作为单一的**中间**消息发送给其父节点。

```
TASK Imerge() {
    data_pt=get_data_unit(System_Tab.userpool1);
    nddata_pt=&(data_pt->data.node_msg);
    intdata_pt=&(data_pt->data.interm_msg);
    while(TRUE) {
      delay_task(current_tid,System_Tab.LOCAL_DELAY);
      recvd_pt=recv_mailbox_wait(mbox_id1);
      check_interm(recvd_pt->TL_header.type,data_pt);
      if (sensor_count==2) {
        memcpy(nddata_pt,
            recvd_pt->data.node_msg, sizeof(node_msg_t));
        msg_count++; nddata_pt++; child_count++;
        sensor_count=0;
      }
      if(child_count==&(System_Tab.n_children+1)) {
        data_pt->data.interm_msg.inode_id=System_Tab.this_node;
        data_pt->TL_header.type=INTERM_MSG;
        data_pt->TL_header.sender_id=System_Tab.this_node;
        data_pt->data.interm_msg.n_msg=msg_count;
        data_pt->MAC_header.sender_id=System_Tab.this_node;
        data_pt->MAC_header.receiver_id=my_parent;
        send_mailbox_notwait(mbox_id2,data_pt);
        data_pt=get_data_unit(System_Tab.userpool1);
        nddata_pt=&(data_pt->data.node_msg);
        intdata_pt=&(data_pt->data.interm_msg);
        child_count=msg_count=0;
        data_pt=get_data_unit(System_Tab.userpool1);
      }
    }
}
```

我们省略了 Alarm 任务的代码，因为它与叶子节点的 Alarm 任务的代码非常相似。输出任务 Inter_Out 只是在其邮箱中接收消息，并将消息存放在数据链路层输出任务的邮箱中。注意，Imerge 任务除了执行合并操作以外，也可以用来执行输出操作，但是通常让输入输出操作由专门的任务完成可以方便在需要时修改和增强输入／输出功能。

```
/*****************************************************************
                     Inter_Out Task
*****************************************************************/

TASK Inter_Out() {

    data_unit_ptr_t data_pt;
    ushort mbox_id=task_tab[current_tid].mailbox_id, mbox_id2;
    mbox_id2=task_tab[System_Tab.DL_Out_Id].mailbox_id
    while(TRUE) {
      data_pt=recv_mailbox_wait(mbox_id);
      data_pt->MAC_header.sender_id=System_Tab.this_node;
      data_pt->MAC_header.receiver_id=my_parent;
      send_mailbox_notwait(mbox_id,data_pt);
    }
}
```

13.9 簇头节点

簇头节点与除汇聚节点以外的所有其他节点一样执行本地感知。它还通过计算温度值和湿度值的平均值并构造如图 13.10 所示的**簇头消息**结构来实现**数据聚合**。簇头消息有一个簇字段，其中包含簇标识符、簇的平均温度和平均湿度、节点标识符以及簇的警报条件（如果存在）。簇中每个节点的警报条件都应该传递给汇聚节点，因此我们需要用于说明这个条件的字段。

消息的数据域

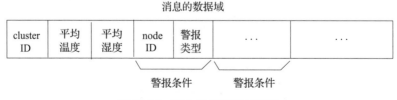

图 13.10　簇头消息数据域结构

13.9.1　高层设计

簇头的 0 级 DFD 如图 13.11 所示。可能有叶子节点、中间节点和簇头节点的消息到达这个节点，它的输出可能发送到叶子节点、簇头节点或汇聚节点。

图 13.12 中的 1 级 DFD 显示了簇头节点的任务结构，该结构类似于中间节点的 1 级 DFD。主要不同的任务是 IComp，它主要计算接收到的所有子节点的温度和湿度值的平均值，标注接收值中的警报条件，并将警报消息（comp_al）存放在 comp_alarm 警报数据存储区，以在需要时激活警报。

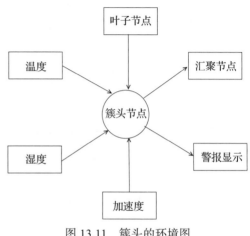

图 13.11　簇头的环境图

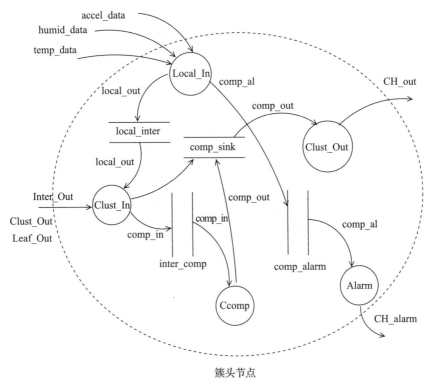

图 13.12 簇头节点的 1 级 DFD

13.9.2 详细设计和实现

簇头节点的本地监控与叶子节点和中间节点的相同，因此这里不再重复 Temp、Humid 和 Accel 任务的功能和数据结构。下面定义的消息结构可以包含在第 5 章中定义的用于此应用的数据单元结构中。

```
/*****************************************************************
                Cluster Message Structure
*****************************************************************/
typedef struct {
        ushort node_id;
        ushort type;
        } alarm_type;

typedef struct {
        ushort cluster_id;
        double ctemp_ave;
        double chumid_ave;
        alarm_type alarm_cond[N_CLUS_NODE];
        } cluster_msg_t;
```

前端任务 Clust_In 从节点的所有子节点收集数据，这些数据可能是本地簇节点数据，也可能是簇消息形式的其他数据。它作为一个路由器，将任何来自簇的消息切换给输出任务 Clust_out，并将簇间数据消息切换给在中间节点执行的 Ccomp 任务。我们将省略 Clust_In 任务的代码，因为它与中间节点的 Inter_In 任务代码非常相似。Ccomp 任务的工作方式与对应的 Imerge 任务不同，它输入所有数据并取接收值的平均值，构造一个包含这些值以及警报条件的压缩消息，并将此消息存放在 Clust_Out 任务的邮箱中，如下所示。注意，检查消息类型类似于检查中间节点中的消息类型，因此我们可以在这里使用 check_interm 函数。消息类型可以由该函数在本地确定，或者通过调用 check_local 函数来确定。

```
/****************************************************************
                      Ccomp Task
****************************************************************/
 data_unit_ptr_t data_pt, data_pt2, recvd_pt;
 node_msg_ptr_t nddata_pt;
 inter_msg_ptr_t intdata_pt;
 clust_msgs_ptr_t clusdata_pt;
 ushort mbox_id1=task_tab[current_tid].mailbox_id;
 ushort mbox_id2=task_tab[System_Tab.DL_Out_id].mailbox_id;
 double temp_tot=0.0, humid_tot=0.0;
 ushort child_count=0, msg_count=0,i,n;


TASK Ccomp() {

 data_pt=get_data_unit(System_Tab.userpool1);
 nddata_pt=&(data_pt->data.node_msg);
 intdata_pt=&(data_pt->data.interm_msg);
 clusdata_pt=&(data_pt->data.clust_msg);

 while(TRUE) {
   delay_task(current_tid,System_Tab.LOCAL_DELAY);
   recvd_pt=recv_mailbox_wait(mbox_id1);
   check_interm(recvd_pt->TL_header.type, data_pt);
   if(child_count==task_tab[current_tid].n_children+1) {
    data_pt2=get_data_unit(System_Tab.userpool1);
    nddata_pt=&(data_pt->data.node_msg);
    for(i=0;i<msg_count;i++) {
     temp_tot=temp_tot+nddata_pt->temp.value;
     humid_tot=humid_tot+nddata_pt->humid.value;
     nddata_pt++;
    }
  data_pt2->data.cluster_msg.temp_ave=(double)temp_tot/msg_count;
 data_pt2->data.cluster_msg.humid_ave=(double)humid_tot/msg_count;
    data_pt2->data.cluster_msg.cluster_id=System_Tab.this_node;
    data_pt2->TL_header.type=CHEAD_MSG;
    data_pt2->TL_header.sender_id=System_Tab.this_node;
    data_pt2->MAC_header.sender_id=System_Tab.this_node;
    data_pt2->MAC_header.receiver_id=my_parent;
    send_mailbox_notwait(mbox_id2,data_pt2);
    data_pt=get_data_unit(System_Tab.userpool1);
    nddata_pt=&(data_pt->data.node_msg);
    intdata_pt=&(data_pt->data.interm_msg);
    child_count=msg_count=0;
    data_pt2=get_data_unit(System_Tab.userpool1);
   }
 }
}
```

13.10 汇聚节点

　　汇聚节点是一个具有超强计算能力的节点。它从簇头节点获取簇信息，在监视器中以簇为单位显示这些信息，并突出显示警报条件。它还通过网关向远程站点提供简短报告。

高层设计

根据汇聚节点的要求，可以绘制如图 13.13 所示的环境图。

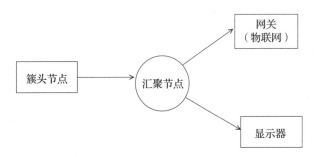

图 13.13　汇聚节点的环境图

汇聚节点的 1 级 DFD 如图 13.14 所示。注意，汇聚节点不执行任何本地处理，因此该节点没有这个功能。节点的警报条件已经确定，因此也不需要警报检查功能。最后，我们假设簇数据在接收时是在线显示的，因此汇聚节点不需要等待从其子节点收集数据。可以看出，将功能划分在不同类型的节点之间使汇聚节点设计更简单。汇聚节点的详细设计类似于中间节点和簇头节点的设计和编码，留作练习（参见本章编程练习题 3 ）。

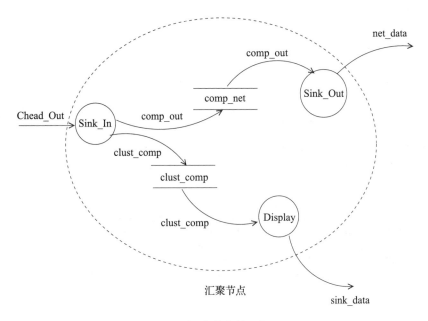

图 13.14　汇聚节点的 1 级 DFD

13.11　测试

示例内核 DRTK 被用来模拟操作系统，并通过读取输入文件中的值来模拟传感器的输入。我们需要修改第 5 章中定义的数据单元结构。传输层报头和 MAC 层报头保持不变，但数据区域应该是本案例研究中引入的新的消息类型的联合结构，如下所示。创建的任务只是那些已经实现编码的任务。

```
/****************************************************************
                    New Data Unit Structure
****************************************************************/
typedef struct *data_ptr_t{
    TL_header_t TL_header;
    MAC_header_t MAC_header;
    int type;
    int data[N_DATA];
    union data {
        sensor_msg_t sensor_msg;
        node_msg_t node_msg;
        interm_msg_t interm_msg;
        cluster_msg_t cluster_msg;
    }
    ushort MAC_trailer;
    data_ptr_t next;
}data_unit_t;


/****************************************************************
      main program at each node, clusterhead is specified
****************************************************************/
#include <pthread.h>
#include "drtk.h"
#include "drtk.c"

#define    LEAF        0
#define    INODE       1
#define    CH          2
#define    SINK        3

void main() {
    ushort my_id, my_parent;

    // select what to compile

    #ifndef SINK // make sensor devices, sink doesn't have them
        System_Tab.temp_devid=make_dev();
        System_Tab.humid_devid=make_dev();
        System_Tab.alarm_devid=make_dev();
        System_Tab.Temp_id=make_task(Temp,SYSTEM,1,NO);
        System_Tab.Humid_id=make_task(Humid,SYSTEM,1,NO);
        System_Tab.Accel_id=make_task(Accel_Int,SYSTEM,1,NO);
        System_Tab.Alarm_id=make_task(Leaf_Alarm,SYSTEM,1,NO);
        System_Tab.Leaf_In_id=make_task(Leaf_In,SYSTEM,1,NO);
        System_Tab.Leaf_Out_id=make_task(Leaf_Out,SYSTEM,1,NO);
    #endif

     #ifdef INODE
        System_Tab.Inter_In_id=make_task(Inter_In.SYSTEM,1,NO);
        System_Tab.Imerge_id=make_task(Imerge,SYSTEM,1,NO);
        System_Tab.Inter_Out_id=make_task(Inter_Out,SYSTEM,1,NO);
    #endif

    #ifdef CH
        System_Tab.Ccomp_id=make_task(Ccomp,SYSTEM,1,NO);
    #endif
    . . .
    Schedule();
}
```

13.12 使用 POSIX 线程的替代实现

我们现在考虑一种替代的详细实现方法，这个方法使用 POSIX 线程，而不是 DRTK 函数。在这种情况下，每个任务都是由 POSIX 线程实现的，第 4 章描述的线程间通信方法可以用于任务通信。这里只描述到目前为止对已有代码所做的更改：

- 任务由 POSIX 函数调用 pthread_create 实现而不是由 DRTK make_task 系统调用实现。
- DRTK 任务通信例程被第 4 章中描述的简单过程 write_fifo 和 read_fifo 所取代。
- 任务延迟可以使用 sleep 和 usleep 函数而不是 DRTK 的 delay_task 函数来完成。
- POSIX 线程的调度由操作系统完成。

这种方法似乎比实现 DRTK 更简单。但是，在类 UNIX 系统中，我们通常需要 POSIX 接口，这将会占用相当大的内存容量。

13.13 本章提要

本章以一个实例研究对分布式实时系统的设计与实现进行了阐述。从需求规格说明和分析开始，考虑到成本、功能和易部署性，我们决定系统硬件采用 WSN。粗略的时序分析表明，实例系统对时间没有严格的要求。此外，考虑到硬件软件协同设计，决定使用 WSN 的结果是需要实现生成树和簇算法，我们详细介绍了这些算法。

算法将 WSN 的节点分为叶子节点、中间节点和簇头节点。然后，我们使用 DFD 对所有类型的节点和汇聚节点实现高层设计、详细设计和编码。使用的实时操作系统内核是示例内核 DRTK，它提供基本的任务间同步和通信原语，以及创建对象（如任务和设备控制块）和管理网络的函数。测试包括编译每一类节点的模块，然后运行结果。我们对 DRTK 做了一些修改，但没有进一步给出详细说明。这些修改包括向系统表中添加几个字段，实际的应用还会要求集成 WSN 节点的网络驱动程序。尽管如此，我们认为这种逐步设计的方法有助于加强对分布式实时系统实现的了解。

13.14 编程练习题

1. 演示在中间节点、簇头节点和汇聚节点中，当一个或多个子节点无法交付其数据时，如何在从子节点收集数据时实现容错。
2. 修改中间节点的 Icomp 任务代码，使这个任务通过网络直接向上游任务发送数据。
3. 构造所有需要的任务，完成汇聚节点软件的详细设计。
4. 团队项目：利用 POSIX 线程和线程间通信模块实现 WSN 监控系统。

参考文献

[1] Erciyes K (2018) Guide to graph algorithms: sequential, parallel and distributed. Springer Nature

使用伪代码的一些约定

A.1 引言

这一部分介绍编写算法伪代码的一些约定。我们使用的约定遵循现代编程准则，与文献 [1, 2] 中使用的类似。算法的名称在标题中说明，对算法的行进行顺序编号以方便引用。算法的第一部分通常是输入。算法中的块用缩进格式表示。下面将采用的伪代码约定分为数据结构、控制结构和分布式算法结构，并对其进行描述。

A.2 数据结构

在函数式编程语言中，**表达式**由常量、变量和运算符构建，并产生一个确定值。**语句**由表达式组成，是执行的主要单元。语句以带编号的行的形式表示。变量声明与 Pascal 和 C 等语言相同，变量的类型在变量标识符之前，变量可能被初始化，如下所示：

$$\textbf{set of int} \ \ neighbors \leftarrow \varnothing$$

我们声明了图的一个顶点的邻集，称为 neighbors，其中的每个元素都是整数。这个集合被初始化为 ∅（空集）。算法中其他常用的变量类型是布尔型变量的 boolean 以及可能的消息类型 message types。我们使用 ← 运算符表示赋值，右边的值被赋给左边的变量。例如语句：

$$a \leftarrow a+1$$

将整型变量 a 的值增加 1。一行中的两个或多个语句用分号分隔，行尾的注释用符号 ▷ 表示，如下所示：

$$1 : a \leftarrow 1; c \leftarrow a + 2; \qquad \triangleright c \ \text{现在的值是 3}$$

表 A.1 给出了一些普遍使用的算法符号约定。表 A.2 概括了书中使用的算术和逻辑运算符及其含义。

表 A.1 通用的算法符号约定

记　　号	意　　义
$x \leftarrow y$	赋值
=	等价
≠	不等
true, false	逻辑真、假
null	不存在、空
▷	注释

表 A.2 算术和逻辑运算符

记 号	意 义
¬	逻辑否
∧	逻辑与
∨	逻辑或
⊕	逻辑异或
x/y	x 除以 y
$x \cdot y$ 或 xy	乘法

集合（而不是数组）经常被用于表示一些相似变量的集合。将元素 u 包含到集合 S 中可以表示为：

$$S \leftarrow S \cup \{u\}$$

从集合 S 中删除元素 v 的操作表示为：

$$S \leftarrow S \backslash \{v\}$$

表 A.3 给出了书中使用的集合运算及其含义。

表 A.3 集合运算

记 号	意 义
$|S|$	集合 S 的基数
∅	空集
$u \in S$	u 是集合 S 的元素
$S \cup R$	集合 S 和集合 R 的并集
$S \cap R$	集合 S 和集合 R 的交集
$S \backslash R$	集合 R 关于集合 S 的相对补集
$S \subset R$	集合 S 是集合 R 的真子集
max/min S	集合 S 中的元素的最大 / 最小值
max/min $\{\cdots\}$	数据集中的最大 / 最小值

A.3 控制结构

顺序操作中的语句是连续执行的。但是可以通过下面描述的**选择**结构实现到另一个语句的跳转。

选择

选择由条件语句完成。条件语句通常的实现方式是 if-then-else 结构，并采用缩进形式表示，如下面的示例代码段所示。

算法 A.1 if-then-else 结构

1: if 条件 **then**	▷ 第一次检查
2:　　语句 1	
3:　　**if** 条件 2 **then**	▷ 第二个（嵌套）if
4:　　　语句 2	
5:　　end if	▷ 第二个 if 结束
6: **else if** 条件 3 **then**	▷ 第一个 if 的 else if
7:　　语句 3	
8: **else**	
9:　　语句 4	
10: **end if**	▷ 第一个 if 结束

为了从多个分支中进行选择，可以使用 case-of 结构。此结构中的表达式应该返回一个值，将这个值与多个常量进行比较以选择匹配的分支，如下所示：

1. **case** 表达式 **of**
2.　　常量 $_1$：语句 $_1$
3.　　　⋮
4.　　常量 $_n$：语句 $_n$
5. **end case**

循环

按照常用的高级语言语法，算法中主要的循环结构是 for、while 和 loop 循环。如果在进入循环之前能够知道迭代次数，则使用 for-do 循环，如下所示：

1. **for** $i \leftarrow 1$ **to** n **do**
2.　　　⋮
3. **end for**

这种结构的第二种形式是 for 所有循环，它从指定的集合中任意选择一个元素进行迭代，直到处理完集合的所有成员，如下所示。这里把包含三个元素的集合 S 的每个元素迭代地复制到空集 R。

1. $S \leftarrow \{3, 1, 5\}$; $R \leftarrow \varnothing$
2. **for** 所有 $u \in S$ **do**
3.　　$R \leftarrow R \cup \{u\}$
4. **end for**

对于可能不需要进入循环的不确定情况，可以使用 while-do 结构，当布尔表达式的值为 true 时进入循环，如下所示：

1. **while** boolean 表达式 **do**
2.　　语句
3. **end for**

A.4　分布式算法结构

分布式算法的结构与顺序算法明显不同，因为它们的执行模式是由它们从邻居接收到的消息的类型决定的。由于这个原因，一般的分布式算法伪代码通常包括与算法 A.2 所示的模板类似的结构。

在这个算法结构中，可能有 n 种类型的消息，动作的类型取决于接收到的消息的类型。本例中只要布尔变量 flag 的值的计算结果为 false，**while-do** 循环就会执行。通常情况下，节点 i 在某个点接收到的消息会触发一个动作，这个动作会将 flag 变量的值更改为 true，从而终止循环。在另一个常用的分布式算法结构中，**while-do** 循环将一直执行，一个或多个动作应该提供从无穷 while 循环离开的出口，如算法 A.3 所示。

算法 A.2 　分布式算法结构 1

1: **int** i, j 　　　　　　　▷ i 是现结点 ; j 是当前消息的发送方
2: **while** ￢flag **do** 　　　　　▷ 所有结点执行相同的代码
3: 　　**接收** msg(j)
4: 　　**case** msg(j).type **of**
5: 　　　　type_1: 动作 _1
6: 　　　　... : ...
7: 　　　　type_n: 动作 _n
8: 　　**if** 条件 **then**
9: 　　　　flag←true
10: 　　**end if**
11: **end while**

算法 A.3 　分布式算法结构 2

1: **while** 永远 **do**
2: 　　**接收** msg(j)
3: 　　case msg(j).type **of**
4: 　　　　type_1: 动作 _1: **if** 条件$_1$ **then exit**
5: 　　　　... : ...
6: 　　　　type_x: 动作 _x: **if** 条件$_x$ **then exit**
7: 　　　　type_n : 动作 _n
8: **end while**

这一类循环的不确定结构使得它适用于无法预先确定消息类型的分布式算法。

低层内核函数

B.1 数据单元队列系统调用

```
/* data_unit_que.c*/

/***************************************************************
                check a data unit queue
***************************************************************/

int check_data_que(data_que_ptr_t dataque_pt) \{

   if (dataque_pt->front == NULL)
     return (EMPTY);
   return(FULL);
}


/***************************************************************
            enqueue a data unit to a queue
***************************************************************/

int enqueue_data_unit(data_que_ptr_t dataque_pt, data_unit_ptr_t
data_pt) {

    data_unit_ptr_t temp_pt;
    data_pt->next=NULL;
    if (dataque_pt->front != NULL) {
      temp_pt=dataque_pt->rear;
      temp_pt->next=data_pt;
      dataque_pt->rear=data_pt;
    }
    else
      dataque_pt>front=dataque_pt->rear=data_pt;
       return(DONE);
}

/***************************************************************
            dequeue a data unit from a queue
***************************************************************/

data_unit_ptr_t dequeue_data_unit(data_que_ptr_t dataque_pt) {

    data_unit_ptr_t data_pt;
    if (dataque_pt->front!=NULL) {
      data_pt=dataque_pt->front;
      dataque_pt->front=data_pt->next;
    }
    return(data_pt);
  }
  return(ERR_NOT_AV);
}
```

B.2   任务队列系统调用

```
/* task_que.c */

/****************************************************************
                  check a task queue
****************************************************************/

int check_task_que(task_que_ptr_t taskque_pt) {

    if (taskque_pt->front == NULL)
      return (EMPTY);
    return(FULL);
}

/****************************************************************
               enqueue a task to a task queue
****************************************************************/

int enqueue_task(task_que_ptr_t taskque_pt, task_ptr_t  task_pt){

    task_ptr_t temp_pt;
    task_pt->next=NULL;
    if (taskque_pt->front != NULL) {
       temp_pt=taskque_pt->rear;
       temp_pt->next=task_pt;
       taskque_pt->rear=task_pt;
    }

    else
      taskque_pt>front=taskque_pt->rear=task_pt;
    return(DONE);
}

/****************************************************************
           dequeue a task from a task queue
****************************************************************/
task_ptr_t dequeue_task(task_que_ptr_t taskque_pt) {

    task_ptr_t task_pt;
    if (taskque_pt->front!=NULL) {
       task_pt=taskque_pt->front;
       taskque_pt->front=task_pt->next;
       return(task_pt);
    }
    return(ERR_NOT_AV);
}

/****************************************************************
    insert a task to a task  queue according to priority
****************************************************************/

int insert_task(task_que_ptr_t taskque_pt, task_ptr_t task_pt) {

    task_ptr_t task_pt, temp_pt, previous_pt;

    if(task_pt->priority < taskque_pt ->front->priority) {
       temp_pt=taskque_pt.front;
       taskque_pt.front=task_pt;
       task_pt->next=temp_pt;
    }
    else {
```

```
        previous_pt=taskque_pt.front->next;
        while(task_pt-> priority >= previous_pt.priority) {
            previous_pt=temp_pt;
            temp_pt=temp_pt->next;
        }
        previous_pt.next=task_pt;
        task_pt->next=temp_pt;
    }
    return(DONE);
}

/****************************************************************
                insert a task to delta queue
****************************************************************/

int insert_delta_queue(ushort task_id, ushort n_ticks) {
    task_ptr_t task_pt, temp_pt, previous_pt, next_pt;
    task_queue_ptr_t taskque_pt;
    ushort total_delay=0;
    if (task_id < 0 || task_id >= System_Tab.N_TASK)
        return(ERR_RANGE);
    task_pt=&(task_tab[task_id]);
    task_pt->delay_time=n_ticks;
    taskque_pt=&delta_que;
    if (task_pt->delay_time < taskque_pt->front->delay_time) {
        temp_pt=taskque_pt.front;
        taskque_pt.front=task_pt;
        task_pt->next=temp_pt;
        temp_pt->delay_time=temp_pt->delay_time-task_pt
        ->delay_time;
    }
    else {
        previous_pt=taskque_pt.front;
        total_delay=taskque_pt->front->delay_time;
        while(task_pt->delay_time > total_delay) {
            previous_pt=next_pt;
            next_pt=previous_pt->next;
            if (next_pt==NULL) {
                next_pt->next=task_pt;
                task_pt->next=NULL;
                task_pt->delay=task_pt->delay-total_delay;
            }
            total_delay=total_delay+next_pt->delay_time;
        }
        previous_pt.next=task_pt;
        task_pt->next=next_pt;
        task_pt->delay=task_pt->delay-total_delay-next_pt->delay;
        next_pt->delay=next_pt->delay-task_pt->delay;
    }
    return(DONE);
}
```

参考文献

[1] Cormen TH, Leiserson CE, Rivest RL, Stein C (2001) Introduction to algorithms. MIT Press
[2] Smed J, Hakonen H (2006) Algorithms and networking for computer games. Wiley. ISBN: 0-470-01812-7

推荐阅读

深入理解计算机系统（原书第3版）

作者：（美）兰德尔 E.布莱恩特 等 ISBN: 978-7-111-54493-7 定价: 139.00元

计算机体系结构精髓（原书第2版）

作者：（美）道格拉斯·科莫 ISBN: 978-7-111-62658-9 定价: 99.00元

计算机系统：系统架构与操作系统的高度集成

作者：（美）阿麦肯尚尔·拉姆阿堪德兰 等 ISBN: 978-7-111-50636-2 定价: 99.00元

计算机组成与设计：硬件/软件接口（原书第5版·ARM版）

作者：（美）戴维·A.帕特森，约翰·L.亨尼斯 ISBN: 978-7-111-60894-3 定价: 139.00元

推荐阅读

Unix/Linux系统编程

ISBN：978-7-111-65671-5

本书涵盖了Unix/Linux的所有基本组件，包括进程管理、并发编程、定时器和时间服务、文件系统和网络编程，着重介绍了Unix/Linux环境中的编程实践。本书同时强调理论和编程实践，包含许多详细的工作示例程序以及完整的源代码。

嵌入式与实时操作系统

ISBN：978-7-111-66135-1

本书涵盖了操作系统的基本概念和原理，展示了如何将它们应用于设计和实现完整的嵌入式与实时操作系统。本书包括有关ARM体系结构、ARM指令和编程、用于开发程序的工具链、用于软件实现和测试的虚拟机、程序执行映像、函数调用约定、运行时堆栈使用以及用汇编代码链接C程序的所有基础知识和背景信息。